잘 있어, 생선은 고마웠어

잘 있어, 생선은 고마웠어

남방큰돌고래 제돌이 야생방사 프로젝트

초판 1쇄 발행 2017년 5월 15일
초판 3쇄 발행 2022년 8월 12일

지은이 남종영
펴낸이 이상훈
편집인 김수영
본부장 정진항
인문사회팀 권순범 김경훈
마케팅 김한성 조재성 박신영 김효진 김애린 임은비
사업지원 정혜진 엄세영

펴낸곳 (주)한겨레엔 www.hanibook.co.kr
등록 2006년 1월 4일 제313-2006-00003호
주소 서울시 마포구 창전로 70 (신수동) 화수목빌딩 5층
전화 02)6383-1602~3 **팩스** 02)6383-1610
대표메일 book@hanien.co.kr

ISBN 979-11-6040-055-7 03490

• 책값은 뒤표지에 있습니다.
• 파본은 구입하신 서점에서 바꾸어 드립니다.

남방큰돌고래 제돌이 야생방사 프로젝트

잘 있어, 생선은 고마웠어

남종영 지음

한겨레출판

"박쥐가 된다는 건 어떤 기분일까?"

언젠가 철학자 토머스 네이글Thomas Nagel이 물었다. 시각적 동물인 우리가 감히 상상하긴 힘들겠지만, 박쥐는 반사음의 파동으로 세계를 인식한다. 박쥐의 감각기관을 가지고 산다면 세상은 어떤 모습일까. 우리가 동물을 자꾸 사람처럼 의인화하듯이, 거꾸로 동물이 되어본다. 코요테가 되어본다. 펭귄이 되어본다. 한 마리의 돌고래가 되어본다. 그것도 어릴 적, 태양이 찬란하게 비친 어느 오후, 한라산이 굽어보는 제주의 푸른 앞바다를 헤엄치는 남방큰돌고래가 되어본다. 그러다 그물에 걸린 돌고래가 되어본다. 육지에 던져져 비행기를 타고 서울대공원 수족관에 갇힌 돌고래가 되어본다. 내 앞을 꾀죄죄한 물때가 낀 유리 벽이 가로막고 있다. 밖의 세계에서는 검은 카메라를 들고 손뼉을 치고 때론 함성을 지르는 외계인들이 나를 바라보고 있다.

남방큰돌고래 '제돌이'는 육상의 세계를 이렇게 자세히 본 적이 없다. 바다에서 점프하는 찰나, 꼭대기가 잘린 한라산과 통통통 소음을 내고 달아나는 어선밖에 본 기억이 없을 것이다. 그런데 그 육상의 세계에 납치되고 말았다.

이야기의 시작은 싸구려 SF영화에 나오는 외계인 납치와 비슷했다. 어느 날 친구들과 금지된 숲의 언덕에 올라간다. 우주에서 온 비행접시가 가끔 착륙한다는 소문이 도는 곳. 설마 했는데 비행접시가 정말로 있다. 눈부신 광선이 밑바닥으로 쏟아지고 진공청소기처럼 빨려 들어간다. 그렇게 도착한 외계의 세상은 한 번도 경험하지 못했던 곳이다. 낮은 밀도의 산소 때문에 숨을 쉬기 힘들고, 작은 중력이 공간 감각을 교란한다. 못생긴 문어 같은 외계인들이 나를 묶어놓고 마취주사를 놓고 피를 뽑는다. 나는 외계의 별에서 저항할 수 없다. 몸을 지구에서처럼 움직일 수 없다. 그들은 그나마 내가 편하게 숨 쉬고 움직일 수 있는 작은 무대 같은 공간을 마련해주었는데, 나는 그곳에서 문어대가리들을 앞에 두고 공연을 해야 한다. 50미터 뒷걸음질 치기, 꽥액꽥액 노래 부르기, 몸을 대고 쓰다듬게 해주기 등을 하지 않으면 먹을 것을 주지 않는다. 그래봤자 받는 거라곤 냉동 쥐인데, 처음엔 구역질이 나서 못 먹었다. 보름 가까이 굶은 뒤에서야 먹을 수 있었다. 공연을 하지 않으면 그마저도 주지 않았다. 죽지 않으려면 먹어야 했다. 살려면 이 멍청한 문어대가리들 앞에서 실성한 짓을 해야 했다. 쇼를 하느냐 마느냐는 목숨을 건 선택이었다. 어느 누구는 존엄성을 지키기 위해 쇼를 거부하고 냉동 쥐를 받아들이지 않았다. 그리고 죽었다. 어차피 이 문어대가리 별에서 지구로 돌아갈 가능성은 제로에 가깝다는 걸 그들은 알고 있었기 때문이다.

그러나 모든 법칙에는 예외가 있다. 이 별에서 제로로 수렴하던 법칙에 아주 작은 균열이 일어났다. 그 균열 속을 통과해 자기 별로 돌아간 이가 있었으니 바로 제돌이였다.

전국의 수족관에 전화를 돌리며 '도대체 우리나라에 돌고래가 몇 마리 있는 거야' 하면서 기사를 쓴 지 5년이 넘었다. 제돌이와 춘삼이, 삼팔이 그리고 태산이, 복순이까지 고향 바다로 돌아가고 새끼까지 낳음으로써 한국의 남방큰돌고래 불법포획 사건은 해피엔딩으로 막을 내렸다.

5년 동안 참 많은 것이 바뀌었다. 돌고래를 바다에 풀어주라는 주장을 황당하게 쳐다보던 시선은 사라졌고, 돌고래 야생방사는 국가와 전문가의 사업으로 재영토화됐다. 야생방사 기념행사에는 '국기에 대한 경례'가 울렸고, 해양수산부 장관이 와서 축사를 했다. 삼각김밥을 먹으며 맨 처음 퍼시픽랜드 앞에서 홀로 반대 피켓을 들었던 황현진은 내빈으로 자리에 섰다. 동물보호운동의 지평을 수족관과 바다까지 확장시킨 조희경은 정부 관료의 대열 깊숙이 들어가 정책 변화를 관철시키고 있다. 이제 동물복지와 야생방사는 큰 흐름이 되었고, 고래를 사랑해 해양포유류 학자가 된 김현우는 상괭이, 물범의 야생방사에도 힘을 쏟는다.

나는 이 책을 통하여 '한 돌고래의 야생 바다로의 귀환' 같은 자유의 서사만을 보여주고 싶지는 않았다. 제돌이라는 돌고래를 다뤘던 인간의 방식은 인간이 동물을 다루는 방식이자 인간이 인간을 다루는 방식이기도 하다. 내가 쓰고 싶은 것은 돌고래를 포함해 지배받는 인간과 동물, 즉 소수자의 삶과 저항이었다. 아울러 이들을 지배하는 국가의 재영토화, 특히 인간의 동물에 대한 재영토화를 묻고 싶었다. 돌고래쇼가 벌어지는 수족관과 돌고래 관광이 이뤄지는 야생 바다의 공간에서 맺어지고 또 역동적으로 변화하는 관계를 살펴보면, 인간과 동물 사이에 흐르는 권력과 그 권력이 작동하는 방식을 발견할 수 있다. 그것은 인간이 인간을 지배하는 정치의 거울 이미지가 되기도 한다. 돌고래를 이야기하지만 인간을 이야기한다.

이 책은 자유와 속박, 도전과 순응 그리고 정치-생태적 주체의 식민지성에 관한 문제를 다룬다. 우리는 어쩌면 수족관에 갇혀 쇼를 보여주며 사는 존재들이다. 우리의 육체, 마음, 지식은 (우리의 의도와 관계없이) 주류적 가치와 규율의 지배를 받고, 때로는 그것을 벗어나려 하지만 사회의 구심력에서 벗어날 수 없다. 우리의 몸은 규율받고, 생존하기 위해 스스로 규율한다. 규율이 몸에 익고 습관이 된다. 그리고 잊고 만다, 수족관 너머 야생 바다 저편의 기억을. 그러나 야생방사의 드라마 속에서 가두리를 탈출해 스스로 자유로 나아간 삼팔이, 슬픔 속에서 공연을 거부한 복순이 또한 우리는 봤다. 그들은 인간의 통치 기술에 기계처럼 움직이는 사이보그가 아니었다. 감정과 판단 능력, 무엇보다 자유의지를 가진 생명체였다.

제돌이가 바다로 돌아가고 1년이 흐른 뒤, 제주 바다에서 제돌이를 다시 만났다. 제돌이가 만들어낸, 부챗살처럼 퍼지는 물결의 자취를 보며, 나는 세계의 시원을 목격한 듯한 모종의 느낌을 받았다. 시원의 바다에서 돌고래가 헤엄치고 있었다. 소박한 해방감을 느꼈다고 말하지 않을 수 없다. 그것은 필시 대리만족이었을 테지만, 내 몸이 식민지를 벗어난 것 같았다. 낯선 곳에서 푹 잔 뒤 맞는 상쾌한 아침처럼 내 몸은 무겁지도 가볍지도 않고 자유스러웠다.

2011년 나는 《고래의 노래》라는 책을 썼다. 사실 그 책은 세계 고래의 이야기이지 우리 고래의 이야기는 아니었다. 다만 에필로그의 이야기는 이번 책을 예고하고 있었다. 나는 그때 야생에서 힘차게 헤엄치는 남방큰돌고래를 처음 봤다. 이번엔 하늘을 향해 얼마나 높이 뛸지, 김녕 쪽으로 기수를 돌릴지 애월 쪽으로 가던 길을 갈지. 그들은 자기 삶의 선택권이 있는 생태적 주체들이었다.

이 책은 2011년 여름 시작한 '나 홀로 돌고래 전수조사'부터 제주 바다로 돌아간 춘삼이와 삼팔이가 새끼를 낳은 2016년까지의 기록이다. 2013~2014년 나는 영국 브리스틀대 지리학과 석사과정에서 동물지리학을 공부했다. 〈한겨레〉 기사와 책 집필을 위해 만나고 경험한 일들에 제돌이 야생방사에 관한 논문을 쓰기 위해 수행한 현장조사와 인터뷰를 덧붙여 이 책을 완성했다. 이 책의 주인공인 황현진 대표, 조희경 대표, 김현우 박사가 동의해줄지 모르겠지만, 나는 그들에 이은 제4의 활동가라고 생각하고 글을 썼다. 나는 신문이라는 매체를 통해 동물복지를 대중적 어젠다로 제시하고자 했고, 야생방사를 제기하면서 소기의 목적을 달성했다. 그런 점에서 이 책은 취재기이자, 인류학적 참여관찰기이고, 학술적 연구서이기도 하다. 석사과정 때 지도교수에게 들은 가장 인상 깊었던 말이 인간에 의해 '목소리를 빼앗긴 동물들speechless animals'의 말을 듣도록 노력하라는 것이었다. 우스갯소리이지만 동물들은 정정보도를 청구하지 못하기 때문에, 여기저기서 부정확한 글이 남발되고 있다. 인간의 가청 권역 바깥에 있는 돌고래들의 목소리를 채집하기 위해 방대한 자료와 경험과 인터뷰를 담았다. 최대한 출처 표기를 했으니 부정확한 내용이 있으면 수정이 되고 이 책 또한 정확히 인용되어 퍼뜨려졌으면 좋겠다. 그것이야말로 돌고래들의 목소리를 정확히 전달하는 시스템이라고 나는 생각한다.

돌고래 연구를 도와주신 분들께 감사드린다. 취재를 적극적으로 밀어주신 한겨레신문사의 고경태 출판국장과 제주 바다와 수족관을 함께 헤맨 사진기자 강재훈 선배, 돌고래와 인간의 관계를 새롭게 보게 해 준 멀 파쳇Merle Patchett 교수, 해피엔딩을 이끈 이 책의 세 주인공에게 감사드린다. 또한 제돌이 야생방사 프로젝트의 총책임자로 리더십을 발휘한 최재천 교수와 실무를 총괄한 김병엽 교수, 그리고 노정래 서울동물원장, 박창희 사육사가 없었다면 제돌이는 바다에 돌아가지 못 했을 것이다. 원고를 감수해 준 아내 최명애, 아들 지오, 병상에 계신 아버지 그리고 일산의 어머니, 부산의 어머니와 아버지께도 감사드린다. 그리고 제돌아, 춘삼아, 삼팔아, 복순아, 태산아, 고맙다. 고향 바다에서 잘 살렴. 한 종이 다른 종을 지배하던 시절은 너희들로 끝났으면 좋겠다.

▶우리가 돌고래 행성에 납치된다면 어떻게 될까? 1965년 잡지 〈MAD〉의 표지에 실린 노만 밍고 Norman Mingo의 작품. ⓒMad magazine

No. 98
Oct. '65
MAD
OUR PRICE
30¢
STILL
CHEAP

| 차례 |

4부 국기에 대한 경례도 않고 돌고래는 떠났다

【1부】

물 아래로부터의 역사

1장  

아무도 그들을 모르던 때

Call me Ishmael.

– 허먼 멜빌, 《모비딕》의 첫 문장

"물알로, 물알로."

제주도 동쪽 김녕 앞바다. 한 해녀가 물 밖으로 뛰쳐나와 둥근 테왁[1]을 잡고 고함을 친다. 평화롭고 잔잔한 초록빛 바다에 잠깐 긴장감이 흐른다. 또 한 명이 솟아올라 외친다.

"곰새기 왐서, 곰새기 왐서."

곰새기. 언제부터였을까. 제주 해녀들이 '곰새기'라고 부르는 남방큰돌고래는 아주 먼 옛날부터 제주 바다에 살았다. 곰새기 혹은 수웩이, 수어기, 수애기. 부르는 이름이 각기 달라도 해녀들은 이 신비한 돌고래의 존재를 옛날부터 알고 있었다. 다만 너무 흔하고 가까이 있어서 주의를 기울이지 않았을 뿐. 돌고래가 나타나면 물 밑에서 전복을 캐

▼

1 해녀가 자맥질을 할 때 물에 뜨게 하는 뒤웅박.

던 해녀들은 물 위로 나와 테왁에 몸을 기대고 '물알로, 물알로'를 외쳤다. '물알로'는 '물 아래로'라는 뜻의 제주 방언이다.[2] '돌고래여, 물 아래로 가라.' 꽉 찬 압력을 뚫고 미세하게 귀청을 간질이는 이 외침을 듣고 동료 해녀들은 댓바람에 부상하고, 돌고래 떼는 해녀들이 부상한 수중을 유유히 지나간다. 서로를 해치지 않는 관계, 신뢰와 관행에 기반을 둔 암묵적인 질서. 1980년대까지 제주도에서 인간과 돌고래의 관계는 상호 신뢰에 의존해왔다.

해녀들에게 돌고래에 대한 이야기를 들은 것은 2013년 5월 김녕에서 해녀 정동선 씨를 만났을 때였다.

"점프 뛰면 무섭잖수까? 그러니까 곰새기 보러 가라, 가라, 가라…"

"돌고래가 해를 끼쳐요?

"그런 적은 어수다(없어요). 생각해봅서, 돌고래가 얼마나 큰디. 바당(바다) 안에서 보면 더 크게 보이매. 돌고래가 해 끼친 적은 어신디, 물질할 때 장난은 검수다. 망사리에 있는 뭉게(문어) 비린내 맡고 가까이 완(와서는) 톡톡 건드리는디, 왜 옛날 어른들은 오리발이 없었잖수까, 돌고래가 완 물질하는 해녀 발 자를까 봐 무섭기도 하고. 그래도 곰새기가 해녀 해친 적은 어서(없어). 많이 다니면 무서우난 다들 물 위로 올라오는 거지."

돌고래는 많았다. 지금의 해녀들은 '1만3000 돌고래 떼 물알로 물알로'라는 말을 어멍과 할멍 해녀들에게 듣고 자랐다. 몇십 년 전만 해도

▼

2 지역에 따라 '배알로, 배알로'라고 하기도 한다. '돌고래야, (사람의) 배 아래로 가라'라는 뜻.

봄가을 작업 때는 일주일에 한두 번 이상 만날 정도로 흔했다고 해녀들은 회고하지만, 제주 민속사에서 돌고래의 존재감은 의외로 미미하다. 이를테면 제주 사람들은 전통적으로 바다거북을 용왕님의 막내딸이나 부인으로 생각한다. 그물에 걸린 바다거북은 곧바로 풀어주고, 해변에 좌초한 바다거북은 막걸리와 소라를 구해 먹여 돌려보내고, 죽은 바다거북은 장사를 지내 작은 집세기 배에 태워 바다로 돌려보낸다. 해녀가 물질 중에 바다거북과 마주치면 그 해역을 얼른 벗어나 다른 곳에서 작업한다(제주도지편찬위원회, 2006: 776).

해녀들은 바다거북보다 돌고래와 훨씬 자주 마주쳤을 것이다. 제주도립도서관에 가서 제주 민속사 자료를 뒤졌지만 돌고래에 대한 기록은 없었다. 제주 설화 사전이나 해녀들의 민속사 연구 자료에도 이상하게 해녀들이 본 돌고래는 빠져 있었다. 유일한 게 있다면 '외곰새기 오면 피합서' 라는 제주에서 흔히 쓰이는 말 하나였다. '곰새기 올 때 궂인 것 하나 조친다' (돌고래 올 때 상어가 따라온다), '외곰새기 노는 딘 가지 마라' (외톨이 돌고래 노는 데는 가지 마라) 라는 말도 해녀들은 자주 한다(손호선, 김두남 외, 2012). 제주 돌고래는 떼를 지어 다닌다. 적어도 서너 마리는 같이 다닌다. 반면 외곰새기는 혼자 다니는 돌고래다. 해녀들은 외곰새기는 상어를 몰고 오기 때문에 피해야 한다고 말한다.[3] 돌고래가 해녀를 해치기 때문이 아니라 상어가 나타날지 몰라서다. 돌고래가 사

▼

3 돌고래는 대체로 잡아먹힐 위험을 느끼지 않고 살아가는, 바다에서는 흔치 않은 종이다. 돌고래의 포식자는 상어가 거의 유일하다. 제주 바다에서 내려온 해녀의 지식은 현대 해양포유류학과도 일치한다(Heithaus, 2001).

▲남방큰돌고래는 바닷가 마을과 가까운 곳에 산다. 2012년 7월 5일 제주 서귀포 대정읍 앞바다에서 헤엄치고 있는 남방큰돌고래. ©〈한겨레〉 류우종

람을 해친다는 이야기는 들어본 적이 없다고 해녀들은 말한다.

돌고래는 제주도 역사에서 왜 빠지게 되었을까? 흔하고 일상적인 존재이기 때문이었을까? 마치 우리가 참새와 제비에 무감했던 것처럼? 아니면 돌고래와 관련한 큰 사건이 없었기 때문이었을까? 왜 제주 사람들은 돌고래에 대해 이야기하지 않았을까?

긴 여정의 시작

2011년 초여름. 일본 후쿠시마에서 원자력발전소 사고가 난 지 몇 달 지나지 않았을 때다. 국내에서도 원자력발전소를 두고 논란이 커졌고,

정부는 국민적 반대를 무릅쓰고 4대강 사업을 위해 강을 파헤치고 있었다.

제주도의 남방큰돌고래에 대해 무심했던 건 나도 마찬가지였다. 〈한겨레〉 환경부 출입기자로 이런저런 굵직한 이슈에, 하루가 멀다고 터지는 사건에 휘말려 있었다. 한편으로《고래의 노래》의 마지막 탈고 작업을 하고 있었다. 고래의 생태 그리고 세계의 포경사가 주요 내용이었는데, 한국의 고래와 포경에 대해서는 딱 한 챕터만 잡아두었다. 세계 최초의 포경 기록 중 하나인 신석기 혹은 청동기 시대의 반구대 암각화에 대한 이야기, 고려·조선의 고래와 관련한 기록들, 일제 시대의 근대 포경, 그리고 이 때문에 사라져 돌아오지 않은 귀신고래까지 1만 년 가까운 시간을 한 챕터에 구겨 넣고 있었다.

적어도 한국에서 고래의 상징은 '귀신고래'였다. 일본 제국주의의 작살에 스러진 비운의 고래. 그래서 돌아오지 않는 고래. 귀신고래에는 매력적인 식민지 비운의 서사가 아우라를 더해주었다. 일본은 한때 '고래의 바다'였다는 동해에서 하루도 쉬지 않고 고래를 잡았다. 1933년 이후 절멸한 듯 귀신고래는 잡히지 않았고 1958년 일곱 마리가 잡혀 돌아온 듯했다가 1964년 다섯 마리가 포획되고 1977년 두 마리가 목격된 것을 끝으로 더는 모습을 드러내지 않았다(박구병, 1987). 포경 시대에 대한 향수에서든, 고래 보호에 대한 신념에서든, 귀신고래는 포경 재개 찬반을 가리지 않고 한국 고래의 상징으로 떠올랐다. 1981년 월간지 〈마당〉은 한국계 귀신고래의 사진을 찍어오는 사람에게 현상금 100만 원을 내건 적이 있고, 최근까지도 정부 산하 수산과학원이 종종 귀신고래에 현상금을 내걸 정도였다.

그다음엔 밍크고래가 주로 이야기됐는데, 비운의 서사보다는 불법포경이나 그물에 걸려 수천 만 원의 대박을 터뜨렸다는 이야기로 신문 사회면을 장식했다. 하지만 많은 신문기사와 글, 다큐멘터리에서는 지금 우리나라 바다에 사는 돌고래를 비춘 적이 없었다. 동해에서 사는 낫돌고래, 큰돌고래 그리고 서해와 남해에 지천으로 널려 있다는 상괭이까지 우리는 돌고래에 무관심했던 것이다. 나도 이런 흔하디흔한 '고래 내러티브'의 대열에 입장료 없이 동참하려고 하던 참이었다. 그때 텔레비전에서 생소한 뉴스가 흘러나왔다.

> 동물원에서 가장 인기 있는 볼거리 중 하나가 바로 돌고래쇼죠. 그런데 쇼에 나오는 돌고래 중 상당수가 불법포획돼 동물원에 팔려온 것으로 드러났습니다. 전재호 기자입니다… 하늘로 치솟고 시원하게 물살을 가릅니다. 여기저기서 탄성이 터져 나옵니다. 관람객들에게 인기만점인 이 돌고래들은 어디서 왔을까? 해경 조사 결과 이 중 상당수가 제주 앞바다에서 어민들에게 불법포획된 것으로 드러났습니다. – 2011년 7월 14일, MBC 〈뉴스데스크〉(전재호, 2011)

충격적인 내용이었다. 제주의 돌고래수족관업체가 1990년부터 제주 연안의 정치망 어구에 걸려든 큰돌고래를 어민들에게 사들여, 자신들이 운영하는 돌고래쇼에 출연시켰다는 것이었다. 우리가 보고 웃고 즐겼던 쇼의 돌고래들이 불법으로 잡힌 것이었다니. 더욱 놀라운 것은 이 업체가 큰돌고래 일부를 경기 과천의 서울대공원에 바다사자와 맞교환 형태로 넘겼다는 것이다.

업체의 행위는 엄연한 불법이었다. 우리나라는 1986년 국제포경위원회IWC의 '상업포경 모라토리엄'이 시행된 이후 대형 고래는 물론 소형 돌고래의 포획도 금지하고 있기 때문이다. 그물에 우연히 걸려든 것(이를 '혼획'이라고 한다)이더라도 법에 따라 즉시 방류하거나 해양경찰청에 신고해야 한다. 그러나 이 업체는 어민들에게 그물에 돌고래가 걸리면 연락을 달라고 했고, 현장에 달려가 한 마리당 700만~1000만 원을 주고 사 왔다. 업체에 들어온 돌고래는 그때부터 공연용 돌고래로 조련받기 시작했다. 하루에 네댓 차례 있는 돌고래쇼에 나가거나 일부는 서울대공원으로 넘겨졌다. 더욱 기가 찬 것은 1990년부터 무려 스물여섯 마리를 이렇게 잡아왔다는 것이다(김영환, 2011). 우리는 왜 그걸 모르고 있었을까.

문제의 업체는 제주 서귀포시 중문관광단지에 있는 '퍼시픽랜드'였다. 퍼시픽랜드는 1986년 국내 일간지에 대대적으로 광고를 실으며 '로얄마린파크'라는 이름으로 문을 열었다. '국제 규모의 관광 해양 수족관'을 표방하면서 단숨에 제주도 관광의 필수 코스로 떠올랐다.

"바다는 우리들의 꿈입니다. 신비와 낭만이 가득하고 색채의 다채로움이 있는 영원한 꿈입니다. 로얄마린파크로 오십시오. 제주 로얄마린파크에서는 이제껏 느껴보지 못한 꿈 같은 바다의 세계를 체험하시게 될 것입니다. 국제적 규모의 해양수족관, 완벽한 시설의 돌고래쇼장, 바다사자·물개·펭귄의 다양한 프로그램, 국내 최고의 다이빙쇼…"(경향신문, 1986)

경찰이 수사보고서에 최종적으로 기록한 불법취득 돌고래는 모두 스물여섯 마리였다. 모두 우연히 그물에 걸린(혼획) 돌고래를 의도적으로 '포획'한 것이었다.[4] 퍼시픽랜드는 이 가운데 여섯 마리를 서울대공원에 넘겼다. 세 마리는 마리당 최고 6000만 원에 팔았다. 당시서울대공원에서 공연하는 다섯 마리 가운데 세 마리는 퍼시픽랜드로부터 받은 것이었다.

이런 사실을 정부기관이 20년 넘게 몰랐단 말인가? 고래에 관련한 연구·행정을 담당하는 고래연구소[5]도 있고, 심지어 서울대공원은 서울시가 직접 운영하는 공공기관이다. 수사를 맡은 해양경찰청에 연락했다. 해경에서 특수수사를 담당하는 광역수사계가 돌고래 수사를 진행하고 있었다. 김희태 경정이 담당 경찰관이었다.

"고래연구소도 사전 인지했어요. 그래서 퍼시픽랜드에 방류하라고 충고했다고 합니다. 불법포획 현장을 직접 본 것은 아니었지만, '불법이니까 방류하시오' 그랬다고 해요. 형사책임을 물으려 보니까, 고래연

▼

4 우연히 그물에 걸려든 돌고래를 잡아 이용한 것이므로 '불법포획'이라는 말을 써서는 안 된다고 주장하는 이들이 있었다. 수산업법의 하위 법령인 '고래 자원의 보존과 관리에 관한 고시'(옛 '고래포획금지에 관한 고시')는 혼획, 좌초, 표류된 돌고래를 발견하면 누구나 '구조나 회생을 위한 가능한 조처'를 해야 한다고 나와 있다. 혼획은 비의도적으로 그물에 걸려든 상태를 의미하지만, 포획은 살아 있는 생물을 의도적으로 잡는 행위다. 법에 따른 구조, 회생 조처 없이 돌고래를 의도적으로 잡았다면 '불법포획'이라는 규정을 피하긴 힘들다.

▼

5 2006년 국립수산과학원 산하 울산 장생포에 설치된 고래연구소는 국내 유일의 해양포유류 전문 연구기관이다. 2015년 '고래연구센터'로 이름이 바뀌었다.

▲제주 퍼시픽랜드의 전신인 로얄마린파크는 개장 전부터 국내 주요 일간지에 대대적인 광고를 했다. 1986년 9월 〈동아일보〉에 실린 광고.

구소는 연구·보호 기능을 수행하는 곳이라, 형법상 문제는 없는 것으로 보였습니다. 직무유기라고 하기에는 좀 부족해서… 그때 고래연구소가 (퍼시픽랜드를) 형사고발했으면 좋았으련만….”

전화기 너머에서 혀를 끌끌 차는 소리가 들렸다. 서울대공원도 불법 포획된 사실을 알고 있었지만, 이미 획득된 물건을 산 것이기 때문에 법적 책임은 묻기 어려울 것 같다고 그는 말했다. 대다수가 무심한 사이 뭔가 벌어지고 있었던 것이다. 그것도 모른 채 사람들은 서울대공원의 돌고래쇼장에 가서 점프를 하고 링을 통과하고 훌라후프를 돌리는 돌고래들을 보고 우리는 즐거워했다. 한 번도 이 돌고래들이 어디서 왔는지 물어보지 않은 채 박수만 쳤다.

불법포획된 돌고래들이 서울대공원의 돌고래쇼에 나오고 있다는 사실은 2011년 7월 14~15일 거의 모든 신문·방송에 의해 대서특필됐다. 내가 일하는 〈한겨레〉에서도 15일 해양경찰청을 담당하는 인천의 김영환 기자가 '멸종위기종 불법포획 황당한 돌고래쇼'라는 제목의 사회면 머리기사로 소식을 전했다(김영환, 2012).

그러나 뭔가 개운치 않은 생각이 나를 잡아당겼다. 다른 돌고래쇼장은 어떨까? 그곳의 돌고래들은 도대체 어디서 왔을까? 멍하게 훌라후프를 돌리는 돌고래는 어떤 마음이었을까?

나만의 전수조사

이튿날 나는 곧바로 돌고래 '전수조사'를 시작했다. 전수조사라니? 처음에는 엄두가 나지 않았지만 생각해보니 어렵지 않았다. 2011년 당시 국내 돌고래수족관은 단 네 곳밖에 없었기 때문이다. "거기에 돌고래 몇 마리 있나요?" "아, 돌고래들 되게 귀엽던데, 그런데 어디서 왔어요?" 질문은 간단했고 답변은 친절했다. 지금 다시 한다면 직원들은 의심의 눈길을 보내면서 말꼬리를 흐렸을 것이다. 그때에는 돌고래 전시 공연에 대한 문제제기 자체가 전혀 없던 때였다. 전수조사는 단 하루만에 전화 몇 통으로 끝났다.

국내의 돌고래수족관은 경기 과천의 서울대공원, 제주 중문의 퍼시픽랜드, 울산의 고래생태체험관 그리고 제주 화순의 마린파크 등 네 곳이었다. 퍼시픽랜드는 정말 많은 돌고래를 소유하고 있었다. 당시 열한 마리의 돌고래가 있었는데, 이 가운데 아홉 마리가 제주 앞바다에서 불법으로 잡힌 아이들이었다. 두 마리는 퍼시픽랜드에서 태어난 개체들이었다. 1990년부터 스물여섯 마리를 잡아왔으니, 거의 '돌고래 공장'이라고 할 만했다. 서울대공원에서는 다섯 마리가 쇼에 나서고 있었다. 세 마리는 제주 퍼시픽랜드가 불법으로 잡은 것을 가져왔고 두 마리는

〈국내 돌고래수족관과 돌고래 현황〉(2011년 7월 기준)

돌고래 수족관	개체 수	애초 서식지
과천 서울대공원	5	3마리는 제주에서 불법혼획(그물에 걸림)된 것을 구매, 2마리는 일본 다이지에서 구매
울산 고래생태체험관	3	일본 다이지
제주 퍼시픽랜드	11	9마리는 제주에서 불법혼획, 2마리는 자체 번식
제주 마린파크	8	일본 다이지 (7마리는 한화63빌딩 소유, 이 가운데 1마리는 자체 번식)

일본에서 들여왔다. 울산 고래생태체험관의 세 마리, 마린파크의 여덟 마리도 모두 일본에서 수입한 것이었다.

이렇게 해서 국내 돌고래수족관에 사는 돌고래는 모두 스물일곱 마리로 집계됐다. 제주 출신(12마리) 아니면 일본 출신(12마리) 혹은 이들의 자식들(3마리)이었다.

그런데 흥미로운 사실이 눈에 띄었다. 일본에서 온 돌고래는 모두 세계적으로 비난을 받고 있는 와카야마 현의 다이지太地에서 수입했다. 다이지는 루이 시호요스Louie Psihoyos가 연출하고 세계적인 돌고래보호운동가 리처드 오배리Richard O' Barry가 출연한 다큐멘터리 〈더 코브: 슬픈 돌고래의 진실〉로 알려진 세계적인 돌고래 사냥터다. 오사카에서 대여섯 시간 걸리는 이 후미진 시골 어촌에서는 매년 가을부터 이듬해 봄까지 대대적인 돌고래 사냥이 벌어진다. 아침 일찍 배들은 돌고래를 찾아 나서고, 돌고래 떼를 발견하면 '땡땡땡' 쇳소리를 울리면서, 다이지 마을 인근 움푹 팬 만(cove)으로 이들을 몰고 온다. 만으로 쫓겨온 수십 마리의 돌고래들 가운데 최상급 품질의 돌고래를 어부들이 고른다. 그리고 근처의 가두리에서 길들여 전 세계에 공연용으로 팔아치운다. 선택받지 못하고 좁은 만에 남은 대다수의 돌고래들에게는 죽음이 기다린다. 어부들은 긴 작살을 가져와 푸른 돌고래의 몸에 내리꽂는다. 푸른 바다는 핏빛으로 물든다. 이곳이 이 논쟁적인 영화에 2010년 아카데미 다큐멘터리상을 안긴 장소다.

나중에 알게 되었지만 퍼시픽랜드가 제주 야생 돌고래의 공급책이었다는 것은 동물원 업계에서는 공공연한 사실이었다. 당시 서울시의 직원은 나에게 "퍼시픽랜드가 2007년 동물구조기관으로 승인받았기 때문에 괜찮은 줄 알고 샀다"고 답했지만, 의미 없는 핑계에 불과했다. 돌고래는 법에 따라 구조되더라도 방류하거나 신고 뒤 처리되어야 하지, 마음대로 거래할 수 있는 대상이 아니기 때문이다.

심지어 이 길고 긴 커넥션은 아주 공개적이고 뿌리 깊었다. 1995년 〈동아일보〉에는 퍼시픽랜드의 전신인 로얄마린파크가 "제주 부근 바다에서 어민들에게 생포된 돌고래를 사들여 공연을 위한 사육과 훈련 작업을 시도해 성공을 거뒀다"는 기사까지 게재됐다. 사육사의 훈련을 받는 사진이 함께 실린 이 기사의 제목은 '제주산 돌고래쇼 데뷔'였다.

> 제주산 돌고래는 일본산과 비교해 외형적으로 뚜렷한 차이를 보이고 있다. 제주산은 일본산에 비해 주둥이가 3~4센티미터가량 길고 체형이 날렵한 특징을 갖고 있으며 목소리는 낮고 경쾌하다. (…) 사육 과정에서는 일본산 돌고래가 먹이로 쓰이는 죽은 고등어를 쉽게 받아들이는 반면 제주산은 강제 급여를 2~3일 정도 거쳐야 먹이를 섭

취한다. 제주산 돌고래는 1년 동안의 훈련을 거쳐 헤딩볼, 스핀점프, 허들 등 10여 종의 재주를 일반 관람객에게 선보이고 있다.(임재영, 1995)

그리고 그해 11월 제주산 돌고래 두 마리가 서울대공원으로 보내졌다는 기사도 보도됐다. 서울대공원에서 물개 세 마리를 받은 로얄마린파크는 5~6년생 수컷과 6~7년생 암컷을 서울대공원에 보냈다(김화균, 1995).

신문 보도까지 됐던 야생 돌고래 거래가 16년 만에 법의 심판을 받게 되는 것이었다. 그러나 처벌은 미약했다. 해경은 서울대공원과 고래연구소도 기소 의견으로 검찰에 송치할지 고민했다. 결론은 퍼시픽랜드의 허옥석 대표와 고정학 이사 그리고 이들에게 돌고래를 판 오아무개 등 여덟 명을 불구속 입건하는 선에서 내려졌다(해양경찰청, 2011). 법을 따르지 않고 동물을 잡아 공연을 시켰다고 해서 크게 처벌할 필요는 없다고 느끼는 듯했다. '주인 없는 것을 가지고 돈 좀 벌었기로서니' 하는 시선. 떠들썩하던 신문·방송도 하루가 지나니 조용해졌다.

어쨌든 국내 돌고래수족관 네 곳의 돌고래쇼에 출연한 돌고래들은 죄다 불법으로 반입됐거나 윤리적인 논란을 겪고 있는 지역 태생이었던 것이다. 돌고래쇼가 주장하는 인간과 동물의 우정, 동심에의 호소가 이런 비윤리적인 거래 속에서 태어난 것임을 직면하고 나는 이 허약한 돌고래쇼의 기반에 대해 잠깐 혼란스러웠다.

전수조사를 마친 나는 2011년 7월 16일 〈한겨레〉에 '탐욕의 쇼, 돌고래는 운다'라는 제목의 기사(남종영, 2011b)를 올렸다. 이 기사는 사회면 머리기사로 보도됐다. 국내 돌고래쇼의 현황과 돌고래의 출신지를 이야기하면서, 유럽에서는 돌고래쇼가 수족관의 좁은 환경이 주는 스트레스 때문에 윤리적 논란을 불러일으키고 있다는 내용을 전했다. 외국에서는 포경에 이어 돌고래 전시공연 문제가 이슈라는 것을 보여주고 싶었고, 관련 내용을 전할 수 있는 좋은 기회이기도 했다. 세계적인 고래보호단체인 고래와돌고래보존협회WDCS의 〈2011년 유럽 돌고래수족관(돌피나리움) 보고서〉(Whale and Dolphin Conservation Society and Born Free Foundation et al., 2011)의 내용을 소개했다. 수족관에서 큰돌고래나 범고래의 사망률은 야생 상태에서보다 1.5~3배가량 높다. 이런 우려 때문에 영국에서는 이미 1980~1990년대를 거쳐 돌고래수족관이 퇴출당했다. 많은 사람이 주목하지는 않았지만, 국내에서 처음으로 돌고래 전시공연의 문제점을 지적한 기사였다.

재미있는 것은 당시 모든 매체가 이 비운의 돌고래들을 '큰돌고래'로 불렀다는 점이다. 해양경찰청이 뿌린 보도자료도 '큰돌고래'라고 했고, 신문·방송도 '큰돌고래'라고 불렀다. 서울대공원도, 퍼시픽랜드도, 전화기 너머의 다른 수족관 직원들도 자신들이 사육하는 돌고래를 '큰돌고래'라고 말했다. 나도 마찬가지였다. 기사에서 "큰돌고래의 일종인 남방큰돌고래"라고 표현했다. 그러나 큰돌고래와 남방큰돌고래는 엄연히 다른 종이라는 사실을 안 건 몇 달이 지나서였다. 이렇게 우리는 모두 제주 바다에 사는 돌고래에 대해 무지했다. 우리에게 그들이 중요하지 않았기 때문이다. 그들을 아무도 모르던 때, 그러나 남방큰돌고래에 대한 무지의 시대는 끝나가고 있었다.

2장

서울대공원의 돌고래 삼총사

동물은 현실에서 사라진 존재들이거나
소비자본주의의 우리에 갇혀 목소리를 빼앗긴 존재들이다.

–필립 암스트롱, 〈신식민주의 동물〉 중에서

1984년 5월 1일 따사로운 봄볕이 서울에 내리쬐고 있었다. 도시는 봄 축제 분위기로 들떠 있었다. 여기저기 경축탑이 섰고, 풍선에 매달린 플래카드가 하늘에 날렸다. 서울대공원이 문을 여는 날이었다. 1977년 1월 서울대공원 건설 방침이 확정되고, 1978년 10월 공사에 들어간 지 5년 6개월 만이었다.

서울 사당동에서 경기도 과천으로 넘어가는 남태령에는 구름 같은 대열이 몰려 자동차가 움직이지 않았다. 서울대공원은 서울시 소유의 '시립공원'에 지나지 않았지만, 서울대공원 개원식은 국가적 이벤트였다. 대통령은 국풍 규모의 축제행사를 준비하라고 지시했다(오창영, 1996). 서울시청의 조직과 각 구청, 시 교육위원회 등 정부기관은 물론 체육회, 새마을서울지부 등이 동원됐고 보이스카우트·걸스카우트 대원들이 질서 유지에 나섰다. 구 대항 씨름대회와 가장행렬, 단축마라톤,

불꽃놀이, 인기가수가 출연하는 개원 축하공연 등 하루 종일 축제가 이어졌다(오창영, 1996). 《서울대공원 80년사》를 쓴 오창영의 표현대로 "공원 안팎은 온통 사람 사람 사람이었다"(1996: 352). 다음 날 신문은 이날 오후 서울대공원으로 몰려든 인파를 75만 명이라고 보도했다. 나흘 뒤인 어린이날에는 100만 명이 찾아왔다. 서울대공원은 인산인해였다.

대통령 앞 첫 공연

1980년 쿠데타로 집권한 전두환 대통령은 '국가주의적 이벤트'를 좋아했다. 1981년 서울 여의도 광장에서 개최된 '국풍 81'은 전국 대학 민속동아리 등 1만5000명이 넘는 공연단이 동원되고 연인원 1000만 명이 참가한 축제였다. 정부 각급 기관이 동원되고 KBS가 주관사로 나선 이 행사의 목표는 "민족문화의 주체적이고 진취적인 계승과 대학생들의 국학연구 열풍 진작"이었다. 전두환 정권 초기, 국가주의적 이벤트가 이어진 이유는 정통성이 취약한 군사정부가 국가라는 공동체를 내세우며 국민을 단합시킬 필요가 있었기 때문이다(한양명, 2013). 이것은 박정희 정권 후반기에 시행된 국기에 대한 맹세, 국민교육헌장 제정 등 애국주의 관제운동의 맥을 잇는 것이었다. 서울대공원 개원은 군사정부가 준비한 또 하나의 국가주의적 이벤트였다.

그리고 또 하나 있었다. 한국도 이제는 정상적인 근대국가임을 내외에 선포할 필요가 있었다. 86아시안게임과 88올림픽을 앞두고 있었다. 한강의 유람선과 위용에 찬 잠실 종합경기장을 통해 정상적 근대국가의 수도 서울을 보여주고 싶었다. 그런 전시물 중 하나가 서울대공원이었다. 일제 시대 만들어진 동물원 '창경궁'이 아니라, 세계적인 도시라면 하나씩 갖고 있는 자국이 만든 동물원. 한국도 이제 세계적 수준의 동물원을 소유한 나라가 된 것이다.

서울대공원은 개원일 오후부터 개방됐다. 오전에는 전두환 대통령과 내외 귀빈이 시찰하는 일정이 잡혀 있었기 때문이다. 정문 앞마당에서 열린 서울대공원 개원식에는 1000명의 초청 인사가 대통령을 기다리고 있었다. 오전 10시가 되자 대통령 찬가가 연주됐다. 전두환 대통령이 입장했다. 서울대공원에 대한 현황 보고가 이어졌다. 936억 원을 들여 동물원을 개원하고 놀이동산과 현대미술관은 향후 개관한다, 총면적 667제곱킬로미터에 374종 3909마리의 동물을 확보했다, 시설 규모 및 동물 수용 규모에서 국제수준급이다 등의 내용이 이어졌다(오창영, 1996).

▲1984년 5월 1일 국내 최초로 거행된 돌고래쇼는 전두환 대통령 내외의 관람을 위해 준비됐다. 돌고래 삼총사 돌이, 고리, 래리가 나섰고, 대통령은 흡족함을 표시했다. ©서울사진아카이브

서울대공원 개원을 알리는 테이프를 절단하고 전두환 대통령과 각급 장관들은 시찰에 들어갔다. 당시 대통령을 수행한 이는 서울대공원 동물부장인 오창영이었다. 동물원을 구경하면서 전두환 대통령은 "저들끼리 싸우는 일이 없는가" "외국에도 이런 형태의 동물원이 있는가" 등의 질문을 던졌다. 대통령 일행에게 자신 있게 보여줄 수 있었던 것은 돌고래쇼장이었다. 그때까지 한국 동물원에는 돌고래가 없었다. 돌고래쇼도 없었다. 오창영은 대통령 일행을 이끌고 돌고래쇼장에 들어갔다. 1345제곱미터 면적에 세워진 2500석의 야외공연 풀장[1]이었다.

돌고래는 세 마리였다. 전두환 대통령 일행이 들어오자, 조련사들의 신호를 시작으로 돌고래들이 쇼에 들어갔다. 돌고래들은 연달아 실수했고, 그럴 때마다 대통령 옆에 앉은 오창영은 마음을 졸였다. 그가 느끼기에 이번 공연은 연습 때에 비하면 60점밖에 되지 않았다. 돌고래들이 아직 새 환경에 익숙하지 못한 데다 하필이면 찬 바람이 불었다. 이런 날에는 돌고래가 조련사의 명령을 잘 따르지 않곤 했다. 그러나 전두환 대통령의 말 한마디를 듣고 오창영은 안도한다.

"대양이 좁다고 누비던 돌고래들이 이 산골에서 저만한 재주를 부릴 수 있다니…."(오창영, 1996: 348)

대통령은 흡족했던 것이다.

▼

1 공연 풀은 길이 35미터, 폭 7~9미터, 깊이 3미터였다. 돌고래들이 대기하는 보조 풀도 있었는데, 길이 18미터, 폭 7.5미터, 깊이 3미터였다. 1998년 에어돔이 씌워지면서 '실내 풀장'이 되지만, 풀장의 구조는 그대로 이어졌다(전돈수, 2004). 서울대공원 돌고래수족관은 '해양관', '오션파라다이스' 등으로 불렸다.

돌이, 고리, 래리

돌고래의 이름은 돌이, 고리, 래리였다. '돌, 고, 래'에서 한 자씩 이름을 땄다. 한국 최초의 전시공연용 돌고래, 야생 돌고래가 아닌 감금 돌고래[2]였다.

돌이, 고리, 래리는 일본에서 왔다. 이들을 돌볼 국내 최초의 돌고래 조련사는 전돈수와 김외운이었다. 전돈수는 창경원 시절부터 새를 돌봤다. 그때만 해도 비싼 새가 부의 상징이었다. 초고층 주상복합 아파트가 부유층의 거처가 아니었다. 서울의 갑부들은 연못과 잔디밭이 있는 단독주택에 정원을 파고 공작을 거닐게 했고, 중산층 가정은 작은 집에 새장을 들여놓고 앵무새, 카나리아를 키웠다. 대수금사에서 일하던 전돈수에게 돌고래 조련이 맡겨졌다. 일본에서 돌고래 세 마리가 들어올 테니, 함께 오는 일본인 조련사한테 돌고래 조련 기술을 배우라는 것이었다.

1983년 11월 9일, 서울대공원 개원 반년 전, 지바 현 가모가와 시월드[3]에서 큰돌고래 세 마리가 서울로 공수되어 왔다(전돈수, 1993). 한 마리(돌이)가 수컷, 나머지 두 마리(고리, 래리)는 암컷이었다. 마리당 약 4000만 원을 줬다. 일본인 조련사 두 명이 기술 전수 조건으로 파견됐다.

▼

2 동물원에 사는 야생동물의 복지를 다룰 때 서구 동물보호운동은 동물원 동물zoo animals보다는 감금 동물captive animals이라는 표현을 선호한다. 감금 동물이라는 말이 한국에서는 일상적이지 않아서 이 책에서는 제한적으로 사용했다.

▼

3 도쿄에서 두 시간 거리에 1970년 개장한 해양포유류 수족관으로 일본의 돌고래 전시공연 산업을 이끌어왔다. 처음에는 돌고래와 바다사자로 시작해, 최근에는 대형 고래의 일종인 범고래쇼를 보여주고 있다.

전돈수와 김외운은 일본인 조련사에게 돌고래 조련을 배웠다. 통역사가 따라붙었다. 이론과 실기 교육이 각각 석 달씩 이어졌다. 이론 교육은 돌고래의 생태, 질병, 행동을 비롯해 공연장 및 수족관 내실의 수질, 위생, 시설 관리 등 돌고래 사육 관리에 대한 전반적인 사항으로 이루어졌다. 실기 교육은 돌고래에게 공연 동작을 가르치는 것으로 이루어져 있었다.

돌이와 고리, 래리는 일본에서 올 때부터 순치된 돌고래였다. 확인은 되지 않지만, 전 세계에 쇼돌고래를 공급하는 와카야마의 다이지에서 잡혔을 가능성이 높다. 이런 돌고래들은 다이지 앞바다의 가두리에서 순치 과정을 거친다. 돌고래 순치란 다름 아닌 산 생선 대신 죽은 냉동생선을 돌고래가 먹게 함으로써, 돌고래를 수족관에 키우면서 공연이 가능하도록 길들이는 것이다. 생전 냉동생선을 먹어본 경험이 없는 야생 돌고래는 당연히 저항하지만, 배고픔을 참지 못해 결국 항복하고 만다.[4]

서울대공원에 온 돌이, 고리, 래리는 그다음 단계인 '스테이셔닝stationing'을 비롯해 훈련 기초 종목 열 개 정도를 익힌 상태에서 한국으로 들어왔다. 스테이셔닝은 조련사가 나타나면 돌고래가 습관적으로 다가오는 동작이다. 스테이셔닝을 해야 돌고래에게 지시를 내릴 수 있다. 그러나 세 마리의 돌고래는 좀처럼 한국인 조련사에게 다가오지 않

▼

4 돌고래 몸의 변환 과정은 10장 '야생의 몸에서 수족관의 몸으로'의 '어포던스, 돌고래 몸의 개조'와 '먹이 지배와 돌고래 몸의 변환'을 참고하라.

◀1984년 5월 1일 서울대공원이 문을 연다. 일제가 건설한 창경궁 동물원에서 벗어나 우리 손으로 만든 첫 동물원이었다. 사진은 서울대공원 야외 풀장에서 열린 돌고래쇼 모습. 대한민국 1호 돌고래 조련사 전돈수 씨가 타깃(막대기)을 들고 점프를 유도하고 있다. ©전돈수

았다(전돈수 인터뷰, 2014). 사람에게 다가오는 스테이셔닝을 비롯해 점프, 공중회전까지 지난한 참을성이 요구됐다.

2004년 돌고래 조련사를 그만두고 큰물새장으로 돌아가 일하고 있는 전돈수 사육사를 2014년 여름 처음 만났다. 돌고래 일을 그만둔 지 10년이 지났고 2017년 정년을 앞둔 그였지만, 그에게는 내심 '한국 최초의 돌고래 사육사'라는 자부심이 배어났다.

"돌고래가 여기 가까이 올 때까지 먹이 가지고 기다려요. 처음엔 잘 안 오죠. 결국 무슨 소리인지 알고 가까이 오면 휘슬(호루라기)을 불고 먹이를 던져줘요. 그런 식으로 하는 거죠."

"그렇다면 점프는 어떻게 가르치죠?"

"타깃을 이용하는 거죠."

"타깃요?"

"긴 막대기예요. 자, 막대기를 이렇게 풀장 한가운데로 향해 들고 서 있는 거예요."

그가 장대높이뛰기 선수가 가지고 다닐 만한 긴 막대기를 드는 시늉을 했다. 긴 막대기가 수면 위에 드리워져 있는 장면이다.

"돌고래가 언젠가는 알아듣고 막대기 있는 높이만큼 뛰거든요. 그러면 바로 휘슬 불고 먹이 주는 거예요. 그 다음엔 좀 높게 하고 휘슬 불고 먹이 주고."(전돈수 인터뷰, 2014)

여기서 휘슬은 '원하는 행동을 했다', '잘했다'는 메시지다. 휘슬음을 들으며 돌고래는 자기가 수족관에서 살아남으려면 무엇을 해야 하는지 깨닫는다. 이렇게 돌고래쇼 종목 하나하나의 동작을 완성해간다.

세 돌고래는 기초 종목이라 불리는 뛰기, 춤추기, 악수하기, 훌라후프 돌리기, 무대에 오르까지 한국인 조련사와 차례로 호흡을 맞춰나갔다. 나중에는 고난도 종목인 공중회전에도 도전했다. 기초 종목은 일주일이면 배우지만 공중회전은 5~6개월이 걸린다.

래리는 세 마리 가운데 종목 익히는 속도가 제일 더뎠다. 기초 종목은 어느 정도 따라갔지만 종목이 하나둘 늘어갈수록 돌이와 고리에 뒤처지기 시작했다. 조련사들은 어떻게든 5월 1일까지 번듯한 돌고래쇼를 만들어 내보내야 했다. 개장 시기가 가까워졌는데도 래리는 무대 위에 올라 노래 부르기, 뒤로 걷기 등을 하지 못했다. 발등에 불이 떨어졌다. 정부는 서울대공원 개원식을 국가적인 축제로 잡아놓고 있었다. 돌고래쇼는 우리나라에서 돌고래를 최초로 무대 위에 올리는 핵심 이벤트였다.

서울대공원은 이듬해 래리의 '학습 부진'을 주장하며 일본 측에 보상을 요구하려 했지만, 계약상 이의신청 기간인 60일이 지나 있었다(동아일보, 1985)[5]. 이윽고 서울대공원은 돌이, 고리, 래리의 예비용으로 돌

▼

5 래리는 개장 1년 뒤에도 돌고래쇼를 거부했다. "래리 양의 지능이 다른 두 마리만 못하다는 사실은 지난겨울 서울대공원 측이 봄맞이 공연을 준비하면서 돌고래들에게 새로운 묘기 다섯 가지를 훈련시키면서 드러난 것으로 래리 양은 묘기 숙달이 더딘 데다 '무대 위에 올라 노래 부르기', '뒤로 걷기' 등의 묘기는 아예 흉내조차 내지 못했다."(동아일보, 1985) 당시 언론은 "저능아"라고 눈총을 받는 상황을 전하면서 래리의 공연 거부를 개장 이후로 기술하고 있지만, 전돈수 사육사 등의 진술(인터뷰, 2014)에 따르면 수입 직후부터 이런 모습을 보였다.

고래 추가 도입도 검토한다. 수컷 두 마리, 암컷 세 마리를 일본에서 수입해 한국인 조련사들이 '자체 훈련'을 시켜보자는 아이디어였다. 이렇게 하면 돌이, 고리, 래리의 사고 등 부재 상황을 대비할 수 있었다. 그러나 해양동물관의 규모가 돌고래 여덟 마리를 수용할 수 없어서 없던 일이 된다(오창영, 1996).

서울대공원 개원에 맞춰 전돈수와 김외운은 일본인 조련사들과 함께 25가지 종목을 완성했다. 래리는 할 수 있는 종목만 하도록 했다. 앞으로 걷기, 뒤로 걷기, 등으로 헤엄치기, 두 마리가 동시에 7미터 높이로 뛰어오르기, 무대에 올라 노래 부르기 등 다섯 가지 종목의 새로운 쇼도 개발했다(경향신문 1984a: 장병수, 1984: 전돈수 인터뷰, 2014).

돌고래쇼는 첫날부터 서울대공원의 주된 볼거리로 부상했다. 대통령 앞의 공연 이후 일반에게 처음으로 공개된 공연에서는 인파가 몰려 10여 미터의 스테인리스 난간이 무너지고 회양목 100여 그루가 훼손됐다. 한 관람객은 빈 깡통을 풀장에 던져 조련사가 물에 들어가 건져냈다. 이 소란으로 인해 30분 진행되는 돌고래쇼가 10분 만에 끝나자, 관람객들은 깡통을 던진 관람객에게 야유를 보냈다(경향신문, 1984b).

한국 최초의 돌고래쇼는 신문·방송에 대대적으로 실렸다. 하루 서너 차례 열리는 쇼에는 입추의 여지 없는 인파가 몰려들었다. 비 오는 날에는 우산을 쓴 관람객으로 야외공연장이 가득 찼고, 돌고래쇼가 끝나면 관객들은 기립박수를 쳤다. 주말에는 400~500미터 되는 긴 줄이 섰고, 돌고래 먹으라고 과자, 아이스크림은 물론 갈비 짝을 던지는 관람객도 있었다.

처음에는 일본인 조련사만 따르던 돌고래들은 한국인 초보 조련사들에게도 점차 익숙해져갔다. 사인만 조금 틀려도 딴청을 부리던 돌고래들이 '개떡같이 말해도 찰떡같이 알아들을' 줄 알게 되었다. 일본인 조련사들은 개장 이후 일본으로 돌아갔다. 전돈수와 김외운이 짝을 이뤄 돌고래를 리드했고, 여성 직원이 내레이션을 했다(전돈수 인터뷰, 2014). 야외공연장이었기 때문에 겨울에는 물이 얼어붙어서 공연을 할 수 없었다. 공연은 5~10월에만 이뤄졌다. 1990년대 초반까지 연간 30만 명 이상의 관람객이 돌고래쇼를 봤다.

동물원의 탈아, 돌고래쇼의 회일

여기서 눈여겨봐야 할 것이 있다. 서울대공원과 그 대표상품인 돌고래쇼를 가로지르는 식민주의에 관한 역사성이다. 서울대공원은 일본에서 벗어나 '탈아脫亞' 하고자 했지만, 돌고래쇼에 이르러 '회일回日' 했다.

서울대공원 이전에 국내의 가장 큰 동물원은 '창경궁 동물원' 이었다. 일제의 손에 지어진 창경궁 동물원은 한국인들에게 식민지 잔재로 받아들여졌다. 서울대공원의 기획·건설 과정을 살펴보면, 일본이 설치한 '창경궁 동물원' 의 프레임을 벗어나고자 하는 의도가 역력했다.

서구의 동물원은 민간이 주도한 '제국주의 근대의 발명품'(Franklin, 1999)이었다. 왕실과 귀족들의 수집 취미로 시작된 역사적 동물원인 메나주리menagerie와 근대 동물원zoo 사이에는 역사적 단절이 있었다는 게 에이드리언 프랭클린Adrian Franklin 등 동물지리학자들의 견해다. 서구의 동물원은 제국주의의 확장, 과학지식의 축적, 근대적 시민공간 제공 등 세 가지 역사적 지층 속에 존재한다(남종영, 2015d).

18~20세기 초반까지 유럽의 대도시에 유행처럼 번졌던 동물원은 제

국주의 영토 확장이 없었다면 불가능했다. 동물들을 포획하는 것은 정치적으로 "머나먼 이국땅에 대한 정복을 상징하는 재현"(Berger, 1980: 21)과 다름없었다. 아프리카로, 아시아로 제국주의의 영토는 확장됐고 선두에 탐험가와 선교사가 있었다. 이들이 잡은 진귀한 동물은 그들의 고향 도시로 선물로 보내졌고, 이러한 동물만 전문적으로 취급하는 동물상도 나타났다. 근대 동물원은 동물 거래의 활성화 그리고 거래품인 희귀동물이 있었기에 가능했다. 자본주의 시장의 탄생 외에도 근대 사회의 평등해진 사회구조와 지식세계를 반영했다. 메나주리에서는 귀족만 희귀동물을 볼 수 있었지만, 근대 동물원에서는 시민 누구나 동물원에 갈 수 있었다. 시민들은 동물원에서 여가를 즐겼고 이국의 생물을 공부했다. 그리고 동물원 운영에는 학자들이 참여했다. 런던 동물원의 설립·운영자가 런던동물학협회이듯이, 동물원은 시민들의 여가 공간을 제공해주는 목적 외에도 학자들의 동물학 연구를 위해 출발했다. 요약하자면, 근대 동물원은 제국주의 이데올로기를 지지하면서 시민계급의 독립성과 정치를 보여주는 공간이었으며, 다른 박물관과 마찬가지로 지식의 획득, 대중 교육과 여가 선용의 기회 제공이라는 근대적 정치 이데올로기가 최전선에서 실현된 공간이었다(Berger, 1980).

일본의 동물원은 서구에 대한 모방에서 출발했다. 아시아에서 가장 빨리 근대를 받아들인 일본은 그러나 유럽처럼 방대한 식민지가 없었다. 유럽을 여행한 후쿠자와 유키치福澤諭吉는 1862년 《서양사정西洋事情》에 동물원을 박물관과 함께 소개했고, 20년 만인 1882년 도쿄에는 우에노 동물원이 설립된다(Itoh, 2010). 서구 동물원과 달리 일본의 동물원은 동물 거래의 확산과 동물상의 등장 등 경제적 변화에 의해 출현한 게 아니라 '근대적 공원'을 설치하고 제국의 지위를 보여주기 위한 국가적 기획으로 확산되어갔다. 주도 세력은 중앙집권적인 국가였다. 아시아의 국민들은 동물원을 통해 서구적 근대를 만났다(Miller, 2013).

조선도 그 하나의 예였다. 1908년 설치된 한국 최초의 동물원 창경원은 서구의 일반적인 동물원과 달랐다. 창경궁 동물원이 설립된 것은 한일합방 이전, 일본의 차관이 왕실 정치를 주무르던 '차관 정치' 때였다. 궁내부 차관 고미야 미호마쓰小宮三保松가 순종에게 왕실에 동물원 설립을 제안했고, 순종이 이를 받아들임으로써 1908년 한국 최초의 동물원이 탄생하게 된다. 순종은 1909년 창경궁 동물원을 일반에 개방했고, 동물원에는 73종 358마리가 전시됐다. 시베리아호랑이, 반달곰, 제주말, 쌍봉낙타, 일본원숭이, 캥거루, 타조는 물론 요즈음에도 진귀한 오랑우탄도 있었다.

일본 제국주의가 궁궐을 훼손하고 그 자리에 동물을 전시한 '창경궁 동물원'은 한민족의 수치로 받아들여졌다. 일본은 창경원 건설 과정에서 20여 채의 왕실 건물을 무너뜨렸고, 그 자리에 동물원-명정전-식물원으로 이어지는 공간 배치를 했다. 왕실을 공원 사이에 넣음으로써, 조선 왕실로 표현되는 전근대의 왜소함과 일본의 근대문명을 대비시킨 것이다. 초기 창경원 사무를 봤던 어원사무국은 일본인 직원이 절반 이상이었고, 왕실 재산을 관리하면서 제국주의의 왕실 영향력을 강화하기 위한 수단으로 이용됐다(서태정, 2014). 창경원은 '일본 근대'의 상징이었다.

창경원과 동물을 바라보는 조선 민중의 심경은 복잡했다. 창경원은 봉건적인 왕조의 도시에 평등한 공간을 열어놓았다. 10전짜리 종람표

(입장권)만 사면 모든 사람이 평등하게 왕궁에 들어가 공원을 산책할 수 있다는 사실에 조선 민중은 흥분했다. 그러나 왕의 처소가 동물 우리로 격하됐다는 민족적 자존심의 상처 또한 지울 수 없었다. 조선 최초의 동물원은 서구에서처럼 봉건 질서의 해체를 선언하는 새 시대의 표상이었지만, 동시에 제국주의 선민과 식민지 2등국민의 상하 위계를 드러내는 식민 공간이기도 했다(남종영, 2015d).

1945년 해방이 되고 반세기 가까이 창경원은 한국 최고의 동물원으로 기능했다. 더불어 한국은 1960~1970년대를 거치며 독립적인 근대국가의 체제를 갖추기 시작했다. 창경궁 복원과 서울대공원 이전이라는 아이디어가 나온 건 1970년대였다. 한국인에게 서구적 기준에 맞는 현대적 동물원을 소유하는 것은 상처 난 민족적 자존심을 회복하는 길이기도 했다. 이제 새로운 동물원의 전범은 도쿄의 우에노 동물원이 아니라 서구의 훌륭한 생태동물원이었다. 서울대공원을 기획하던 동물원 관계자, 서울시 관료, 건축가 등은 1977년 7월 9일부터 한 달 동안 선진 동물원 견학을 떠난다. 미국 캘리포니아 주의 샌디에이고 동물원을 시작으로 올랜도의 디즈니랜드, 뉴욕의 브롱크스 동물원, 대서양 건너 런던, 코펜하겐, 함부르크, 베를린, 파리, 로마 동물원 그리고 인도의 아그라, 타이 방콕, 싱가포르, 홍콩 그리고 도쿄의 동물원에 이르는 지구 한 바퀴를 도는 여정이었다. 여행을 끝낸 이들의 머릿속에는 '선진 동물원=구미 동물원'이라는 등식이 새겨졌다. 당시 시찰단의 일원으로 세계를 여행한 오창영은 이렇게 회고한다.

실제로 일본을 대표하는 우에노 동물원은 4만3000평에 근 1000종의 동물을 보유하고 170명의 직원이 연간 900여만 명의 관람객을 맞는다. 이는 경영적 차원에서 만점이다. 그러나 과밀로 인한 피해는 자연히 동물과 관람객들에게 돌아간다는 것을 간과해서는 안 된다. 대저 현대 동물원의 존재 의의는 감소 내지는 절멸로 치닫고 있는 야생동물들에게 생존을 위한 새 삶터를, 과밀화에 시달리는 도시민에게는 건전한 휴식의 장을 제공하는 데 있다 할진대 동물이나 사람이 동물원에 와서까지 안도할 수 있는 여유가 없대서야… 구미의 동물원은 동물원을 하나의 교육문화시설로 보는 데서 수지를 따지는 수익시설이 아니라는 점이 다르다. 따라서 시설은 공공단체 내지는 독지가가 하되 운영은 대개 동물원협회에 맡긴다. 재정은 협회비로 충당하며 부족할 때는 시나 주 정부 나아가서는 국가가 지원하고, 시민의 기부로도 지탱한다. 이는 부러운 일이지만 동양권에서는 아직 없는 일이다. 일찍이 일제에 의해 만들어져 그들에 의해 운영되던 창경원의 현실도 다를 바가 없다.(오창영, 1996: 114~115)

시찰단은 미국, 유럽 동물원의 방대한 크기에 놀란다. 넓은 면적의 공원은 시민들에게 만족을 줄 뿐 아니라 동물에게도 좋을 것이라는 인상을 받는다. 이제 일본식 동물원에서 탈피해 서구의 동물원을 모범으로 삼아야 한다고 그들은 생각했다. 이런 생각이 반영돼 서울대공원은 도심 속 좁은 공간의 정원인 주로지컬 가든zoological garden 형태가 아니라 도심 밖의 대형 공원인 주로지컬 파크zoological park 형태에 가깝게 설계됐다. 또한 기존의 종별로 동물을 전시하는 데에서 서식지별로 전시하는 '동물지리학적 전시' 기법을 도입했다(오창영, 1996). 그러나 거기까지였다. 당시 서구의 선진 동물원은 이미 한발 더 나아가 방대한 면적에 적당한 은신처를 동물에게 주는 생태동물원의 전시 기법을 실험하기 시작했다. 서울대공원은 거기까지 나아가진 않았다. 아프리카 생태원 정도만 비중 높게 면적을 할애하고 나머지는 종별 수용과 될 수 있는 한 무책방사식으로 계획했다.

동물원 설계는 정치에서 떨어져 진행될 수 없었다. 서울대공원은 민족의 자부심을 높이는 국가대표 동물원이었고, 게다가 남북의 체제경쟁이 드세던 시절이었다. 서울대공원의 소유주인 서울시는 물론 청와대 비서관들과도 동물원 기획·설계 단계에서 협의가 진행됐다. 설계의 가장 큰 원칙은 '평양 동물원보다 크게, 국제 수준급으로'였다(오창영, 1996). 1978년 당시 구자춘 서울시장에게 내려온 이런 지시는 사실상 박정희 대통령이 내렸을 것이라고 당시 관계자들은 받아들였다.[6]

애초 24만8000제곱미터였던 부지 면적은 평양 동물원(268만 제곱미터)보다 넓어야 했다. 서울시는 1979년 7월 서울대공원 건설기본계획과 설계를 최종 확정해 발표했다. 새로 들어서는 동물원은 경기 과천시 막계2리에서 좀 더 터가 넓은 막계1리로 바뀌었고, 면적은 애초 계획보다 열 배 넓은 290만 제곱미터에 이르렀다(경향신문, 1979). 평양 동물원

▼

6 확인되지 않았지만, 1972년 7.4 남북공동성명 조율차 평양을 비밀리에 방문한 이후락 중앙정보부장이 평양 대성산에 있는 평양중앙동물원을 보고 이 시설의 훌륭함을 박정희 대통령에게 보고했다는 말이 회자된다. 이듬해인 1973년 방북한 대한적십자 대표단도 이 동물원을 방문해 코끼리쇼 등을 관람한 것을 보면, 당시 평양 동물원보다 창경원 동물원이 왜소했음을 정부 당국자들이 신경 썼으리라 여겨진다(김진명, 2009; 경향신문, 1973).

보다 22만 제곱미터 넓었다.

해양동물관에는 바다사자와 물범 등이 전시될 예정이었다. 서베를린 동물원의 해양관이 모델이 됐고, 비교적 크고 넓은 풀장을 넣었다. 돌고래쇼가 초기 기획단계부터 검토됐던 것은 아니었다. 무엇보다 국내에서 사육 경험이 없었고, 서울대공원 부지가 바닷가가 아니어서 돌고래쇼에 필요한 많은 양의 해수 조달이 어려웠기 때문이다. 돌고래쇼를 검토하라고 지시한 이는 당시 서울시장이던 구자춘이었다(오창영, 1996; 모의원 인터뷰, 2014). 그는 관람객의 인기를 끌 만한 중요한 볼거리가 있어야 한다고 판단해 이미 일본에 가서 돌고래쇼를 관람한 터였다. 돌고래쇼는 1979년 해양관 건설계획에 들어가 반영됐다.

1984년 전두환 대통령이 테이프를 끊고 들어간 서울대공원은 더는 일본의 동물원이 아니었다. 동물원은 구미 선진국의 주로지컬 파크를 닮아 있었다. 그러나 뒤늦게 추가된 돌고래쇼에는 다시 일본의 기술이 개입되어 있었다. 일본의 돌고래와 일본인 조련사가 한국에 와 첫 돌고래쇼를 준비하고 있었다. 서울대공원은 일본에서 벗어나 '탈아' 하고자 했지만, 돌고래쇼에 이르러 '회일' 했다. 한국 동물원의 근대는 서구와 일본을 왔다 갔다 했다.

제주도의 돌고래 왕국

서울대공원이 인기를 끌고 있을 때, 한반도의 남단 서귀포에서는 또 하나의 돌고래쇼가 준비되고 있었다. 서울대공원에 조련사 전돈수, 김외운이 있었다면 제주도의 돌고래쇼를 이끄는 이는 고정학과 김경종이라는 두 젊은 남성이었다.

수족관의 이름은 '로얄마린파크'였다. 서울대공원이 개장한 지 약 2년 뒤인 1986년 9월 10일 서귀포의 중문관광단지에 문을 열었다. 영업을 개시하기 몇 달 전부터 "국제 규모의 관광해양수족관 제주 로얄마린파크의 개장"을 알리는 광고가 주요 일간지에 실리기 시작했다. 당시 굴지의 관광업체인 성남관광주식회사가 국내 두 번째 돌고래수족관의 주인공이었다.[7] 웬만한 예술공연장 못지않은 대형 관람석이 무대와 풀장을 에워쌌다. 이 원형극장은 1997년 소유주가 바뀌면서 '퍼시픽랜드'로 이름이 바뀌게 된다(송현회계법인, 2015).

여러모로 서울대공원 돌고래쇼와 비슷했다. 돌고래쇼에 두 남성이 나선 점, 그 인프라를 일본에서 들여온 점, 대중의 호응이 하늘을 찌를 듯 높았던 점 등. 제주도가 추가로 나서면서 돌고래쇼에 대한 대중의 반응은 상승효과를 일으켰다. 로얄마린파크의 돌고래쇼가 공중파 방송에 여러 번 소개될 정도로 대한민국 국민은 일본에서 건너온 돌고래들과 그들과 호흡하는 조련사들에게 열광했다. 로얄마린파크의 돌고래쇼는 서울대공원 돌고래와 함께 꽤 오랫동안 국내의 대표적인 돌고래쇼로 명맥을 이어가게 된다.

이 수족관 최초의 돌고래 정착자는 일본에서 수입된 큰돌고래 네 마리였다. 개장 두 달 전인 1986년 7월 7일 일본에서 들여온 수컷 돌고래에게는 '한라'와 '탐라'라는 이름이, 암컷 돌고래에게는 '미래'와 '나

▼

7 1985년 개장한 서울 여의도 63씨티 수족관도 일본에서 낫돌고래를 들여와 전시했다. 이듬해 기르던 네 마리가 모두 폐사했고, 뒤이어 상괭이 한 마리를 사육하다가 명맥이 끊긴다(전돈수, 1993). 63씨티 수족관은 어류 중심의 소규모 실내 수족관으로, 서울대공원이나 로얄마린파크처럼 본격적인 돌고래수족관은 아니었다.

래' 라는 이름이 붙었다. 서울대공원과 마찬가지로 일본에서 전수된 조련 기술이 사용됐다. 일본인 조련사가 파견돼 고정학과 김경종을 가르쳤다. 한라와 탐라, 미래와 나래는 먹이 지배와 긍정적 강화를 통해 차츰 수족관의 몸이 되어갔다.[8] 개장 다섯 달 뒤인 12월 20일 추가로 두 마리가 더 들어왔다. 이 암컷 두 마리에는 '우리'와 '두리' 라는 이름이 붙었다(퍼시픽랜드, 2013a). 퍼시픽랜드는 돌고래 개체 수에서 서울대공원을 추월하기 시작했다. 그리고 제주도의 이 수족관은 1990년의 한 사건이 계기가 되어 '돌고래 왕국' 으로 성장한다.

제주의 남방큰돌고래가 학계에 보고된 것은 2000년대 들어서지만, 제주도 사람들은 바닷가에 붙어서 뭉쳐 다니는 돌고래를 알고 있었다. 제주도에서는 돌고래를 '수애기' 혹은 '곰새기' 라고 불렀다. 수애기는 '물에 놓는 애기' 라고, 물 수(水) 자를 써서 그렇게 불렀다. 돌고래는 물에서 알을 낳지 않고 새끼를 낳는다. 새끼와 함께 싱크로나이징을 하며 바다를 건너는 돌고래 가족의 모습은 제주도에선 보기 어려운 풍경이 아니다.

다행히도 제주도에서는 고래 고기를 먹는 관습이 유행하지 않았다. 돌고래가 밍크고래 대신 고래 고기의 대체품으로 쓰일 때도, 남방큰돌고래는 낫돌고래, 참돌고래 한참 아래로 쳤다. 또한 날렵하고 호리호리한 몸매는 역설적으로 인간으로부터 자신을 보호했다. 지방이 적어서 맛이 떨어졌다. 제주의 돌고래는 고기로써도 가치가 없었고, 생업에 방

▼

8 돌고래 몸의 개조 수단인 먹이 지배와 긍정적 강화에 대해서는 10장 '야생의 몸에서 수족관의 몸으로' 를 참고하라.

해를 주지도 않는 그저 흔한 돌고래였다.

로얄마린파크는 그렇게 흔한 돌고래를 주목하기 시작했다. 바닷가 안쪽에 쳐놓은 정치망에 가끔 돌고래가 걸려서 말썽이라는 사실을 알 만한 사람은 다 알고 있었다. 고정학(인터뷰, 2014)은 당시 상황을 이렇게 설명한 적이 있다.

"정치망에서 연락이 오니까, 좋다 한번 해보자고 한 거거든요. 그때까지만 해도 불법이라는 인식이 없었어요. 까놓고 얘기하면 해경도 현장에서 도와주고 저쪽 담당 사무관들도 갖다 쓰십시오 하고…."

1990년 7월이었다. 수족관에서 덩치 큰 일본산 큰돌고래와 씨름하고 있던 고정학에게 연락이 왔다. 정치망은 서귀포 동쪽 남원 앞바다에 있었다. 고정학과 직원들이 달려갔다. 그물에 갇혀 뱅뱅 돌고 있던 돌고래는 나중에 '해돌'이라고 이름 붙여진 한두 살짜리 새끼였다. 천천히 몰아서 잡았다. 그렇게 최초의 감금 남방큰돌고래가 탄생했다.

정치망 속의 남방큰돌고래를 잡는 건 보기보다 쉽지 않다. 제주도의 정치망은 직경 15~20미터를 훌쩍 넘을 정도로 넓다. 그곳을 헤엄치는 돌고래를 잡아야 한다. 사람은 잠수복을 입고 맨몸으로 뛰어들어야 한다. 그물을 한쪽으로 좁히면서 돌고래를 몰아간다. 바다 위 외계 세상의 생명체를 접한 돌고래는 몸으로 받으며 필사적으로 저항한다. 돌고래는 그러나 조여오는 그물을 빠져나갈 수 없다. 해돌이에 이어 1992년 희망이가 이런 식으로 수족관돌고래가 되었다. 1993년 로얄마린파크는 다시 일본에서 큰돌고래 세 마리를 수입한다. 일본산 수입 큰돌고래는 이들 해미, 소망이, 단비가 마지막이었다. 2011년 해경의 수사로 판로가 막히기까지 일본에서의 수입은 없었다. 한 해에 두어 마리씩 정

〈퍼시픽랜드 돌고래들(1986~2012년)〉

개체번호	이름	나이(추정)	반입장소	반입일	폐사일	비고
D-1	한라(♂)	3~4	일본	1986.7.7	1998.3.27	-
D-2	미래(♀)	16~17	일본	1986.7.7	2001.1.27	-
D-3	탐라(♂)	4~5	일본	1986.7.7	1991.3.13	-
D-4	나래(♀)	4~5	일본	1986.7.7	1991.6.16	-
D-5	우리(♀)	16~17	일본	1986.12.20	1997.12.12	-
D-6	두리(♀)	7~8	일본	1986.12.20	1990.5.20	-
D-7	해돌(♂, 차돌)	1~2	남원	1990.7.21	2002.5.14	1995년 10월 25일 서울대공원으로 이송, '차돌'로 개명
D-8	마린(♀)	23~24	일본	1991.6.14	-	화순 앞바다 방류(2003.2.13)
D-9	희망(♂)	17~18	김녕	1992.9.16	-	주상절리 앞 방류(2005.3.11)
D-10	해미(♀)	14~15	일본	1993.7.27	2004.5.6	-
D-11	소망(♀)	3~4	일본	1993.7.27	-	해수욕장 앞 방류(1995.8.29)
D-12	단비(♀)	3~4	일본	1993.7.27	1996.1.11	서울대공원 이송(1995.10.25)
D-13	두모(♂)	7~8	두모	1993.7.29	1997.5.29	-
D-14	차순(♀)	12~13	옹포	1995.6.20	2006.1.31	서울대공원 '차순'과 다른 개체
D-15	수돌(♂)	12~13	신창	1995.8.16	2005.9.4	-

개체번호	이름	나이(추정)	반입장소	반입일	폐사일	비고
D-16	세상 (♂)	3	퍼시픽랜드	1995.8.29	1997.3.6	우리+해돌의 새끼
D-17	죠이 (♂)	4	퍼시픽랜드	1996.11.19	2002.1.3	해돌+마린의 새끼
D-18	옹포 (♀)	26~27	옹포	1997.8.2	2009.9.23	–
D-19	대포 (♂)	5~6	대포	1997.9.9	생존	서울대공원 이송(2002.3.18)
D-20	미돌 (♂)	6	퍼시픽랜드	1998.1.5	2005.5.22	두모+미래의 새끼
D-21	금등 (♂)	6~7	금등	1998.8.20	생존	서울대공원 이송(1999.3.18)
D-22	비양 (♂)	16~17	비양	1998.9.7	2009.5.16	–
D-23	순돌 (♀)	9~10	대포	2001.8.9	2005.6.13	–
D-24	무명 (♂, 돌비)	9~10	대포	2001.8.9	2008.4.14	서울대공원 이송(2002.10.7), '돌비'로 개명
D-25	무명 (♂, 쾌돌)	5~6	신산	2002.8.18	2008.7.4	서울대공원 이송(2003.3.18), '쾌돌'로 개명
D-26	장군 (♂)	6	퍼시픽랜드	2004.6.27	2011.12.7	옹포 새끼(추정)
D-27	비봉 (♂)	11~12	비양	2005.4.29	생존	–
D-28	돌쇠 (♂)	7~8	비양	2005.7.29	2008.7.28	–
D-29	돌라이 (♂)	5~6	두모	2007.5.21	2008.11.15	–
D-30	똘이 (♀)	6	퍼시픽랜드	2008.6.11	생존	옹포 새끼

개체번호	이름	나이(추정)	반입장소	반입일	폐사일	비고
D-31	제돌 (♂)	9~10	신풍	2009.5.1	야생방사	JBD009, 서울대공원 이송(2009.7.25), 제주 김녕에서 방사(2013.7.18)
D-32	복순 (♀)	13~14	신풍	2009.5.1	야생방사	JBD023, 대법원 몰수로 서울대공원 임시 보호(2013.4.8), 제주 함덕에서 방사(2015.7.6)
D-33	춘삼 (♀)	11~12	연대	2009.6.23	야생방사	JBD021, 대법원 몰수로 제주 김녕에서 방사(2013.7.18)
D-34	태산 (♂)	13~14	귀덕	2009.6.24	야생방사	JBD078, 대법원 몰수로 서울대공원 임시 보호(2013.4.8), 제주 함덕에서 방사(2015.7.6)
D-35	해순 (♀)	9~10	귀덕	2009.6.24	2012.7.27	JBD020, 불법포획 재판 도중 사망
D-36	무명 (♂)		신산	2009.7.31	2009.9.4	JBD096
D-37	땡이 (♂)	2	월정	2009.10.16	2009.12.30	-
D-38	삼팔 (♀)	9~10	고내	2010.5.13	야생방사	대법원 몰수로 제주 성산에서 야생적응 훈련 중 탈출(2013.6.22)
D-39	무명 (♀)	5~6	신풍	2010.6.10	2011.10.7	-
D-40	무명 (♀)	7~8	신양	2010.6.11	2011.1.4	JBD011
D-41	무명 (♂)	7~8	종달	2010.8.13	2011.1.4	-
D-42	복순 새끼 (♀)	1	퍼시픽랜드	2012.6.26	2012.6.26	-
D-43	뱀머리 (♂)		김녕	2012.8.26	2012.8.31	-

- D는 퍼시픽랜드 자체 부여 번호.
- JBD는 고래연구소가 야생 모니터링 중 발견하여 부여한 개체 식별 번호.
- 나이는 반입 당시 퍼시픽랜드 추정치.
- 퍼시픽랜드가 2013년 1월 돌고래공연금지가처분소송(2012카합496)에 낸 '퍼시픽랜드 개관 이후(1986년) 돌고래 사육 현황' 재구성.

치망에 걸린 남방큰돌고래가 공급됐기 때문이다.

동물원은 동물의 개체 수에 집착하기 마련이다. 부동산 투자가가 땅을 사 모으듯이 동물 종과 개체 수를 불리고 보는 게 동물원의 생리다. 모아놓은 동물로 관람료를 벌고, 남는 개체는 다른 곳에 팔거나 맞바꿀 수 있다. 제돌이 사건이 터지기 전까지 퍼시픽랜드는 돌고래의 '동물상' 이었다. 2009년처럼 많을 때는 한 해에 일곱 마리의 야생 남방큰돌고래가 그물에 걸려 서귀포의 수족관으로 이송됐다. 퍼시픽랜드에는 돌고래가 차고 넘쳤다.

▲돌고래가 유리 벽 너머를 흘끗 바라보고 있고, 뒤쪽으로는 농구 골대가 보인다. 하지만 돌고래는 농구를 하지 못한다. 어두컴컴한 공연장 콘크리트 벽 바깥에는 그의 고향인 푸른 바다가 있다. 외계의 세상에 납치된 돌고래의 눈빛을 보라. 2014년 여름. ©남종영

퍼시픽랜드는 돌고래쇼에 투입하고도 남는 돌고래가 곳간에 쌓일 때 어떻게 하면 좋을지 알고 있었다. 돌고래쇼 양대 축을 이루던 서울대공원의 다른 동물과 맞바꾸는 것이었다. 퍼시픽랜드는 정치망에서 연락이 오면 웬만하면 거부하지 않고 돌고래를 잡아 쌓아두었다. 수족관 내실에 차고 넘칠 때는 돌고래를 서울대공원에 보냈다. 맨 처음 서울대공원으로 보낸 돌고래는 퍼시픽랜드의 1호 남방큰돌고래 해돌이였다. 일본에서 들여온 단비와 함께 1995년 10월 25

일 서울대공원으로 이송됐다. 1999년 3월 18일에는 금등이가, 2002년에는 대포와 돌비가 차례로 서울대공원으로 갔다. 2003년에는 쾌돌이가, 2009년에는 제돌이가 갔다. 이렇게 모두 여섯 차례의 거래가 있었다(퍼시픽랜드, 2013a). 서울대공원은 그 대가로 바다사자 등을 보냈다.

퍼시픽랜드는 미국으로 치자면 최대의 돌고래 수집상 시월드SeaWorld와 비슷했다. 국내 어디에서도 성공한 적이 없는 돌고래 출산을 다섯 차례나 성공시켰다. 남방큰돌고래 사이에서 태어나기도 했고, 일본 큰돌고래와 제주 남방큰돌고래 사이에서 태어나기도 했다. 분류학적으로 '종'이 다르니 '잡종'이라고 할 수 있는데, 퍼시픽랜드는 애초부터 종과 종 사이의 '분리 사육'과 '잡종 방지'라는 현대 동물원의 기본 원칙을 지키지 않았다. 물론 퍼시픽랜드가 남방큰돌고래를 큰돌고래와 뭔가 다른 종이라고 감을 잡고 있었던 건 분명했지만(고정학 인터뷰, 2014; 전돈수 인터뷰, 2014), 과학계에서조차 다른 종이라는 사실이 밝혀지지 않았을 때였긴 했다.

3장

고리와 래리의 공연 거부

동물원의 동물들은 경험을 통해
어떤 행동을 하면 보상을 받고 처벌을 받는지 알고 있다.
부정확한 행동이 어떤 결과로 이어지는지도 이해한다.
공연을 거부하고 조련사를 공격하고 케이지를 탈출하면,
쥐어터지거나 먹을거리가 줄어들거나 격리 감금될 것이라는 사실도
감금된 동물들은 안다.

–제이슨 라이벌, 《동물 행성의 공포》 중에서

서울대공원의 돌고래쇼는 순항했다. 매년 20만~30만 명의 관람객이 찾았고 2500석의 관람석은 주말이면 발 디딜 틈이 없었다. 돌고래쇼는 매년 적자인 서울대공원에서 그나마 수익을 내는 효자 종목이었다. 돌고래쇼는 입장료를 따로 받았다. 어른 350원, 청소년 230원, 어린이 110원 등 적은 돈이었다(오창영, 1996: 468).

돌고래쇼는 유지비가 많이 드는 볼거리였다. 1994년 기록을 보면, 수입은 8179만9000원이었는데, 비용은 이것의 2.8배인 2억382만8000원이 들었다. 돌고래 한 마리당 하루 3만3285원의 사료비가 들었고[1],

▼

1 고등어는 4~5등분, 도루묵은 2등분으로 잘라 머리와 꼬리, 내장을 제거한 뒤 하루 10~14킬로그램을 다섯 차례 나누어주었다고 조련사 전돈수는 기록했다. 하루 7~9킬로그램을 공급하는 요즈음에 비해 약간 많이 줬던 것으로 보인다(전돈수, 1993).

하루 30톤 공급하는 바닷물에 필요한 경비도 적지 않았다(오창영, 1996: 468).

가장 큰 문제점은 돌고래쇼가 열리는 공연장이 '야외 풀장'이라는 점이었다. 우리나라는 야외공연장을 운영하기에 좋은 조건이 아니었다. 겨울에는 물이 얼었다. 공연을 중단하고 돌고래들을 내실로 이동시켜야 했다. 여름 장마철에는 연일 비가 내렸다. 그렇잖아도 수돗물에 섞어 쓰는데, 장맛비가 오면 인천에서 공수해오는 바닷물의 염도는 더욱 얕아졌다. 조련사들은 틈틈이 소금을 쏟아부어야 했다.

이런 비효율적인 구조가 돌고래에게도 좋지 않았음은 분명했다. 물 관리가 되지 않았다. 2010년대 이후에는 같은 크기의 공연장에 바닷물 50톤이 들어간다. 그러나 초창기에는 단 8톤만 들어갔다. 보충해주는 바닷물은 금세 증발하거나 썩어드는 물의 양을 따라잡지 못했다. 추운 겨울이 있는 내륙 지방의 야외 돌고래수족관은 애초부터 지속가능한 방식이 아니었다. 투입되는 경비와 노력이 감당이 안 되었다. 게다가 돌고래들은 걸핏하면 딴청을 부렸다.

수족관돌고래의 저항

한번 조련된 돌고래들은 무엇을 해야 하는지, 무엇을 하면 안 되는지 잘 안다. 조련사들이 기대하는 바를 달성하지 못했을 때, 먹이를 먹지 못한다는 사실도 잘 안다. 그런데도 돌고래들은 인간의 말을 따르지 않는다. 서울대공원 돌고래들의 이런 행동은 인간에게는 나태와 공연 거부 혹은 부적응처럼 보였다. 공연은 아랑곳하지 않고 자신이 하고자 하는 바에 몰두하는 것으로도 비쳤다.

1984년 개원 이후 돌이, 고리, 래리 등 돌고래 삼총사는 "어떤 때는 조련사가 주는 먹이를 마다하고 쇼 출연을 거부"했고 "계속되는 쇼 출연과 강훈련 때문에 몸살을 앓는 일이 종종 발생"(김성원, 1990)했다. 서울대공원 돌고래쇼를 시작한 지 2년도 안 된 1986년 3월 고리는 난소낭종으로 삼총사 중 첫 번째로 죽었고(김성원, 1990), 돌이는 1989년 5월 식도염으로 죽었다. 종종 언론에 '학습 부진아'로 비치며 공연에 잘 협조하지 않던 래리는 그나마 삼총사 중 가장 오래 살았다. 1991년 12월 숨질 때까지 서울대공원에서 8년을 살았다. 새 돌고래들이 들어올 때도 래리는 외계의 세상에서 꾸준히 삶을 이어나갔다.

1994년 봄과 여름에는 고리가 말썽을 일으켰다. 이때의 고리는 한국에 돌고래 시대를 열어젖힌 돌고래 삼총사의 그 고리가 아니었다. 1986년 고리가 죽고 석 달 뒤 일본에서 수입해온 '고리2'를 조련사들은 그대로 고리로 불렀다.

새 '고리'는 1980년대 후반에서 1990년대 후반까지 서울대공원 돌고래쇼에서 최고의 주역이었다. 돌고래 삼총사의 첫 유고자의 대타로 돌고래쇼를 이끌었지만, 그는 돌이, 래리 그리고 새로 합류한 막내 등이 저세상으로 떠날 때에도 묵묵히 시멘트 풀장에서 뛰고 돌고 노래를 불렀다.

그러나 언제나 순종적인 것만은 아니었다. 그는 공연을 곧잘 거부했다. 고리의 공연 거부는 전국 일간지에도 '돌고래 공연기피증' 등으로 심심치 않게 보도되면서 사람들의 입길에 올랐다. 한 신문은 "네 살 때 이국땅으로 와 그동안 관객들에게 스무 가지 이상의 각종 묘기를 펼쳐 보였지만, 최근 들어 힘든 묘기를 아홉 살배기 후배 막내 양에게 떠넘기고 꾀를 부리는 경우가 부쩍 늘고 있다"(이기수, 1994)고 전했다. 다른 신문은 "두 마리만으로 공연하기에는 힘이 부쳐 17~20분 정도 (축소해) 현재 공연을 하고 있다"(동아일보, 1994)고도 소개했다. 서울시의회에서도 "나이가 많아서 농땡이를 부리는"(서울시의회, 1994) 것 아니냐면서 애초에 젊은 돌고래를 사 왔어야 했다고 따진다.

관중들의 열광은 잦아들었다. 위기는 개장 5년이 넘어 찾아왔다. 고리와 막내는 분투하고 있었다. 돌고래쇼를 지속할지 말지 논쟁거리로 떠올랐다. 서울대공원은 1990년대 초반부터 돌고래쇼 폐지를 진지하게 검토한다(서울시의회, 1992). 한 해 2억5000만 원이나 되는 사육비가 들지만 관람 수입은 5000만 원에 불과했다. 당시 윤태경 서울대공원 관리사업소장은 1992년 가을 서울시 행정사무감사에 나와 곤혹스러운 상황을 이렇게 토로한다.

"현재 돌고래를 저희가 임의대로 처분할 수도 없고, 가지고 있을 수도 없고, 사실상 그런 난점이 있습니다. (돌고래를) 가지고 있자니 쇼도 겨울에는 없는데 물은 상시 갖다 줘야 하고, 또 팔자니 사갈 데는 없고, 그래서 이러지도 못하고 저러지도 못하고 심지어는 남지나 앞바다에 방사를 하자 그런 말까지 현재 하고 있습니다."(서울시의회, 1992)

야생방사 아이디어가 이때 나왔다는 것은 참으로 아이러니하다. 어쨌든 서울대공원은 1993년 초 돌고래들을 공매에 부치는 온건한 방식을 택했다. 고리와 막내를 팔고 "민물에서도 살고 18~25가지 재주도 피울 줄 아는 물개쇼"(이근철, 1993)로 대체하겠다는 것이었다. 외국 동물원을 대상으로 입찰에 부쳤지만, 고리와 막내를 맡겠다는 주인은 나타나지 않았나. 서울대공원은 4월 돌고래쇼 폐지 방침을 백지화한다(이근철, 1993).

수족관에는 여전히 고리와 막내 두 돌고래가 헤엄치고 있었다. 이제 돌고래쇼의 지속 여부는 둘이 얼마나 버텨주느냐에 달려 있었다. 야외 공연을 하는 풀장에선 짠 바닷내가 나지 않았다. 물이 고여 퀴퀴한 냄새가 났다. 분명 야생의 바다와는 천지 차이였을 것이다. 사람이 보기에도 마찬가지였다. 전돈수(인터뷰, 2014)도 "돌고래들이 원기가 없었어. 빗물 많이 들어오고 짠물이 아니니까"라고 회상했다.

상황은 개선되지 않았다. 이 와중에 고리와 함께 앙상블을 펼치던 막내가 먼저 세상을 떴다. 1995년 9월 숨진 그의 사인에 대해 서울대공원은 '노쇠'라고 밝혔다. 노쇠는 동물원이 종종 동물의 사인을 뭉뚱그려 발표할 때 사용하는 편한 클리셰 같은 것이었다. 어렸을 적인 1988년 일본 가모가와 시월드에서 수입돼온 막내는 이제 막 10대 중반으로 접어들 참이었다. 그때만 해도 돌고래의 자연수명이 20년이라고들 하던 때였다.[2] '동물복지'라는 말도 없었을 때, 서울시의회의 한 의원은 서울

▼

2 돌고래의 자연수명은 20년이라고 알려져왔다. 현재까지도 간혹 그렇게 인용되는데, 사실이 아니다. 수족관돌고래가 20년 수명을 넘기는 경우가 없었기 때문에 야생 돌고래도 그러하리라고 얘기한 것이다. 야생 돌고래에 대한 행동 연구가 진척된 요즈음에는 돌고래가 야생에서 40~50년 이상을 산다는 것이 밝혀졌다. 전시공연용으로 가장 환영받는 야생 큰돌고래의 치아를 분석한 결과, 암컷은 57년 이상 수컷은 48년 이상 산다는 연구결과가 있다(Wells RS and Scott MD, 2009). 수족관에서는 스트레스 때문에 빨리 죽는 것이다.

대공원의 언론플레이를 날카롭게 지적한다.

"근거 없는 추측된 얘기를 마치 늙어서 죽은 것인 양 보고하는 것은 오해의 소지가 있지 않습니까? 정확하게 죽은 이유를 대야 합니다. 그런데 이 막내는 결체조직이 증식했다고 되어 있어요, 위 유문부에. 결체조직 증식이라는 것은 인간으로 치면 암을 말하는 것인지, 왜 증식이 생겼는지 원인 규명을 하셔야 합니다. 그런데 그런 말은 검안서상에 없고 단지 결체조직 증식으로 위 유문부가 막혀서 장은 텅 빈 상태로 (나와 있습니다, 그러니), 말하자면 굶어 죽었어요. 그렇지 않습니까?"(서울시의회, 1996b)

이제 남은 것은 돌고래 한 마리, 그러니까 고리뿐이었다. 그때까지 한 마리였던 적은 없었다. 서울대공원 돌고래쇼는 역사상 최대 위기를 맞았다.

그때 서울대공원의 돌고래 관리자들은 제주의 로얄마린파크(현 퍼시픽랜드)에서 야생 남방큰돌고래를 포획해온다는 사실을 떠올렸다. 서울대공원에서 다른 동물을 주고 돌고래를 가져오면 될 터였다.

당시 해양팀장이었던 모의원(나중에 서울대공원 동물원장으로 제돌이 야생방사 프로젝트의 전반기를 주도한다)은 1995년 10월 25일 제주발 김포행 비행기 화물칸에 앉아 있었다(모의원 인터뷰, 2014). 그의 옆 좁은 수조에는 분수공으로 숨을 헉헉대며 지느러미로 물을 튀기는 돌고래 두 마리가 있었다.

차돌이와 고리의 전성시대

제주의 야생 남방큰돌고래가 서울로 처음 입성한 역사적인 순간이었다. 두 돌고래 중 한 마리가 '해돌이'였다. 제주 남원 앞바다에서 잡혀 국내 최초로 수족관의 인질이 된 남방큰돌고래. 수족관 삶을 산 제1호 남방큰돌고래. 해돌이는 5년간 로얄마린파크에서 쇼를 하다가 서울행 비행기에 실린 참이었다. 해돌이와 함께 서울대공원행에 오른 또 다른 돌고래는 암컷 '단비'였다. 로얄마린파크가 1993년 일본에서 사온 돌고래였다. 서울대공원은 로얄마린파크에 물개 세 마리를 보내주고 이 두 마리를 받았다(김화균, 1995; 서울시의회, 1996a).

국내 1호의 수족관 남방큰돌고래는 아이러니하게도 서울대공원으로 옮겨져 서울의 첫 남방큰돌고래가 되었다. 서울대공원은 해돌이에게 '날쌘' 이름을 붙여주었다. 이름하여 차돌이. 날쌔게 다니면서 돌고래쇼에 활력을 불어넣어주라고 그런 이름을 지었다(전돈수 인터뷰, 2014). 제주 바다에서 왔다는 이 돌고래는 거침없이 힘찼고 활달했다. "파릿파릿하고 영리해서" 다루기가 엄청 좋았다. 사육사 전돈수(인터뷰, 2014)의 말을 잠깐 인용하자면 이렇다.

"풀장 깊이가 3미터밖에 안 돼요. 일본 돌고래는 2미터70~80 뛰었다가 떨어지면 가라앉지 못하고 휘익 돌아요. 그런데 이놈 제주도 돌고래는 날렵하고 작아서 높이 뛰어도 잘 내려오고. 높이 뛰니까 관중들도 좋아하고…"

제주에서 올라온 촌뜨기는 서울대공원 조련사들을 놀라게 했다. 제주 돌고래는 학습 능력이 뛰어났다. 나중에 일본에서 큰돌고래 차순이가 차돌이의 짝으로 들어왔는데, 둘의 학습 능력을 비교한 조련사들은 차순이를 보고 혀를 끌끌 찼다. 학습 속도의 차이가 컸다. 일본 돌고래에게 1년 가르쳐도 안 될 것을 제주 돌고래는 여섯 달이면 해치웠다. 차돌이는 서울대공원 돌고래쇼의 기사회생을 부른 스타였다. 적어도 차돌이가 들어오고선 '돌고래쇼 폐지' 운운하는 이야기는 나오지 않았다.

제주에서 온 야생 돌고래 차돌이가 여러가지로 분위기가 가라앉았던 서울대공원에 이름처럼 활기를 불어넣어준 것만은 분명하다.[3] 고질적인 문제를 일으키던 실외 공연장 리모델링 계획도 구체화됐다. 당시 해양팀장인 모의원은 야외 풀장의 수질오염 문제를 해결할 대안으로 '에어돔'으로 지붕을 씌우는 안을 제시했다. 근본적인 재건축 공사는 아니지만, 에어돔은 짧은 기간에 적은 비용으로 여름철 장마를 피할 수 있는 현실적인 대안이었다. 에어돔 계획은 서울시에 받아들여져 건설 계획이 착착 진행되어갔다.

▼

3 제주에서 돌고래 차돌이를 가져오는 이 아이디어에 대해 서울대공원관리사업소장(현 서울대공원장 직위)인 이용재는 1996년 4월 24일 서울시의회 생활환경위원회에 출석해 자랑스럽게 말한다. 불법포획한 돌고래를 가져오는 것이었는데도 말이다. "돌고래쇼마저 안 하면 동물원으로서의 상품의 대표성이 없지 않느냐 해서 제가 가서 우리 연구실장님하고 추진한 것이 이런 것 죽을 것을 대비해서 외국에서 못 사 오니까 제주도 로얄마린파크에 있는 돌고래를 우리가 공짜로 갖고 오는 방안이 없느냐 해서 제주도 로얄마린파크와 죽을 것을 대비해서 계속 접촉을 했습니다. 그런데 우연하게도 작년에 열네 살 먹은 돌고래(막내를 말하는 것 같다)가 갑자기 죽었어요. 그래서 급해서 쇼를 중단하고 시민들한테 사과하고 로얄마린파크에 협의를 해서 두 마리, 약 4억 원 상당 돌고래를 물개 세마리, 1000만 원짜리 세 마리, 3000만 원을 주고 갖고 왔는데, 그래서 기분이 굉장히 좋았습니다."(서울시의회, 1996a)

1996년은 차돌이와 고리의 전성시대였다.[4] 차돌이는 고리와 짝을 이뤄 돌고래쇼를 이끌어갔다. 고리도 얼마간 몸 상태가 좋아지는 듯했다. 그해 말 고리가 임신을 한 것이 밝혀졌다. 큰돌고래(고리)가 남방큰돌고래(차돌이)의 새끼를 임신한 것이었다. 새 생명은 서울대공원 돌고래쇼의 부활을 알리는 듯했다. 사육사들도 기대에 부풀었다. 고리의 진통이 시작됐다. 새로 태어날 새끼의 꼬리가 통통한 임산부 돌고래의 몸 밖으로 살짝 삐져나왔다. 고리는 힘을 주지 못했다. 그렇게 일고여덟 시간이 흘렀다. 사육사들도 가만히 지켜볼 수만은 없었다. 새끼의 꼬리를 살살 잡아당겼다. 힘없이 흐물흐물한 새끼의 몸은 인간의 완력도 버티질 못할 정도였다. 머리통이 툭 끊겼다. 사육사들은 손을 집어넣어 죽은 새끼의 몸을 꺼냈다. 새끼는 죽었고 어미는 살았다(전돈수 인터뷰, 2014). 서울대공원 돌고래 역사 중에 유일한 출산 사건이었다.

이 때문이었을까. 고리는 점점 쇠약해져가고 있었다. 감정은 극과 극을 넘나들었다. 고리는 저항했다. "먹이를 줘도 거들떠도 안 보고" "물속에 고개를 처박고 신경질을 부리거나 밤에 잠을 안 자고 슬피 우는 경우도 많"(하태원, 1997a)았다. 조련사들은 사산의 충격 탓에 공연기피증이 도진 것이라고 해석하곤 했다. 고육지책으로 훈련량을 줄이는 등 특별관리에 들어갔다.

1997년 3월 고리는 결국 저세상으로 갔다. 1986년부터 돌고래쇼를

▼

4 차돌이(해돌이)와 함께 제주에서 올라온 일본산 큰돌고래 단비는 서울대공원에 온 지 석 달도 안 된 1996년 1월 11일 죽었다. 운송 중 스트레스는 수족관돌고래의 가장 큰 폐사 원인이다.

이끌며 "공연을 펑크 내는 경우가 거의 없는 프로"였고 "우리나라에 돌고래쇼를 전파한 선구자 격"(이기수, 1994)이라며 한때 언론의 찬사를 받던 일본산 큰돌고래였다. 서울대공원 돌고래 1세대는 고리로 막을 내렸다.

고리가 그랬던 것처럼 차돌이도 혼자 남았다. 공연장에서 음파를 쏘아봐도 돌아오는 것은 차가운 시멘트의 반송파뿐이었다. 복수의 몸들의 싱크로나이징 없는 단독 공연은 돌고래쇼 운영자들에게 심심할 수밖에 없었다. 고리의 죽음 이후 서울대공원은 돌고래 수입을 일사천리로 추진했다. 그해 5월 일본 에노시마 수족관에서 큰돌고래 암컷 한 마리가 도착했다(하태원, 1997b). 당시 서울대공원 소장이 '일본에서 온 것은 천하게 불러야 한다'고 해서 '차순이'라는 이름이 붙었다(전돈수 인터뷰, 2014). 암컷을 수입한 이유는 차돌이와 새끼를 보려는 목적도 있었다. 선수층이 두터운 프로야구단이 좋은 성적을 올리는 것처럼 돌고래쇼에서도 얼마나 많은 돌고래를 갖고 있느냐가 안정적인 쇼 운영을 결정짓는다는 걸 서울대공원은 10여 년의 경험을 통해 알게 되었다. 공연을 거부하거나 딴청을 피워도 '돌고래 예비군'이 많으면 됐다.

차돌이는 하늘나라로 간 고리 대신 차순이와 호흡을 맞췄다. 이듬해 4월에는 일본에서 수입한 큰돌고래 암컷 '바다'가 추가로 합류했다. 차돌이는 차순이와 호흡을 맞추다가도 바다에게 관심을 기울였다. 차돌이가 공연에 집중하지 않고 내실 안에 있는 바다를 보려고 내실 쪽으로 이어지는 문 앞에만 머무르는 바람에 돌고래쇼가 엉망이 되기도 했다. 여러 신문과 방송은 이런 차돌이의 행동을 원래의 짝 차순이로부터 한눈을 판 "바람난 돌고래"(SBS, 1998)로 묘사했다. 차돌이와 차순이, 바다

〈서울대공원 돌고래들〉

이름	종	성별	비고	1984	1985	1986	1987	1988	1989	1990	1991	1992	1993	1994	1995
돌이	큰돌고래	♂	대한민국 첫 돌고래 삼총사												
고리	큰돌고래	♀	대한민국 첫 돌고래 삼총사												
래리	큰돌고래	♀	대한민국 첫 돌고래 삼총사												
고리2	큰돌고래	♀	'고리'의 사망으로 수입												
막내	큰돌고래	♀													
돌이2	큰돌고래	♂													
단비	큰돌고래	♀													
차돌	남방 큰돌고래	♂	퍼시픽랜드에서 가져온 첫 야생 남방큰돌고래 (옛 이름 해돌)												
차순	큰돌고래	♀													
바다	큰돌고래	♀													
금등	남방 큰돌고래	♂	2017년 4월 현재 공연 중												
대포	남방 큰돌고래	♂	2017년 4월 현재 공연 중												
돌비	남방 큰돌고래	♂													
쾌돌	남방 큰돌고래	♂													
태지	큰돌고래	♂	2017년 4월 현재 공연 중												
태양	큰돌고래	♂													
제돌	남방 큰돌고래	♂	2013년 야생방사												

※각종 정부 문서, 인터뷰, 언론 보도 등을 취합해 필자가 정리함

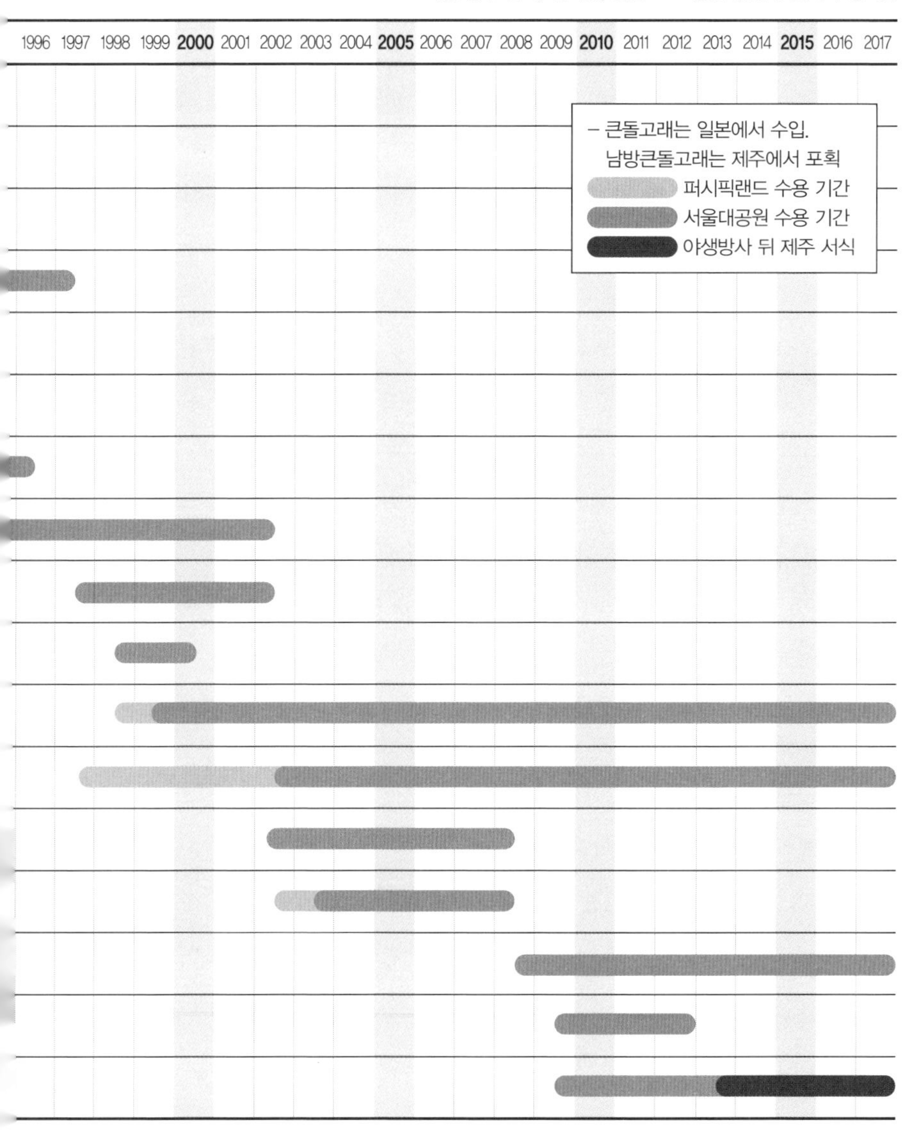

의 삼각관계는 인간적인 관점으로 동물의 행동을 해석하곤 하는 대중매체의 인기 소재(하태원, 1998)였다.

5월 돌고래쇼 개장을 앞두고 에어돔도 완공됐다. 비를 피할 수 있는 이 시설로 돌고래쇼는 1998년부터 연중 상시공연 체제에 돌입했다. 세 마리의 '비교적' 충분한 돌고래가 있었고, 더 이상 여름철 먹구름을 두려워하지 않아도 됐다. 돌고래쇼는 존폐 위기에서 완전히 벗어난 듯 보였다.

하지만 돌고래쇼가 어느 한순간에 무너질 수도 있음을 서울대공원은 지난 경험을 통해 알고 있었다. 비좁은 환경에서 돌고래는 계속 죽어나갔고 단 한 마리가 남는 상황을 두 번이나 겪은 서울대공원이었다. 차순이와 바다를 오가는 차돌이의 '바람기'에 후손을 기대하기에는 너무 한가해 보였다. 서울대공원은 '돌고래 예비군'을 대폭 확충할 계획을 세운다. 그것은 제주 앞바다에서 돌고래를 직접 잡아 탄탄한 돌고래쇼 군단을 구성하는 것이었다.

돌고래를 생포하라

1997년부터 서울대공원은 퍼시픽랜드 등과 함께 돌고래 포획 준비 작업에 들어간다. 그러니까, 대한민국 최초의 공식적인 '돌고래 생포 계획'이었다. 물론 퍼시픽랜드는 서울대공원으로 보낸 해돌이(후에 차돌이로 개명)를 포함해 그때까지 이미 다섯 마리를 생포해 돌고래쇼에 사용했다. 그러나 그것은 '불법'이었다. 그런데도 서울대공원은 불법을 대놓고 재연하려고 했다. 당시 고래 포획을 금지하는 법령을 보자.

고래포획금지에 관한 고시(해양수산청 고시 제85-17호)

우리나라의 동해, 서해 및 북위 25도선 이북, 동경 140도선 이서의 해역에서는 고래를 포획하지 못한다. 다만, 과학적인 조사를 목적으로 정부로부터 허가를 받은 경우에는 그러하지 아니하다.[5]

고래 포획은 과학적인 조사 목적에 한해, 그것도 정부의 허가를 받은 경우에만 가능했다. 퍼시픽랜드의 전시공연용 돌고래 포획은 이 조항에 따라 명백히 금지된 행위였다. 그런데도 정부 산하기관인 서울대공원은 물개 세 마리를 퍼시픽랜드에 주고 제주 바다에서 잡힌 해돌이를 일본에서 들여온 단비와 함께 서울대공원으로 가져와 쇼를 시켰다(서울대공원관리사업소, 1997a). 그런데 서울대공원이 내친김에 직접 돌고래를 잡겠다고 나선 것이었다.

2016년 겨울, 나는 국가기록원에서 '돌고래 포획 허가 문서철'을 발견했다. 1997년 5월 서울대공원이 처음으로 해양수산부에 제주 돌고래 포획 허가를 요청한 이후 그해 말까지 두 기관과 국립수산진흥원, 환경부, 제주도 등 지자체가 주고받은 161쪽에 이르는 문서들이었다. 지금 와서 돌이켜보면, 제돌이를 비롯한 수십 마리의 남방큰돌고래 불법포획 사건의 씨앗이 된 사건이었다.

1997년 5월 22일 서울대공원은 해양수산부에 '돌고래쇼 전천후 운

5 이 고시는 국제포경위원회의 상업포경 금지협약(상업포경 모라토리엄)에 따라 제정된 국내 법령으로, 1985년 고시되어 이듬해 1월 1일부터 시행됐다. 국제포경위원회는 대형 고래 11종의 포획만 금지했지만, 일본을 제외한 대한민국 등 대부분 가입국은 야생 보전을 위해 돌고래를 포함, 고래류 포획을 포괄적으로 금지했다.

영 계획'과 함께 '돌고래 포획 계획'(6월 4일 보완 제출)을 첨부해 2년에 한 번 열 마리씩 제주 돌고래를 잡겠으니 허가해달라는 공문을 발송한다. 일본에서 들여오는 돌고래 수입 가격이 17만8000달러에 이르고, 민간 수족관에도 잉여 돌고래가 없어 교환이 불가하니, 직접 돌고래를 잡아보겠다는 것이었다. 일본의 다이지가 이들의 모범 사례였다. "일본의 경우 돌고래 떼 출현 시 500여 척의 배가 공동작업으로 수백 마리의 돌고래를 해안의 만 쪽으로 몰아넣어 포획하며, 포획 후 쇼에 적합한 돌고래 100두 정도를 선별하여 사용"(서울대공원관리사업소, 1997a)한다며 서울대공원은 일본의 사례를 소개했다.

초기 서울대공원은 돌고래 포획이 '불법'이라는 사실을 몰랐든지, 아니면 크게 개의치 않았던 것으로 보인다. 서울대공원의 허가 요청 공문을 접수한 해양수산부는 각 기관에 의견 조회를 했는데, 국립수산진흥원, 환경부, 제주도 등 각 기관은 찬성 입장을 밝힌다. 처음으로 법적인 문제점이 지적된 서류는 7월 11일 해양수산부 공문에 첨부된 국립수산진흥원 의견이었다. 수산진흥원은 제주 돌고래가 국제포경위원회 규제종은 아니지만, "해양수산부 고시 제85-17호를 개정 후 포획이 가능하다"(해양수산부, 1997a)는 의견을 밝힌다. 과학적 목적 외에는 고래를 잡을 수 없다는 점을 지적한 것이다. 그러나 서울대공원과 해양수산부는 법 개정 없이 법을 우회하는 방법을 택한 것으로 보인다. 두 기관은 서울대공원을 수산업법 제42조에 규정한 시험·연구·교습 승인 대상기관으로 지정하는 방안을 추진하기로 한다(서울시, 1997). 서울대공원이 연구기관으로 지정됐으니, '과학조사'를 목적으로 돌고래를 잡아 연구자료로 활용하면 된다는 논리였다. 물론 돌고래쇼는 돌고래쇼대로 하면서 말이다.

세 차례 회의가 열리고 10여 차례 공문을 주고받으면서 돌고래 생포 계획은 착착 진행된다. 서울대공원이 잡은 최소 목표 두수는 여섯 마리였다(서울대공원관리사업소, 1997a). 제주 연안에서 돌고래를 잡아 쇼에 투입하면 교대로 공연을 진행할 수 있어 돌고래 건강에도 좋고 수준 높은 공연을 할 수 있다는 논리를 폈다.

이들에 의해 제안된 돌고래 포획 방법은 배를 타고 그물로 모는, 특별할 것이라곤 없는 것이었다. 먼저 그물을 설치한다. 좌우 입구가 20~30미터, 길이는 500미터에 이르는 대형 길그물이다. 그물코는 15~20센티미터로 해서 작은 물고기는 빠져나갈 수 있지만 돌고래는 한번 들어오면 빠져나갈 수 없도록 했다. 돌고래 유인은 '선수타기'를 하는 돌고래의 습성을 이용하려고 했다. 배를 10노트 이상으로 몰면 돌고래 떼가 따라오기 때문에, 이런 식으로 돌고래를 그물 입구로 유인하여 가둘 수 있다고 봤다.

일단 그물에 가둔 돌고래들은 여러 대의 소형 보트를 이용해 일정한 포구 쪽으로 몬다. 포구에 도착하면 그물 폭을 좁힌 뒤 마취 총이나 블로우 파이프로 진정제나 마취제를 주사, 포획하면 그만이라는 것이었다(서울대공원관리사업소, 1997b; 전돈수, 2004). 이런 방식은 일본 다이지의 악명 높은 포획 방식과 흡사했다. 동시에 서울대공원은 어부들의 그물에 우연히 걸리는 돌고래도 전시공연에 활용하자고 제안했다. 이미 퍼시픽랜드가 해오던 방법이지만, 서울대공원은 이를 정부 문서에 공식화했다.

그러나 여전히 불법의 개연성이 남아 있었다. 과학조사를 위한 포획으로 치장하려 했지만, 모호함이 남았다. 돌고래쇼를 하면서 생물학적 연구를 하더라도, 주목적은 역시 전시공연 아니었느냐는 비판이 나올 것이기 때문이다. 결국 해양수산부는 전시공연용 포획을 법령에 명문화하는 정공법을 택한다. "교육 및 관람용 돌고래를 우리 주변 수역에서 포획할 수 있도록 하여 수입에 따른 외화를 절감하기"(해양수산부, 1997b) 위해서라며, 해양수산부는 그해 12월 23일 고래포획금지에 관한 고시 개정안을 관보에 게시한다. 모든 고래류의 포획을 금지한다는 첫 문장은 기존과 같았다. 유의해서 봐야 할 것은 다음 문장이었다.

> **고래포획금지에 관한 고시**(해양수산부 고시 제1997-109호)
> 우리나라의 동해, 서해 및 북위 25도선 이북, 동경 140도선 이서의 해역에서는 고래를 포획하지 못한다. 다만, 돌고래류에 대해서는 과학적인 조사와 국민 정서에 필요한 교육 및 관람용 목적으로 정부로부터 승인을 받은 경우에는 그러하지 아니하다.

1997년 12월 23일. 대한민국에서 법적으로 전시공연용 돌고래 포획이 가능하게 된 날이었다. '장관 허가'라는 조건이 붙어 있긴 했지만, 이 조항이 상징하는 바는 컸다. 국가가 돌고래 전시공연이 '국민 정서' 함양에 좋다는 일종의 윤리적 판단을 내린 것이기 때문이다. 나는 1997년의 이 조항으로 인해 돌고래 포획이 법적 시민권을 얻었고, 일종의 '돌고래 생포 체제'가 형성되었다고 본다.

그러나 퍼시픽랜드는 불법적인 방식의 돌고래 포획을 지속한다. 고시가 바뀌어 합법적인 통로가 생겼음에도 그마저 귀찮았던 것 같다. 그들은 예전에 하던 대로 어부들에게 돌고래가 그물에 걸렸다는 연락이 오면 가서 돌고래를 잡아왔다. 2011년 해양경찰청이 수사에 착수할 때까지 퍼시픽랜드는 장관 허가 없이 돌고래 스물여섯 마리를 잡아댔다. 1997년 고시 개정이 이뤄지고 나서 처음 잡힌 돌고래가 금등이었다. 금등이는 지금 서울대공원에서 돌고래쇼를 하고 있다.[6] 그 또한 불법으로 잡힌 것이다.

나중에 퍼시픽랜드는 이 조항을 들어 제돌이 등 돌고래 포획이 큰 문제가 아니라는 입장을 보였다. 법에서 이미 허가한 것인데, 장관 허가를 받지 않은 사소한 절차적 하자라는 게 재판 과정에서 펴온 이들의 논지였다.[7] 이 조항은 제돌이가 바다로 돌아간 뒤 2016년에야 폐지된다.

▼

6 서울대공원은 기회가 있을 때마다 제주 돌고래를 직접 잡으려 했다. 2003년 12월 사단법인 한국동물원수족관협회의 학술 세미나에서는 1997년 생포 계획을 일부 수정한 돌고래 포획 제안 보고서가 서울대공원에 의해 재차 발표된다(전돈수, 2004). 2003년 3월에서 2004년 11월까지 21개월간 총 다섯 마리를 잡겠다는 것이었다. 서울대공원은 포획전담팀 4명과 선박 및 정치망 임대 등에 6600만 원의 비용이 들 것이라고 예상했다.

7 "그러나 위 고시(1997년에 개정돼 이어져온 고래포획금지 고시) 규정에도 불구하고 돌고래류 포획 승인을 위한 절차는 전혀 마련되어 있지 아니하였고, 실제로 농림수산식품부 공무원은 절차가 마련되지 않았다는 이유로 채무자(퍼시픽랜드)의 돌고래류의 포획을 위한 승인 신청을 반려하기까지 하였습니다. 그래서 과학적인 조사와 국민 정서에 필요한 교육 및 관람의 목적이 있는 경우 승인을 받아 고래를 포획할 수 있다고 고시에서는 제한적으로 허용하고 있었지만 승인에 관한 절차 규정이 마련되지 아니하여 사실상 승인을 받을 수 없었습니다." 2012년 동물자유연대 등이 제기한 돌고래 공연금지 가처분 신청 재판에서 퍼시픽랜드가 낸 답변서(퍼시픽랜드, 2013b: 4-5).

• • • • •

1997년 말 국제통화기금 구제금융 사태가 터지면서 외국에서 돌고래 수급은 더욱 어려워진다. 마리당 1억5000만 원이던 돌고래는 환율 폭등으로 3억 원에 이른다. 서울대공원은 이듬해 돌고래 포획을 계속 추진하지만 '계획'으로만 끝난다. 제주의 어부들과 접촉했지만, 선뜻 나서는 이들이 없었고 예산을 확보하지도 못했기 때문이다(이희정, 1998).

어쨌든 서울대공원의 돌고래쇼는 1990년대 후반 존폐의 위기에서 완전히 벗어나 안정적으로 운영되기 시작했다. 그 이유는 무엇보다 안정적인 돌고래 수급이 가능했기 때문이다. 서울대공원이 직접 포획에 나서진 못했지만, 여전히 제주 앞바다에서 어부의 그물에 걸린 야생 남방큰돌고래가 끊이지 않고 공급됐다.

1999년 3월 금등이, 2002년 대포와 돌비, 2003년 쾌돌이. 실수로 그물에 걸렸다가 퍼시픽랜드에 수용된 야생 남방큰돌고래들은 서울대공원까지 이송되는 긴 여행을 했다. 여행의 끝에는 점프를 하고 훌라후프를 돌리는 지난한 노동이 기다리고 있었다.

서울대공원은 2006년 6월부터 관객들의 이목을 사로잡기 위해 돌고래와 조련사가 함께하는 '수중쇼'를 시작했다. 조련사가 지시하면 돌고래가 재주와 묘기로 답하는 일차원적인 쇼가 아니었다. 조련사가 물에 들어가 돌고래와 함께 헤엄치고, 돌고래 등에 타고 수중질주를 하면 돌고래는 조련사를 대포처럼 공중으로 쏘아 올려주고, 여성 조련사와 왈츠를 추는 '인간-동물의 삼차원적 집체극'이었다. 젊은 조련사들의 주도로 지난한 연습 끝에 2006년 11월 처음 선보인 수중쇼[8]의 주인공은 '돌고래 4총사'였다. 금등이, 대포, 돌비, 쾌돌이. 모두 제주에서 데려온 야생 남방큰돌고래였다(서울대공원관리사업소, 2006; 남호철, 2007). 서울대공원의 돌고래쇼는 불법으로 포획된 돌고래들로 운영되고 있었다. 아무도 그 사실을 문제라고 생각지 않았다.[9]

▼
8 1984년 최초의 돌고래쇼와 달리 2006년 수중쇼는 국내 사육사들이 직접 일본 수족관을 돌며 자료를 수집해 공연 및 훈련을 개발했다. 2005년 일본 수족관 3곳을 방문해 입수한 수중쇼 비디오 자료를 토대로 사육사 전원이 수영과 스킨스쿠버를 배우면서 수중쇼의 내용을 구성했다. 수중쇼는 국내행정 우수사례로 꼽혔다(전국시도지사협의회, 2009).

▼
9 수중쇼를 이끌던 쾌돌이와 돌비는 2008년 갑자기 폐렴으로 잇달아 사망했다. 수중쇼가 인기를 끌 즈음이라 그 뒤 서울대공원은 일본에서 급하게 큰돌고래 두 마리(태지, 태양)를 들여온다(박창희 인터뷰, 2012).

【2부】

남방큰돌고래는 돌고 돌고 돈다

4장 큰돌고래, 아니 남방큰돌고래!

돌고래는 왜 도는 걸까. 어쩌면 돌고래들은 우리가 매일 일터에 나가 일하듯이
그렇게 제주도를 돌고 있는 건 아닐까. 매일 이를 닦고 밥을 먹고 일을 하고 가끔씩 쉬는 것처럼,
돌고래들도 제주도를 돌다가 잠깐 쉬고 다시 돌고 친구들을 만나러 가는 것은 아닐까.
마치 제주도를 도는 것이 존재의 이유인 것처럼.

– 남종영, 《고래의 노래》에서

"남방큰돌고래라고요?"

"네."

"그냥 큰돌고래가 아니고요?"

"네. 남방큰돌고래."

큰돌고래가 아니라 남방큰돌고래라고 알려준 건 김현우였다. 그는 고래연구소에서 일하는 서른한 살의 젊은 연구원이었다. 국립수산과학원 산하의 고래연구소는 국내 유일의 해양포유류 전문 연구기관이다. 김현우가 이곳에 자리를 잡은 건 우연이 아니었다.

황현진과 달리 김현우는 어렸을 적부터 고래를 꿈꿔왔다. 고래를 공부하기 위해 부경대학교(전신 부산수산대학교) 자원생물학과에 입학했고, 대학교 때 이미 고래에 관련한 국내 최대의 인터넷 커뮤니티의 운영자였다. 지금은 올라오는 글이 뜸하지만 당시 '고래와 돌고래'라는 이름의 다음 카페(http://cafe.daum.net/orcinus)는 고래 애호가들이 모이는 장소였다. 서울대공원의 돌고래 사육사, 국립수산과학연구원의 연구원, 환경운동연합 바다위원회의 주요 멤버들도 간간이 얼굴을 비치던 곳이었다. 김현우는 카페지기로 활동하면서 고래에 대한 질문에 답하고 기사를 스크랩해가며 회원들을 끌어모았다. 2004년 설립된 고래연구소는 이 카페를 통하여 "무척 지루하다는 특징을 지닌"(손호선, 2004) 40일간의 한반도 고래 목시조사의 자원봉사자를 모집하곤 했는데, 김현우는 이 조사의 단골 참가자였다. 낫돌고래, 큰머리돌고래, 큰돌고래, 상괭이를 수없이 봤고, 2003년 5월에는 포항에서 3미터짜리 밍크고래 새끼를 촬영해 대박을 터뜨리기도 했다. 2004년 그가 카페에 이런 글을 올린 적이 있다.

"남쪽 바다는 비바람이 심해 항해를 계속할 수 없는 지경입니다. 그래서 어제 서귀포항으로 입항했죠. 사이버 수업을 듣기 위해 피시방에 들었다가 카페에도 기웃거리는 중입니다. 비 내리는 제주도는 첨인데 나름대로 분위기 좋군요. 오징어 새끼들은 생각한 만큼 잘 잡혀줘서 기분은 좋으나 기상 때문에 일부 지점은 조사를 포기해야 할 거 같아 한편으론 찝찝합니다. 조사가 시작되면 다시 그 귀여운 오징어 새끼들을 에틸알코올에 무자비하게 집어넣어 죽이는 짓을 계속할 겁니다. 그러나 전혀 죄의식은 느끼지 못하고 있습니다. 참 나쁜 놈이죠? 으…"(김현우, 2004)

당시 '고래와 돌고래' 회원들은 '한국계 귀신고래를 꼭 보자'는 말로 인사를 갈음하곤 했는데, 과거 일제 시대 포경선 포수를 빼곤 몇 안 되는 귀신고래의 목격자로서 김현우는 많은 사람으로부터 부러움을 샀다. 대학 졸업장도 받지 않은 학부생이었지만, 김현우는 2003년부터 매년 여름 사할린에 가서 귀신고래를 보고 왔다. 한국, 미국, 러시아의 귀신고래 공동연구 프로젝트에 고래연구소의 추천으로 자원봉사자로 참가한 것이다. 사할린 북동부 오지의 해변에서 고무보트를 타고 귀신고래 사진을 찍고 마릿수를 세고 행동을 살피는 게 그의 업무였다. 귀신고래를 수없이 봤다. 매년 여름, 지난해 봐둔 고래의 안녕을 확인했다. 이런 그의 고래 사랑은 2004년 신문(김희연, 2004)에 실리면서 안팎에서 그는 고래를 사랑하는 젊은 청년으로 알려졌다. 그의 나이 스물네 살, 황현진의 나이보다 한 살 일찍 그도 안팎에 고래 인생을 선포한 셈이었다. 그는 대학교를 졸업한 뒤에는 고래연구소에서 계약직 연구원으로 일하며 고래 연구를 이어갔고 곧 정규직 연구원이 되었다.

큰돌고래가 아니야

"큰돌고래의 아종이 아니고요?"

"예전에는 큰돌고래인 줄 알았는데, 몇 해 전에 유전자 분석을 한 결과 큰돌고래와 다른 종임이 밝혀졌어요. 비슷하게 생기긴 했는데, 큰돌고래와는 다른 종으로 쳐요. 남방큰돌고래, 이제는 남방큰돌고래라고 합니다."

수화기 너머의 젊은 목소리는 나지막하고 침착했다. 그는 남방큰돌고래라는 다소 어려운 이름의 여섯 글자를 주입하기라도 하는 것처럼 '남방큰돌고래'를 반복했다. 덕분에 나는 그 뒤 한 번도 헛갈리지 않았다. 나 또한 "그 있잖아, 남, 하는 무슨 돌고래"라면서 말을 시작하는 사람을 만나면 잠시 호흡을 가다듬고 남, 방, 큰, 돌, 고, 래라고 또박또박 읽어주게 되었다. 남방큰돌고래, 그만큼 낯설고 생소하게 우리에게 다가왔다.

남방큰돌고래는 우리에게 알려진 지 얼마 되지 않았다. 2009년 고래연구소가 국내에 서식하거나 발견된 고래류를 모아놓은《한반도 연해 고래류》(김장근 외, 2009) 도감에서도 남방큰돌고래는 빠져 있었다. 다만 큰돌고래 편에서 "제주도 연안에서는 부리가 길고 가는 개체들이 관찰되고 있어 약간 다른 형의 동종일 가능성이 높다"(2009: 100)고 설명을 달아두었다.

한반도 해역에는 약 13종의 돌고래가 산다. 가장 흔히 볼 수 있는 게 낫돌고래와 참돌고래, 큰머리돌고래다. 큰돌고래는 이들만큼은 아니지만, 동해에서 종종 관찰된다.

큰돌고래[1]는 우리에게 가장 친숙한 돌고래다. 돌고래쇼에서 묘기를 부리거나 영화와 텔레비전에 나와 웃음 짓는 돌고래는 십중팔구 큰돌고래다.《한반도 연해 고래류》는 큰돌고래를 "다른 종류와 어울리기를

▼

1 큰돌고래(학명 *Tursiops truncatus*)를 '병코돌고래'라고 부르기도 하는데, 이는 영어명Bottlenose dolphin을 그대로 번역했기 때문이다. 고래연구소는 '병코'가 큰돌고래의 외양에서 관찰되지 않는다며, 돌고래 가운데 가장 몸집이 큰 만큼 '큰돌고래'라고 불러야 한다고 주장한다(김장근 외, 2009). 고래연구소와 국립생물자원관 등 각 연구기관과 출판물에 따라 일부 고래 명칭을 다르게 쓰는 경우가 있다. 이 책은《한반도 연해 고래류》및 고래연구소 손호선 등이 쓴 '한반도 근해 고래류의 한국어 일반명에 대한 고찰'(〈한국수산과학회지〉 45(5), 2012)이 제안한 명칭을 따랐다.

좋아하고" "매우 활동적이어서 점프, 공중 곡예 등 다양한 행동을 연출하는"(김장근 외, 2009: 100-101) 돌고래로 설명한다. 돌고래쇼의 주인공이 되기에 딱 좋은 특징을 가졌다. 돌고래 가운데 가장 큰 몸집을 가진 지라 한눈에 봤을 때도 통통하다. 밝은 빛깔의 흑색 혹은 어두운 청회색의 피부가 등을 덮고 있고, 배 쪽은 붉은빛이 도는 하얀색이다. 부리는 짧은 편이고 몸길이는 3미터를 웃돈다. 북극과 남극, 고위도 지방을 제외한 전 세계에서 산다.

큰돌고래는 19세기 이후 분류학자들에 의해 투시옵스Tursiops라는 학명으로 불렸는데, 그리스어로 투시tursi는 '돌고래'를, 옵스ops는 '외양'을 뜻한다. 말 그대로 돌고래의 전형적인 모습을 띠고 있었지만, 종종 다른 모양을 봤다며 문제 제기하는 사람들이 있었다. 그들에 따르면 큰돌고래의 외양은 크게 두 가지로 분류됐다. 좀 더 어두운 빛깔에 몸통은 통통하고 부리가 짧은 돌고래가 있는 반면, 약간 밝은 빛깔에 몸통은 비교적 홀쭉하고 부리는 좀 더 긴 돌고래가 있었다. 뚱뚱한 돌고래와 날렵한 돌고래. 둘은 같은 종인가, 아니면 다른 종인가? 1999년까지만 해도 이런 외양적 차이에도 불구, 단일 종이라는 의견이 학계의 대세를 이루었다.

단일 종이라는 주장에 본격적으로 의문을 제기한 건 중국인 해양포유류 학자들이었다. 각각 캐나다와 타이완에서 활동하는 존 양Jonh Yang과 양신추Shin-Chu Yang는 남중국과 타이완 연안, 브라질, 인도네시아, 북아프리카 연안에서 죽거나 좌초된 큰돌고래의 혈액과 피부조직 샘플 40점을 채취해 유전자 분석을 했다. 미토콘드리아 DNA가 보여주는 메시지는 명확했다. 채취한 돌고래 시료들에서 DNA 염기서열의 차이가 나타났는데, 이것은 단순히 돌고래가 사는 지역적 차이만을 시사하지 않았다. 같은 지역에서 채취된 돌고래 시료에서도 다른 DNA 염기서열의 표지가 나타났다. 그리고 이것은 지금까지 논란이 되어왔던 외양적 차이와 들어맞고 있었다. 큰돌고래는 단일한 하나의 종이 아니었다. 외양은 물론 유전자까지 다른 두 개의 종이었다(Wang et al., 1999; Wang and Yang, 2009).

그 뒤 관련 연구가 진척되면서 이들의 주장은 점차 학계 정설로 받아들여졌다. 상대적으로 부리가 길고 날렵한 몸매를 지닌 돌고래는 'Indo-Pacific bottlenose dolphin'(학명 *Tursiops aduncus*)이라는 이름을 얻게 되었다. 대부분의 돌고래가 인도양과 태평양 연안에서 관찰됐기 때문이다. 학계의 체계적인 조사가 아직 부족한 상태이지만, 연구가 된 일부 지역에서 제한적으로 개체 수가 보고됐다. 돌고래가 사람을 찾아오는 것으로 유명한 서오스트레일리아 샤크베이Shark Bay의 일부 지역에서 최소 600마리 이상, 동부 퀸즐랜드Queensland의 포인트룩아웃Point Lookout 700~1000마리, 모턴 베이Moreton Bay 334마리 등이다. 탄자니아 잔지바르Zanzibar에는 136~179마리가 있는 것으로 조사됐다. 재미있는 것은 이웃 일본에서 이 돌고래의 조사가 꽤 진척되었음은 물론 일찍이 야생 돌고래 관광도 시작했다는 점이다. 도쿄에서 남쪽으로 200여 킬로미터 외롭게 떨어진 미쿠라 섬御藏島과 규슈의 본도에 바짝 붙은 아마쿠사 섬天草諸島에서 각각 160마리와 218마리의 개체 식별이 완료됐고(Wang and Yang, 2009), 보트를 이용한 돌고래 관광도 이뤄지고 있었다. 큰돌고래처럼 먼바다로 나가지 않는 이 돌고래는 해안가 가까이서 정주하는 특성을 보이기 때문에 돌고래 관광을 하는 데도 수월했다.

〈남방큰돌고래 서식지〉

이 돌고래의 한국어 이름을 지은 이는 다름 아닌 수화기 너머의 김현우였다. 마침 그는 제주에서 좌초된 남방큰돌고래의 골격과 유전자를 분석해 박사 논문 작성을 마쳤고, 이 논문에서 '남방큰돌고래'라는 이름을 제안해놓고 있었다(김현우, 2011).[2] 이 돌고래는 아프리카 대륙 동해안과 오스트레일리아와 뉴질랜드 등 인도양과 필리핀과 중국 남동해안의 태평양, 즉 적도를 중심으로 한 남북의 따뜻한 바다에 살고 있었기 때문이다. 서식지의 북방 한계선은 일본의 일부 해안과 제주의 앞바다였다. 김현우의 관심은 어느새 돌아오지 않는 귀신고래에서 제주 앞바다의 알려지지 않은 돌고래들을 향하고 있었다. 수화기 너머에서 그의 차분한 목소리가 들렸다.

"지난해 가을에 남방큰돌고래 보도자료를 냈는데, 아무도 주목을 안 하더라고요. 뉴시스와 지역신문에만 실리고 말았죠."

남방큰돌고래를 큰돌고래라고 부른 이유가 차츰 이해가 됐다. 우리는 제주의 돌고래에 대해 무지했다. 아니, 관심이 없었던 것이다. 하지만 역설적으로 제주의 돌고래가 이렇게 관심을 받을 줄은 몰랐다. 남방큰돌고래에 대한 신비의 문이 열리기 시작한 것이다.

▼

2 김현우 박사는 박사 논문을 출판하기에 앞서 고래연구소 연구원들과 함께 제주 연안의 큰돌고래가 사실은 남방큰돌고래라는 사실을 2010년 9월 〈Animal cells and systmes〉에 발표했다(Kim HW, et al., 2010). 고래연구소는 그해 10월 14일 '제주 남방큰돌고래 보존 시급'이라는 보도자료에서 이 같은 사실을 처음 일반에 공개했다.

큰돌고래

영어명(학명) Bottlenose dolphin (*Tursiops truncatus*)
다른 명칭 병코돌고래
서식지 열대와 온대의 전 해역
크기 몸길이 1.9~4.3m
특징 돌고래 중 가장 큰 몸집을 가졌다. 약간 짧고 다부진 부리를 가졌다.

남방큰돌고래

영어명(학명) Indo-Pacific Bottlenose dolphin (*Tursiops aduncus*)
다른 명칭 인도태평양돌고래
서식지 열대와 온대의 인도양과 태평양 연안
크기 몸길이 1.8~2.5m
특징 날씬한 몸과 비교적 긴 부리를 가졌다. 개체에 따라 배에 반점이 있다.

〈큰돌고래와 남방큰돌고래 비교〉

첫 만남

그해 가을, 11월 22일 아침 제주공항에서 김현우가 자동차를 대고 기다리고 있었다. '나만의 돌고래수족관 전수조사'를 마친 나는 퍼시픽랜드에 팔려나간 제주도의 야생 돌고래가 보고 싶어졌다. 전화 통화 중에 그가 올해 마지막 남방큰돌래 조사를 위해 제주도에 내려간다는 사실을 들었고, 나는 동행을 부탁했다. 어두컴컴한 돌고래쇼장이 아닌 야생의 바다에서 남방큰돌고래를 볼 수 있다는 사실에 들떴다.

"기대는 하지 말아요."

"네?"

"주중 닷새 조사를 나가면 하루 이틀 보면 많이 보는 거예요."

기사 하나를 쓰겠다고 일주일 동안 제주에 머무르겠다고 하면 팀장과 동료들의 매서운 눈초리를 받을 게 확실했다. 빈곤한 고래 관찰률에 기대는 절망으로 바뀌었다. 하지만 최장 2박3일, 돌고래 보면 당일 귀경하는 1박2일 출장을 가기로 나 혼자 절충을 보았다. 그렇기에 이번 출장은 돌고래의 의지에 달려 있었다. 그가 좋아 내 앞에 나와주면 성공이었고, 그가 싫으면 허탕이었다. 내가 가락국의 부족장이었으면 이렇게 말했을 것이다. '돌고래야, 돌고래야, 머리를 내놓아라. 그러지 않으면 구워서 먹으리.'

제주해협을 건넌 비행기는 한라산을 코앞에 두고 제주공항을 찾아 내려가고 있었다. 비행기 안에서 나는 바다를 뚫어지게 쳐다보고 있었다. 운이 좋아 돌고래가 헤엄치고 있는 거라도 눈에 띄면 비행기 안에서라도 김현우에게 전화할 각오였다. 어서 빨리 쫓아가 돌고래 붙들어 매고 있어요, 내 곧 내려간다니까.

물론 그런 일은 일어나지 않았고, 제주공항 앞에는 김현우의 하얀색 아반떼가 나를 기다리고 있었다. 하얀색 아반떼는 흰고래 벨루가를 연상시켰는데, 그 고래 배 속에는 거북이를 연구한다는 젊은 여성 연구원이 타고 있었다. 그게 전부였다.

"음, 이게 남방큰돌고래 조사단인가요?"

김현우가 어깨를 으쓱하며 고개를 끄덕였다. '2011년 제4회 남방큰돌고래 정기조사'의 인력은 고작 두 명, 장비는 벨루가를 닮은 렌터카 말고 더 추가한다면 두 연구원이 메고 있는 망원경, 좀 비싸 보이는 DSLR 카메라 그리고 거북이 연구원이 쥐고 있는 몇 장의 기록 노트가 전부였다.

"자, 출발할까요?"

벨루가의 시동이 걸리는 소리가 한산한 제주공항에 퍼졌다. 자동차 뒷좌석에 쪼그려 앉아 황당해하는 내 얼굴이 운전석 백미러에 비친 듯했다.

"경비 절감으로 70톤급 배가 없어졌어요. 탐구 18호라고 하는 작은 조사용 선박이었는데…."

벨루가는 공항을 미끄러지듯 빠져나와 제주 서쪽 해안가로 달려갔다. 오늘은 2011년 마지막 남방큰돌고래 정기조사, 닷새 간의 조사 중 첫날이었다.

원시적 조사

2007년 11월부터 시작된 제주도의 남방큰돌고래 정기조사는 매년 네댓 차례 계절별로 시행됐다. 원래는 국립수산과학원 소속의 시험조사선 탐구 16호(39톤)와 탐구 18호(69톤)를 타고 해안선에서 2마일 이내의 연안을 따라 항해하면서 돌고래를 찾아다녔다. 대부분의 고래조사가 그렇듯 망원경으로 돌고래를 찾아 개체 수를 세고 사진을 찍는 '목시조사'였다. 남방큰돌고래 정기조사도 이 방식을 따랐다. 돌고래를 발견하면 고무보트로 갈아타고 좀 더 빠른 속력으로 돌고래 떼에 접근했다. 휴대용 위성위치추적장치GPS로 위치를 확인하고, 발견 시간, 고래의 행동, 개체 수를 관찰기록 노트에 적는 방식으로 진행됐다(최석관 외, 2009).

그러나 한정된 시험조사 선박을 연구 사업별로 나눠 써야 하는 연구기관의 사정상 올해부터는 선박 이용이 힘들어졌다. 그래서 연구 방식이 바뀌었다. 이른바 '선 육상관찰, 후 해상조사' 방식이다.

조사의 성공과 실패를 좌우하는 것은 조사원들의 '민첩함'과 '기동성'이었다. 그건 돌고래와의 싸움(은 해보나 마나 졌을 것이다)이 아니라 어민들과 행정기관을 상대로 한 '시간 싸움'이었다. 바뀐 돌고래 조사 방식을 요약하자면 이랬다.

1. 자동차를 타고 제주도를 한 바퀴, 두 바퀴, 세 바퀴… 계속 돈다. 33개 관찰 지점에 정차해 망원경으로 돌고래를 찾는다. (운전 중에 발견해도 괜찮다.)
2. 일단 돌고래를 발견하면 놓치지 않고 따라간다. (생각보다 제주도는 해안도로가 잘되어 있다. 일단 자동차를 타고 따라간다.)
3. 가장 가까운 어항으로 가서 빠른 시간 안에 어민의 배를 빌린다. (나중에 설명하겠지만, 이 단계가 관건이다.)

4. 배를 타고 돌고래 무리에 접근해 위치, 시간, 개체 수 등을 기록하고, 돌고래 지느러미의 사진을 찍는다. (무조건 많이 찍을수록 좋다. 다다익선!)

첫 관찰지는 제주공항 뒤편, 아까 비행기에서 눈에 불을 켜고 내려다본 그 바다였다. 제1관찰지점인 제주시 용담3동의 식당 어영해녀촌에 도착했다. 자동차에서 내린 김현우와 거북이 연구원이 망원경을 꺼내들고 바다를 바라봤다. 비행기에서 본 것과 마찬가지로 개미 새끼 한 마리 없었다. 아무 말도 없었다. 바람 소리만 들렸다. 3~4분 머물렀을까. "없네" 하고 둘은 미련 없이 하얀 벨루가에 올랐다. 해안도로를 따라 서쪽으로 7킬로미터 달렸다. 3~4분 지나 제2지점 연대포구 근처 가까이에 파도소리 펜션 앞에 도착했다. 둘은 망원경을 꺼내들었다. 바다는 조용하기 그지없었다. "없네." 익숙한듯 둘은 차에 올라탔다. 제3지점은 하귀2리 나비스호텔 앞이었다. 바다는 조용했고 바다를 가르는 돌고래는 없었다. 혹시나 하는 희망은 역시나 하는 절망으로 바뀌어가고 있었다. 이렇게 33개 지점에 도장을 찍듯 섬을 한 바퀴 돌면 227.5킬로미터였다. 이런 속도라면 오늘 저녁 식사는 제주공항에서 할 것 같다는 불안감이 엄습했다. "없네"라는 소리가 들리자, 내 몸은 이미 자동적으로 반응하고 있었다. 뒤따라 차에 오른 김현우가 말했다.

"하루에 반 바퀴 정도 가요. 그래봤자 일주일(닷새)에 두어 바퀴밖에 못 돌아요."

하얀 벨루가는 해안절벽을 엉금엉금 기어올랐다. 왼쪽으로는 식당과 모텔, 호텔과 펜션, 리조트가 키치적 건축미를 뽐내며 성벽처럼 둘러싸고 있었고, 오른쪽으로는 망망대해의 (돌고래는 없는) 바다가 보였다. 나비스, 하바나, 사토비치, 캐리비안빌, 코란코브 등의 이국적 명칭과 한국적 해변의 경계를 우리는 달려가고 있었다.

제4지점은 그다지 이국적이지도, 한국적이지도 않은 이름을 가진 파인힐 리조트였다. 리조트 이름처럼 절벽은 높았고 전망은 좋았다. 애월읍 신엄리 해안절벽 정상이었다. 한눈에 펼쳐지는 바다를 바라보면서 나는 딴생각을 하기에 이르렀다. 그때 김현우가 나지막하게 내뱉었다.

"저기 돌고래 있네."

망원경을 주워들었다. 렌즈를 통해 두 눈에 보이는 이미지는 육안을 통해 보이는 바다의 극히 일부분이었다. 맨눈과 망원경을 번갈아 이용하여 돌고래를 찾았다. 거북이 연구원이 발견하고 한참 뒤 내 시야에서 돌고래가 지나갔다. 서너 차례 뛰고 2~3분 동안 안 보였다. 잠수가 길면 놓치기 쉽다. 바다를 뚫어져라 쳐다보며 몇 분에 한 번씩 올라오는 돌고래를 세었다. 한 마리, 두 마리, 세 마리, 네 마리. 네 마리의 남방큰돌고래였다.

벨루가를 출항시킨 지 한 시간, 오전 10시였다. 김현우와 거북이 연구원은 입이 찢어지듯 웃었다. 그도 그럴 만했다. 돌고래는 기껏해야 닷새 조사 기간 중에 두어 번 나타나주는데, 조사 첫날, 그것도 한 시간 안에 나타나주었으니. "내가 원래 야생동물을 몰고 다녀요"라고 내가 아전인수 격 농담을 던졌는데, 김현우는 듣는 둥 마는 둥 머릿속에 다음 일정을 짜고 있었다. 그렇다. 1단계, 2단계는 누구 덕분인지는 몰라도 쉽게 통과했고 이제 3단계가 남았다. 저 네 마리의 남방큰돌고래를 놓치지 않고, 배를 빨리 빌려, 도망가지 않게 다가가야 한다. 돌고래는 남진

▲남방큰돌고래 조사는 제주 해안지점 33곳을 돌며 진행된다. 관찰기록표에 돌고래 출현, 좌표, 날씨, 온도 등을 적는다. 돌고래를 발견하면 등지느러미 사진을 찍어 위와 같은 돌고래 카탈로그와 비교해 개체를 식별한다. 남방큰돌고래 등지느러미는 사람의 지문처럼 각각 다르다. ⓒ국립수산과학원 고래연구센터

하고 있는 것처럼 보였다. 남쪽으로 가장 가까운 어항은 애월읍 애월항, .5킬로미터 떨어져 있었다.

신엄리 해안절벽에서 애월항으로 폭주족처럼 자동차를 몰았다. 자동차에서 뛰쳐나온 김현우는 항구에 정박한 작은 어선들을 스캔했다. 어선에는 전화번호가 적혀 있었다. 그중 하나에 전화를 걸었다. 전화를 받았다. 30만 원을 주고 빌리기로 했다. 또 한 가지 절차가 남아 있었다. 항구에 설치된 해양경찰청 지소에 출항 신고를 해야 했다. 돌고래는 지금 우리의 시야 밖에 있다. 안절부절, 이사이 돌고래를 놓치면 안 됐다. 배에 올라탔다. 서둘러 항구를 빠져나갔다. 째깍째깍, 20분이 걸렸다.

치킨 게임

배를 타고 나간 바다에는 정적이 찾아와 있었다. 돌고래는 해안가를 따라 남진하고 있었으니, 분명 이쯤에서 우리와 조우해야 했다. 신엄리 해안절벽 쪽으로 가보아도, 다시 애월항 쪽으로 가보아도 돌고래는 보이지 않았다. 바다는 넓었고 튀어 오르는 물체는 없었다. 화기애애한 분위기는 사라지고 한숨이 새어 나왔다. 돌고래가 숨었다. 뱃값만 날렸다.

한 시간 뒤 우리는 패잔병이 되어 해녀촌 식당에서 이른 점심을 먹었다. 이렇게 두 눈 뜨고 놓친 적은 거의 없었다며 김현우가 겸연쩍어했다.

"남방큰돌고래는 해안을 따라 헤엄쳐요. 제주도를 중심으로 왼쪽으로 가거나 오른쪽으로 가거나 둘 중 하나지요. 해안가에서 1킬로미터 이상 먼바다로 나가지 않아요. 그래서 육상조사가 더 효율적일 때가 있어요. 일단 자동차로 움직이며 해안을 훑으면서 돌고래를 최대한 빨리 발견할 수 있으니까요."

2007~2009년까지 고래연구소가 실시한 조사에서도 남방큰돌고래는 대부분 해안가에서 500미터 이내의 바다에서 목격됐다. 2009년 12월, 1.2킬로미터 떨어진 곳에서 발견된 게 가장 먼 거리였을 정도다(김현우, 2011). 아주 강한 연안 접근성을 보이고 있는 것이다.

또 한 가지는 제주도의 동서남북, 연안 전 지역에서 관찰된다는 사실이었다. 제주시 동북쪽의 김녕, 종달리 해안 그리고 동쪽의 우도와 성산일출봉을 비롯해 정반대 서쪽의 애월읍 신엄 해안절벽과 차귀도 그리고 남쪽의 모슬포, 서귀포 강정 앞바다에서 남방큰돌고래는 헤엄을 쳤다. 항상 그들은 어느 곳을 가고 있거나 기웃거리다가 떠났다. 즉 남방큰돌고래는 제주도 연안을 어떤 식으로든 돌고 있다는 것이었다.

그러나 이런 강한 연안 접근성이 반대로 비극의 씨앗이 되었다. 제주도 연안에는 촘촘하게 정치망들이 설치되어 있다. 돌고래들은 각종 그물과 암초, 배가 드나드는 항구를 피해 바닷길을 개척해놓았고 그 길을 잘 안다. 그러나 국도와 고속도로를 잘 닦아놓아도 교통사고는 난다. 2009년과 2010년에 각각 여덟 마리와 열 마리가 그물에 걸렸다. 한 해 평균 아홉 마리가 그물에 걸린다.[3]

▼

3 2011년 김현우가 2009년과 2010년을 조사해 보고한 혼획 개체 수는 각각 8마리와 10마리였다. 그는 연평균 혼획률을 7.9퍼센트로 추정했다. 전체 추정 개체 수 114마리로 볼 때 한 해 9마리가 그물에 걸려 들어가는 셈이었다. 2009년에 출판된 다른 연구도 있다. 김성호(2009)는 2004년부터 2009년까지 제주 연안에서 모두 23마리의 남방큰돌고래가 혼획됐다고 보고했다(좌초 8마리 별도). 이 결과에 따르면 한 해 6마리꼴로 혼획된다고 볼 수 있는데, 조사 기간이 겹친 2009년(9마리)을 보면 김현우와 혼획 개체 수가 달라서 남방큰돌고래 혼획에 관한 좀 더 통합적인 데이터 구축과 통계가 필요함을 알 수 있다.

어떤 돌고래는 거기서 죽었고, 착한 어민에게 발견된 이들은 풀려 바다로 되돌아갔지만, 그렇지 않은 이들은 돌고래쇼장으로 팔려갔다. 김현우가 말했다.

"길을 잘 알거든요. 그물에 잘 안 걸려요. 기가 막히게 다 피해서 가요."

"가끔씩 걸리는 애들은요? 돌고래쇼 하는 애들이 그물에 걸린 애들이잖아요."

"보통 몇 살 되지 않은 애들이 걸려요. 음, 보통 서너 살 정도. 잘 모르고 까부는 애들인 거죠. 성체가 걸린 적은 제 기억으로는 없어요."

물론 이런 사실이 논문이라는 학술적 언어로 증명된 건 아니다. 그렇지만 다음과 같이 말하는 건 무리가 아니다. 갓 태어난 남방큰돌고래는 젖을 먹고 수영을 배우고 점점 성장해나간다. 제주도의 바닷길도 배운다. 어디에 가면 복잡한 그물이 있다, 몇 년 전에 누구누구가 걸렸더라, 그리고 어디는 수심이 갑자기 낮아지니 좌초를 조심하라는 등의 교육 말이다. 해안가 1킬로미터 이내에서 남방큰돌고래는 자신들이 쏜 음파를 통해 해저지형의 스캔을 마친 뒤였을 테고, 남은 것은 조심, 또 조심하라는 경구였을 것이다.

결국 그물에 걸린 돌고래는 이런 경고를 무시했거나 체화하지 않은 혈기왕성한 젊은이들이다. 이를테면 서울대공원에서 10년 넘게 공연 중인 대포는 다섯 살 때 그물에 걸렸고, 금등이는 일곱 살 때 야생 생활을 마감했다. 인간 앞에서 묘기를 부리다가 야생방사 프로젝트로 자연으로 돌아간 제돌이, 춘삼이, 삼팔이(D-38)[4]도 마찬가지였다. 제돌이가

4 원래 D-38로 불리다 야생방사 과정에서 나중에 '삼팔이'라는 애칭을 얻었다.

그물에 걸렸을 때는 아홉 살이었고, 퍼시픽랜드의 삼팔이가 그물에 걸렸을 때는 여섯 살, 춘삼이는 열한 살이었다. 태산이와 복순이는 각각 열네 살, 열한 살에 그물에 걸렸다.

어미의 새끼 양육 기간이 최대 5년 정도이고, 성체가 되어 임신을 시키거나 할 수 있는 나이가 각각 10~15세(수컷), 12~15세(암컷)인 점을 감안하면(Wang and Yang, 2009), 이들은 모두 '청소년'이었던 것이다. 인간으로 치자면 사회적 규범을 벗어나 종종 반항하는 질풍노도의 시기에 돌고래들은 그물에 걸려 불행한 삶을 살게 됐다. 돌고래들은 그물을 앞에 두고 치킨게임을 한 걸까. 자, 용기가 있으면 인간이 쳐놓은 저 그물에 들어갔다 나와보라고. 제돌아, 너도 들어와봐! 복순이는 벌써 들어왔잖아.[5]

눈앞에서 돌고래를 놓친 오합지졸 돌고래 탐사단은 점심을 먹고 제주도를 돌기 시작했다. 애월항 앞바다에서 놓쳤으니, 아마도 돌고래들은 우리가 바다로 나가기에 앞서 애월항 앞을 지나친 게 분명했다. 벨루가는 해안도로를 따라 남쪽으로 달렸고, 나는 바다에서 눈을 떼지 않았는데, 바다에서 뭔가가 훅 튀어 올랐다.

"스톱! 스톱! 스톱!"

아까 그 돌고래들이었다. 제4지점에서 헤어졌다가 제8지점에서 다시 만났다. 우리는 옷깃을 여미고 이번만은 놓치지 않으리라 소리쳤다. 돌고래들은 해안가를 따라 남행하고 있음이 분명했다. 조심조심 따라갔다. 1~2킬로미터 돌고래와 나란히 가다가 적당한 시점에 다음 관찰지

5 제돌이와 복순이는 2009년 5월 1일 제주 신풍리 앞바다에서 함께 그물에 걸렸다.

점에 미리 가서 돌고래를 기다렸다(관찰지점은 시야가 뚫려 있어 관찰이 용이하다).

그러면 수평선 앞 저만치서 뒤늦게 돌고래들이 첨벙첨벙 물을 튀기며 따라오고 있었다. 돌고래가 도착한 걸 확인하면 다시 출발했다. 돌고래들이 첨벙첨벙 따라왔다. 이렇게 우리가 도착하면 따라붙고, 도착하면 따라붙었다. 이어달리기를 하듯 하얀 벨루가와 푸른 남방큰돌고래는 해안선을 따라 남행했다. 벨루가는 육짓길을 따라, 남방큰돌고래는 바닷길을 따라.

제주시 한경면 용수리 김대건 신부의 제주표착기념관 앞에 이르렀을 때 우리는 결단을 내려야 했다. 여기서부터 차귀도 포구까지 약 2킬로미터는 해안도로가 없어 당산봉을 둘러가야 했기 때문이다. 그때 거대한 돌고래 무리가 남쪽에서 물보라를 일으키며 나타났다. 스무 마리는 족히 될 법했다. 이들은 남쪽에서 북쪽으로 북행하고 있었다. 반면 우리가 따라온 돌고래 네 마리는 남행하고 있었다. 두 무리의 간격이 좁아졌다. 두 무리는 만나려 하고 있었다. 어떤 장면이 펼쳐질 것인가? 반가워서 인사라도 나눌 것인가, 아니면 쌩 까고 제 갈 길을 갈 것인가? 우리는 숨을 죽이고 지켜봤다.

물보라는 중간에서 잠깐 정체되더니, 다시 남쪽으로 방향을 틀어 포말을 분출했다. 신비로운 광경이었다. 수십 마리의 돌고래가 약속이나 한 듯 '뒤돌아가' 하는 장면, 그리고 거기에 합류한 네 마리의 돌고래란! 수십 마리의 돌고래는 네 마리를 마중 나온 걸까?

남방큰돌고래의 이런 특성은 이합집산fission and fusion이라는 한마디로 요약된다. 2009년 기준으로 제주 남방큰돌고래는 114마리로 하나의 계군鷄群을 이루고 있다(김현우, 2011).[6] 즉 114마리가 속한 하나의 사회집단이라는 의미다. 114마리가 항상 함께 다니는 게 아니다. 작은 무리로 떨어져 다닌다. 지금까지 관찰된 바로는 적어도 무리 형성이 규칙적이지 않다. 적게는 두세 마리에서 많게는 80마리까지 불어난다. 특정 돌고래들이 어떤 지역을 점유하거나 상주하지도 않는다. 이를테면 애월 앞바다를 제돌이네 무리가, 모슬포 앞바다를 춘삼이네 무리가 차지하거나 하지 않는다. 남방큰돌고래는 카드를 뒤섞듯이, 끊임없이 무리를 만들고 해체하면서 섞인다. 이런 이합집산이 남방큰돌고래의 일상을 규정한다. 그들은 왜 만나고 헤어지길 반복하는 걸까. 왜 한곳에 정주하지 않는 걸까. 내가 뜬금없이 물었다.

"그런데 이 돌고래들이 왜 도는 거죠?"

김현우가 미간을 찌푸리며 눈꼬리를 치켜뜬다.

"음, 먹이 자원을 찾아서요? 뭐, 그렇게 볼 수밖에 없겠지요."

해안도로가 없어 돌고래들을 시야에 두고도 쫓아갈 수 없었기 때문에 우리는 팀을 둘로 나누었다. 나는 제자리에 남아 망원경으로 돌고래들의 행로를 쫓고, 김현우와 거북이 연구원이 가장 가까운 차귀도 포구로 가서 배를 빌리기로 했다. 한번 실수는 병가지상사! 이번만큼은 돌고래를 놓칠 수 없었다.

▼

6 김현우와 그가 소속된 고래연구소의 조사 결과에 따르면, 제주 남방큰돌고래는 2008년 124마리, 2009년 114마리다. 제주대의 조사 결과는 고래연구소보다 조금 많은데, 2009년 기준으로 120마리다. 2009년 이후 개체 수 조사 결과는 출판되지 않았는데, 김현우 연구원은 "2010년 105마리, 2011년 104마리로 줄어드는 추세"라고 밝혔다(김병엽, 장이권, 김사흥 외, 2013; 김현우, 2014).

이 삭선은 훌륭하게 들어맞았다. 20분 뒤인 오후 3시, 우리는 남방큰돌고래 20여 마리와 같이 따사로운 가을 햇살의 향연을 즐겼다. 돌고래들은 조금 쉬어가려는지 차귀도 포구에서 신도리(제12번 지점)까지 약 4킬로미터를 해찰하면서 헤엄쳐갔다. 우리가 탄 보트 앞에서 앞서거니 뒤서거니 뛰면서 선수타기를 했고, 어떤 돌고래는 하늘을 찌르는 공중점프를 보여줬다. 신도리 마을에 바짝 붙어서 놀았다. 낚싯대를 드리운 강태공들이 화들짝 놀랄 정도였다.

김현우는 망원경을 버리고 카메라를 들었다. 찰칵, 찰칵, 찰칵… 기관총 같은 셔터 소리가 돌고래들이 일으킨 파도를 추적했다. 돌고래가 수면 위로 올라오는 찰나를 노려 카메라는 돌고래의 등지느러미를 낚아챘다. 보통 등지느러미의 오른쪽 측면을 찍는데, 각 개체의 등지느러미 모양을 표준화해 판별하기 위해서다. 거친 바다에서 살면서 돌고래는 자신의 등지느러미 뒤 날에 톱니바퀴 모양의 흠집과 상처를 남긴다. 암컷을 두고 싸우면서 서로 물어뜯거나 암초에 긁혀 이런 자국이 난다. 일반적으로 어떤 돌고래는 철물점에서 새로 산 낫처럼 상처 하나 없이 선이 살아 있는 등지느러미를 갖고 헤엄치지만, 어떤 돌고래는 찢어진 타이어처럼 너덜너덜해진 등지느러미를 갖고 산다. 돌고래의 거친 일상과 삶의 이력을 상징하는 게 등지느러미다. 해양포유류학자들에게도 등지느러미는 아주 중요하다. 각 개체의 등지느러미 흠집 모양이 달라서, 마치 사람의 지문처럼 돌고래 개체를 식별할 수 있기 때문이다.

이런 자연 표지를 이용한 개체 식별은 야생동물 조사에서 고전적인 방법이다. 이를테면 얼룩말의 얼룩무늬는 개체마다 달라서 1960년대

▲남방큰돌고래는 바닷가 마을과 가까운 곳에 산다. 열을 맞추어 뛰고 있는 남방큰돌고래. ©고래연구센터 김현우

부터 아프리카의 동물학자들이 얼룩말을 구별하는 수단으로 애용되어 왔다. 케냐의 야생동물학자 브리앙 피터슨Briand Peterson은 얼룩말의 목, 측면, 어깨, 다리 등 몇 개의 부위와 Y, I형 등 무늬의 유형을 정리해 얼룩말 식별 방법을 표준화했다(Peterson, 1972). 이런 식으로 과학자들은 얼룩말, 기린, 아프리카코끼리 등을 식별하는 프로토콜을 하나씩 정해 나갔고 고래도 마찬가지였다. 문제는 고래 연구자에게는 끝없는 바다만큼 끝없는 시간 투자가 필요하다는 것. 고래는 육상포유류와 달리 야생에서 충분히 관찰할 시간이 없다. 수면 위로 잠깐 몸을 드러내는 찰나 드러낸 몸의 일부를 카메라로 찍고, 찍어놓은 다량의 이미지를 대상으로 연구실에 들어가 똑같은 지느러미끼리 맞추는 식별 작업을 고되게 해야 한다. 범고래, 혹등고래, 큰돌고래 그리고 남방큰돌고래의 개

체 식별이 이런 지난한 노동을 거쳐 이뤄진다. 범고래는 등지느러미 모양과 등지느러미 뒤쪽 안장의 회색 무늬가, 혹등고래는 수면 위로 부상했다가 잠수할 때 치켜드는 꼬리지느러미의 모양이 포인트다. 이렇게 획득한 개체 식별 자료는 연구자들이 무리의 구성을 이해하고 구성원의 성별, 나이, 가족관계 등을 파악하는 데 기초 자료로 이용된다(Wells, 2009).

김현우도 제주 돌고래 연구에 들어간 2007년부터 제주 바다에서 무차별적으로 사진을 찍어온 뒤 연구실에서 지루한 그림 맞추기 놀이를 계속해왔다. 과거에 찍은 등지느러미 사진과 똑같은 등지느러미를 얻어왔다면, 그 돌고래는 두 번 찍힌 것이고 잘 살고 있다는 표시다. 데이터베이스에 없는 새로운 등지느러미가 찍혔다면, 새로운 돌고래 구성원을 발견한 것이다. 야생에 나가 사진을 찍어오는 횟수가 늘어날수록 새로 편입하는 돌고래는 줄고 예전에 본 돌고래들이 많아졌다. 돌고래 번호를 붙여나갔다. 번호의 앞에는 JBDJeju Bottlenose Dolphin를 붙였다. 2009년 조사가 끝날 즈음엔, 데이터베이스상의 돌고래 중 94.3퍼센트가 두 번 이상 사진에 찍힐 정도가 되었다. 제주 남방큰돌고래 무리의 각각 개체를 얼추 다 파악하게 된 것이다. 2009년에 90마리가 식별됐다. 통계 모델을 돌려 114마리로 확정지었다(김현우, 2011).

돌고래는 차귀도와 육지의 좁은 해협을 통과해 수월봉 절벽을 따라 빠른 속도로 헤엄쳤고, 신도리 마을 앞에서는 한동안 놀았다. "이렇게 우리가 돌고래를 길게 따라다닌 적은 없었다"며 김현우는 첫날 맞은 행운에 헤벌쭉해졌다.

더 이상 아쉬울 게 없었다. 돌고래들은 충분히 포즈를 취해주었고, 우리는 원하는 만큼 사진을 획득했다. 한 시간여 돌고래와 지내다가 우리는 미련 없이 회항했다. 김현우가 말했다. 남방큰돌고래가 발견된 건 어찌 보면 우연이었다.

"2007년부터 제주에서 조사를 시작했는데, 그때는 큰돌고래라고 여기고 있었지요. 그런데 동해에서 발견되는 큰돌고래와 생김새가 달랐어요. 주둥이가 길고 체구가 작았지요. 남방큰돌고래 아닌가 짐작을 하긴 했지요. 하지만 DNA 분석이 필요했어요. 그리고 2008년 혼획으로 죽은 사체를 입수할 수 있었지요."

김현우는 남방큰돌고래 DNA 분석을 하고 골격 분석을 했다. 존 양이 꾸준히 해온 남방큰돌고래 자료들을 번갈아 보면서 비교했다. 제주도의 돌고래는 큰돌고래가 아니라 남방큰돌고래였다. 국내 미기록 신종인 셈이다. 연구실에서는 등지느러미의 톱니바퀴 모양만 보며 살았다. 사진 찍은 걸 하나하나 모아 개체를 분류하고 이름을 붙였다. JBD001, JBD002, JBD003… JBD114까지 붙일 수 있는 제주(J) 남방큰(B) 돌고래(D)가 제주 연안을 돌고 있었다. 지구상에서 가장 북쪽에서 돌고 있었다.

만족감에 젖어 배에서 내렸다. 차귀도 포구의 한 횟집에 들어가 뜨거운 커피 한잔을 사는데, 돌고래가 지나가는 걸 알았는지 주인이 말을 걸었다.

"쇠돌고래라고, 바람 불기 하루 이틀 전에는 꼭 들어와요."

과연 일기예보는 내일 비가 온다고 했다. 혼자서 자연의 경이에 놀라고 있는데, 김현우가 말을 받았다.

"쇠돌고래가 아니라 남방큰돌고래예요, 남방큰돌고래."

"어, 무슨 돌고래?"

"남방큰돌래요, 114마리밖에 없습니다."

"난 매일 보는데?"

오후 5시 20분, 서귀포시 대정읍에 도착했다. 해는 뉘엿뉘엿 지고 사위엔 어둠이 깔렸다. 숙소에 들어가기 전, 바다나 한 번 더 보자는 생각으로 모슬포항에 갔다. 제14번 지점이었다. 아침 9시 0번 제주공항을 출발해 여기까지 왔으니, 33번 지점까지 절반을 조금 못 온 셈이다. 좋은 페이스다. 그때 북쪽에서 또 첨벙첨벙 소리가 들렸다. 또 만났다. 돌고래들은 두 무리로 나뉘어 전진하고 있었다. 내일이면 서귀포 앞바다를 지나고 성산일출봉을 돌아갈까. 잘 가라, 고래들아. 부디 그물에 걸리지 말고 열심히 살렴, 열심히 돌렴.

그날 저녁, 우리는 모슬포의 한 여관에 여장을 풀고 맥주 한잔을 하러 나갔다. 퇴락한 어촌 마을의 호프집에 들어가자 퀴퀴한 냄새가 코를 찔렀다. 파란 원피스 수영복을 입은 20대 여성의 사진 밑에서 킁킁거리고 있는 우리에게 50대 아주머니가 와서 메뉴판을 내밀었다. 호프 잔을 들기도 전에 김현우가 말했다.

"하루는 퍼시픽랜드에 갔지요. 그런데 등지느러미를 보니 왠지 낯익어 보이는 겁니다. 연구소에 들어가서 등지느러미 카탈로그와 대조해 보았습니다."

◀마을 앞바다에서 자유롭게 몰려다니는 야생 남방큰돌고래. 2011년 11월 22일 제주 차귀도. ©남종영

고개를 가로저으며 그가 말을 이었다.

"내가 야생에서 찍은 돌고래가 퍼시픽랜드에서 공연을 하고 있더란 말입니다. JBD 번호까지 다 붙인 돌고래들인데 말이죠."

JBD009는 서울에 있었다

5장

그때 나는 깨달았다. 동물원은 '다름'에 관한 곳이라는 점을.
우리는 플라밍고와 호랑이, 악어를 연달아 보았다.
그 동물들을 보면서 나는 또 다른 동물에 대해 생각했다.
동물원의 풍경 속에 함께 있으면서도 철창에 갇혀 있지 않은 동물.
그것은 바로 인간이었다.

—잔 카제즈, 〈동물에 대한 예의〉 중에서

2011년 여름, 돌고래쇼의 주인공이 불법으로 조달됐다는 뉴스가 전파를 탈 때 황현진 또한 텔레비전에서 눈을 떼지 못했다. 며칠 뒤 황현진은 제주도로 향하는 비행기에 앉아 있었다. 이성적으로 따지자면 왜 제주도에 가야 하는지, 가서 무엇을 할지도 몰랐다. 그녀는 자신을 이끄는 강한 힘을 거부할 수 없었다.

황현진을 처음 만난 건 그해 3월 제주 앞바다에서였다. 환경단체 '그린피스'의 선박 레인보 워리어Rainbow Warrior 호에서였다. 그린피스 캠페이너들은 레인보 워리어를 타고 한국 연근해에서의 참치 조업을 조사하러 왔었는데, 나는 그때 취재기자의 자격으로 닷새 동안 배에 올랐다. 바다는 넓고 할 일은 없었다. 무작정 제주도 연근해를 쏘다니면서 참치 배를 찾았다. 국내 단체나 세계적인 단체나 운동의 가장 기본은 '맨땅에 헤딩하기'라는 사실을, 나는 닷새나 되는 긴 시간 동안 갑판 밑 선실에서 방바닥을 긁으면서 깨달았다. 선상의 일상은 한가로웠다. 그린피스의 배는 선원과 캠페이너 두 조직이 운영했다. 선장을 정점으로 한 선원들은 장기간 배를 타면서 선박 관리와 안전, 항로 유지 등의 임무를 맡았고, 캠페이너는 짧게는 일주일 길게는 몇 달 되는 각각의 캠페인에 따라 승선했다.

거기 황현진도 타고 있었다. 갓 대학을 졸업한 스물다섯 살의 청년이었다. 통영거제환경운동연합의 상근 활동가인 그녀는 환경운동연합 바다위원회에서도 활동했는데, 바다위원회가 그녀를 이번 캠페인에 파견한 것이었다. 그녀는 갑판 밑 선실에 처박혀 있지 않고 부지런히 사람들을 만나고 다녔다. 그녀는 영어를 편하게 했고 사람도 편하게 대했다. 그 많은 시간을 보내며 나와는 별 대화가 없었지만, 그녀는 그린피스 캠페이너 되는 게 꿈이라고 말했다. 당시 그린피스는 한국에 지부가 없었고 그녀는 국내 환경단체에서 경험을 쌓은 뒤 외국으로 나가 활동할 생각이었다. 그래서 대학 졸업 직후 환경운동연합 바다위원회의 사무국을 맡고 있던 통영거제환경운동연합을 첫 직장으로 택했고, 지역 현안을 챙기면서 스킨스쿠버와 보트 운전 등 해양 캠페이너로서 필요한 기술을 하나둘 익힌 터였다. 1970년대 남극해에서 위용을 뽐내던 고래보호운동의 산 역사, 레인보 워리어를 탄 그녀는 얼마 정도는 감개무량해 있었다.

피켓을 든 분홍돌고래

"한마디로 말이 안 됐죠."

나중에 내가 그녀에게 어떻게 그런 배짱으로 이 운동에 뛰어들게 되었느냐고 질문을 하면, 그녀는 항상 이 말로 시작해 그해 여름의 가난하고 힘겹고 외로웠던 시절의 이야기를 들려주었다.

그녀 또한 뉴스를 보고 놀란 상태였다. 20년 넘는 긴 시간 동안 어떤 제지도 받지 않고 돌고래들이 제주 앞바다에서 잡혀 제주와 서울의 돌고래쇼에 공급됐다는 사실이 말도 안 된다고 생각했다. 무언가를 해야만 했다.

그녀가 속한 환경운동연합 바다위원회는 당시 국내에서 유일하게 해양보전운동을 표방했지만, 바다를 끼고 있는 환경운동연합 활동가들의 자발적인 참여로 운영되는 별동대 같은 조직이었기 때문에 중앙조직의 큰 지원을 받지 못했다. 스물다섯 살인 그녀는 당시 바다위원회에서 사무차장을 맡고 있었는데, 예의 조그마한 조직이 그렇듯 그녀가 가장 어렸고 어깨는 무거웠다. 돌고래에 대해 특별히 아는 것도 없었고, 관심이 크지도 않았다. 그러나 그녀는 조직적 책임에 앞서 그냥 이건 아니라는 생각, 그리고 무언가 해야 한다는 젊은 혈기가 앞섰다. 그녀는 제주에 내려가겠다고 선언했고 일단 비행기를 탔다.

비행기에서 내려서 무작정 찾아간 곳은 문제의 퍼시픽랜드였다. 그린피스 레인보 워리어 호를 탔을 때, 주방 보조로 자원봉사를 했던 제주환경운동연합 대학생모임의 유호진 씨가 함께했다. 겁이 났지만 그녀는 우선 돌고래를 보고 싶었다. 해경 수사대로라면, 불법포획된 돌고래들이 이곳에서 공연을 하고 있을 터였다.

퍼시픽랜드 정문의 매표소를 지나서 수족관이 있는 시멘트 건물 앞으로 저벅저벅 걸어갔다. 건물 한쪽, '관계자 외 출입금지' 라는 팻말이 붙은 낡은 철문이 보였다. 철문은 빼꼼히 열려 있었다. 무언가에 이끌린

듯 황현진은 그 문을 열고 한 발짝 내디뎠다. 수족관 내실로 통하는 복노였다. 공연이 없을 때 돌고래가 수용되는 곳. '위험 접근 금지', '필히 장화 착용할 것'이라는 팻말이 연달아 나타났다. 바닥이 미끄러웠다. 습기가 올라왔다. 그녀는 떨리는 손으로 카메라를 꺼내들었다. 그때 돌고래 한 마리가 '첨벙'하고 튀어 올랐다.

"예쁘다."

태어나서 처음으로 돌고래와 마주한 순간이었다. 숨을 죽이고 다가섰지만, 저절로 새어 나오는 탄성을 막을 수는 없었다. 그녀의 눈앞에서 새끼 돌고래 세 마리가 솟구쳤다. 사람이 들어오는 걸 본 돌고래들은 시멘트 턱으로 다가와 고개를 내밀었다. 그리고 이내 다시 수조를 돌기 시작했다. 그제야 그녀는 수족관 내실을 천천히 둘러보았다. 어두침침한 내실과 시멘트 바닥 목욕탕 같은 세 개의 낡은 수조 그리고 뱅뱅 도는 돌고래들. 매끈한 곡선과 육체의 활력이 촉발한 미학적 탄성은 돌고래를 둘러싼 어둡고 열악한 환경과 대비되어 오래가지 않았다. 그녀는 자신이 목격한 것들을 카메라로 기록했다.

황현진이 처음 수족관 내실에 들어섰을 때, 돌고래들이 고개를 내민 이유는 먹이를 주는 줄 알았기 때문이다. 수족관 환경에 적응한 돌고래는 열이면 열, 사람이 오면 이렇게 물가로 다가온다. 그녀는 돌고래를 세어보았다. 오른편 수조에는 서너 마리가 있었고, 왼쪽 맨 끝의 수조에는 두 마리가 있었다. 또 다른 하나의 수조는 비어 있었다. 오른편의 수조는 쇼에 나가는 돌고래들, 왼편의 수조는 그렇지 않은 애들이었다. 오른편의 돌고래들과 달리 왼편의 수조에 있는 두 마리는 인간에게 다가서지 않고 뱅뱅 돌기만 했다. 뒤에 안 사실이지만, 이들은 건강 상태가 좋지 않아 나중에 야생방사에 배제된 남방큰돌고래 태산이와 복순이였다.

돌고래들은 시시포스의 천형을 받은 듯 반복적인 원운동을 했다. 수조는 좁디좁았다. 언뜻 보기에도 가로세로 각각 4~5미터를 넘지 않아 보였다. 나중에 황현진은 이곳을 '목욕탕' 이나 '돌고래 먹방' 이라고 부르곤 했는데, 서울 시내 찜질방의 욕탕도 이보다 컸을 것이다. 오른편 수조의 돌고래들은 분명히 이 낯선 침입자를 인식한 듯 보였다. 한 바퀴를 돌고 다시 다가와 물속에서 몸을 불안정하게 곧추세우고 고개를 내밀었다. 돌고래의 '눈빛' 은 순간 이 젊은 활동가에게 어떤 감정적 화상을 남겼다. 황현진은 한 시간가량 버스를 타고 제주 시내로 나가 문구점을 찾아 헤맸다. 중문에서 가장 가까운 시내가 서귀포란 사실도 몰랐다. 그날 밤늦게까지 피켓을 만들었다. 내일부터 퍼시픽랜드 앞에서 일인시위에 돌입하기로 결심했다.

중문관광단지 시내 동쪽에 있는 퍼시픽랜드는 꽤 넓고 좋은 땅을 가지고 있었다. 지금 보기엔 약간 구식이라는 느낌을 주지만, 대형 사찰의 일주문처럼 보이는 큰 정문, 운동장처럼 넓은 주차장 그리고 수족관 건물 뒤로 펼쳐진 서귀포 바다가 한때 이 수족관이 제주 관광 역사에서 전성기를 구가했음을 증언했다. 과거의 영화는 사라졌지만 여전히 관광객들은 돌고래쇼를 보러 이곳을 찾았다. 황현진은 피켓을 들고 그곳에 섰다. 분홍색 피켓에는 이렇게 쓰여 있었다.

"퍼시픽랜드는 불법포획 멸종위기종 돌고래쇼 중단하고 바다로 방생하라."

넓은 퍼시픽랜드 앞마당에서 그녀는 외로운 분홍색 점이었다. 그녀가 손수 만든 분홍돌고래 모자도 시선을 끌지 못했다. 무작정 내려왔기 때문에 그녀가 가져온 짐은 작은 배낭 하나가 전부였다. 찜질방과 게스트하우스에서 자고 끼니는 삼각김밥으로 때웠다. 언론의 관심도 식은 지 오래였다. 그녀는 환경운동연합 차원의 기자회견을 준비했다. 제주환경운동연합 대학생모임의 대학생들을 이끌고 7월 21일 퍼시픽랜드 앞에 섰다. 그녀가 처음 주도해 만든, 그녀 자신의 말을 하기 위한 공개 행사였다. 취재하러 온 기자는 단 한 명도 없었다.

제주의 여름은 길었고 북적였다. 시대를 쫓아가지 못한 낡은 돌고래쇼장 앞은 핫팬츠를 입은 젊은 커플들과 풍선을 든 어린이들과 부모들로 북적였다. 관객들은 여전히 차를 몰고 그녀가 팻말을 들고 서 있는 정문 앞을 지나쳐 주차장으로 직진했다. 지치고 외로웠다. 어느 날, 한 가족이 탄 차가 주차장에서 유턴해 돌아왔다. 한 아이가 내려서 귤을 건넸다.

"언니 때문에 돌고래쇼 안 보기로 했어요."

그것은 그녀가 처음 외롭지 않다고 느낀 순간이었다. 황현진은 제주도에 눌러앉았다. 과거 돌고래쇼를 본 적도, 야생 돌고래를 본 적도 없었던 그녀는 바다를 좋아하는 환경운동가였지 돌고래를 좋아하는 동물보호운동가가 아니었다. 고래와 큰 관련이 없던 그녀의 인생은 이때부터 바뀌게 된다. 그녀는 환경운동연합을 나와 국내 최초의 고래보호단체를 만든다. 외로운 시간을 함께했던 분홍색 돌고래 모자. 그녀는 모임의 이름을 '핫핑크돌핀스'라고 지었다.

2011년 여름부터 황현진은 제주도에 눌러앉았다. 그녀가 속한 환경운동연합 바다위원회는 제주도에 활동가를 파견해 활동비를 지급할 만큼 여력이 없었다. 그러나 일인시위를 멈출 수는 없었다.

그녀의 신상에도 변화가 생겼다. 찜질방과 삼각김밥 그리고 돌고래 모자에 의존하던 그녀는 퍼시픽랜드에서 얼마 떨어지지 않은 강정마을로 옮겨갔다. 2011년 여름은 남방큰돌고래에게도 가혹했지만, 강정마을 사람들에게도 잔인한 나날이었다. 정부는 강정마을에 해군기지를 세우려고 했고, 이를 반대하는 마을 주민들은 망루를 세우고 스크럼을 짜면서 버텼다. 강정마을이 인간의 '서식처'라면, 강정 앞바다는 남방큰돌고래의 '서식처'였다. 강정 앞바다로 드나들 군함과 잠수함 또한 남방큰돌고래 생태에 악영향을 미칠 것임을 황현진은 본능적으로 깨달았다. 그녀는 가끔 전화를 걸어와 남방큰돌고래가 해군기지 공사 중에 설치된 오탁방지막에 갇혀 헤매고 있다는 등의 이야기를 해주었다. 나는 그녀와 전화를 이렇게 끝내곤 했다.

"잘 지켜보고 있어요. 곧 취재하러 제주 내려갈게요."

첫 돌고래 재판

우리나라 역사상 첫 돌고래 재판이 열렸다. 2012년 2월 8일, 제주지방법원 302호에는 검찰이 기소한 퍼시픽랜드의 허옥석 대표 그리고 고정학 이사가 피고인석에 앉아 있었다. 좌우로 검사와 변호사가 마주 보고 앉았고, 김경선 판사(형사 제2단독)가 공판을 진행했다. 재판정은 여느 재판처럼 조용하고 평범했다. 유일하게 방청석에서 귀를 쫑긋 세우고 있는 이는 핫핑크돌핀스 황현진이었다. 그녀는 방청석에 앉아 수첩에 꼼꼼히 이들의 발언을 써 내려갔다.

검찰의 주장은 간단하고 명료했다. 퍼시픽랜드의 남방큰돌고래 매매행위는 수산업법 위반인 만큼 이들을 처벌하고, 불법으로 취득된 돌고래를 몰수해야 한다는 것이었다. 몰수는 곧 불법으로 잡힌 남방큰돌고래들이 바다로 돌아갈 수도 있음을 뜻했다. 적어도 수산업법의 논리 체계를 따르면 그랬다.

우리나라에서는 어떤 종류든 고래나 돌고래를 포획하는 건 불법이다. 다시 한번 고래에 대한 법률 여행을 떠나보자. 국제포경위원회는 1986년부터 대형 고래의 포획을 전면 금지하는 '상업포경 모라토리엄'을 선언한다. 우리나라도 1978년 국제포경위원회에 가입했으므로 이 조약을 따른다. 이를 위해 정부는 1985년 고래포획금지에 관한 고시(수산청 고시 제85-17호)를 제정해 이듬해 1월 1일부터 고래 포획을 전면적으로 금지한다.

세상에서 가장 큰 동물인 대왕고래에서부터 2미터가 채 안 되는 조그마한 돌고래인 상괭이까지 우리나라에선 어떤 종류의 고래도 잡아선 안 된다. 그물에 우연히 걸린(혼획) 고래도 발견 즉시 방류해야 하고 그도 안 되면 해양경찰청에 신고해야 한다. 과학조사 및 전시관람용 돌고래 포획은 주무장관 허가를 받으면 할 수 있지만, 퍼시픽랜드는 그조차도 하지 않았다.

해양경찰청의 수사 내용을 이어받아 제주지방검찰청은 주식회사 퍼시픽랜드와 이 업체의 허옥석 대표, 고정학 이사를 기소했다. 원래 해경은 퍼시픽랜드가 1990년부터 약 26마리의 혼획된 남방큰돌고래를 불법으로 사들였다고 발표했는데, 검찰은 이 중 공소시효 내인 2009~2010년 범죄만 기소했다.

검찰이 기소한 바에 따르면, 퍼시픽랜드는 2009년 5월 1일부터 2010년 8월 13일까지 어민들의 그물에 걸린 남방큰돌고래 열한 마리를 총

아홉 차례에 걸쳐 사들여 가져왔다.[1] 만약 어민들이나 퍼시픽랜드가 법을 지켰다면 그물을 찢거나 걷어서 남방큰돌고래를 바다로 내보냈어야 한다. 그렇지 않으면, 해양경찰청에 신고해 적절한 조처를 받아야 했다. 법률이 지시하는 바는 자명하다. 야생 남방큰돌고래는 구조 노력 없이 육지로 가져와선 안 된다. 우리나라 법률은 돌고래들이 바다에 있어야 한다고 규정한다.

판사 : 피고인은 공소사실을 모두 인정합니까?

피고인 (변호사) : 모두 인정합니다.

판사 : 검사가 제출한 증거목록도 모두 인정합니까?

변호사 : 모두 인정합니다. 다만 증거목록 가운데 증 제5호, 증 제7호, 증 제8호, 증 제9호는 이후 폐사했고, 부검을 신청한 상태입니다.(황현진, 2012; 남종영·최우리, 2012)

예상외로 퍼시픽랜드 측은 처음부터 공소사실을 인정했다. 관심은 퍼시픽랜드에서 공연 중인 돌고래들로 향했다. 불법 상태를 되돌리는 방법은 국가가 돌고래를 몰수해 다시 방사하는 것이었다. 재판은 계속됐다.

▼

1 검찰의 범죄일람표에 따르면, 퍼시픽랜드는 성산읍 신풍리 정치망 어장에 걸린 D-31과 복순이를 1500만 원에 사들인 것을 비롯해 춘삼, 태산, 해순, D-36, 땡이, D-38(삼팔이), D-39, D-40, D-41 등 11마리를 법적인 방류나 구조 노력 없이 돈을 주고 사 왔다.

판사 : 검사, 구형은 몰수형으로 할 생각인가요?

검사 : 그렇습니다.

판사 : 돌고래들이 방사되면 자연 상태에서 생존할 수 있는가가 쟁점이 될 것 같은데, 이에 대해 피고인은 의견서를 제출하셨죠?

피고인 : 그렇습니다. 일반적으로 한국에서는 고래류에 대한 연구가 부족하여 방사 때 생존 가능성에 대해서 답하기가 곤란하지만, 제주대학교와 고래연구소 직원들은 사견임을 전제로 돌고래들이 방사됐을 경우 자연에서 생존 가능성이 희박하다고 했습니다. 부경대학교에 문의한 결과, 생존 가능성이 있다는 대답을 듣기도 했습니다.

판사 : 다음 공판까지 포획된 돌고래들의 방사 시 생존 가능성에 대해 관계 전문가들의 의견을 청취하도록 하겠습니다.

피고인 : 고래연구소 측에 문의하여 전문가들의 공식적인 답변을 구한 뒤 이를 재판부에 제출하겠습니다.

판사 : 알겠습니다. 피고인 더 할 말 없나요?

피고인 : 오래전에 벌어진 일이라 남방큰돌고래가 국제보호종으로 멸종위기에 처했다는 사실을 알지 못했습니다. 현재 퍼시픽랜드 측에서는 보호종이 아닌 낫돌고래를 공연·전시용으로 포획 승인 신청을 해놓은 상태입니다.

판사 : 낫돌고래의 공연·전시용 포획 승인 결과가 언제 나오나요?

피고인 : 답변을 한 달 이내에 하도록 돼 있고, 저희가 보름 전에 신청했기 때문에 보름 후에 고래연구소에서 답변이 올 것입니다.(황현진, 2012; 남종영·최우리, 2012)

향후 재판에서는 재판부가 몰수형을 선고할지가 쟁점이 되어갔다. 퍼시픽랜드의 처지에서 보면, 어차피 경영진이 받을 처벌은 커봐야 집행유예였다. 결국 현재 공연 중인 남방큰돌고래를 몰수당하지 않는 게 그들에게 중요했다. 몰수형의 선고 여부는 야생방사 뒤 돌고래들이 야생에 적응할 수 있느냐에 달려 있었다. 검찰은 2009~2010년 열한 마리가 불법으로 취득됐다고 제시했다. 이 가운데 한 마리(D-31)는 서울대공원으로 거래되어서 갔고, 남은 열 마리 가운데 이미 다섯 마리(D-36, 땡이, D-39, D-40, D-41)가 폐사해 다섯 마리(복순, 춘삼, 태산, 해순, D-38)만 남아 있었다. 수족관에서 잘 키운 돌고래, 즉, 공연할 줄 아는 돌고래 한 마리는 국제 거래 시장에서 1억 원 이상을 호가한다.[2]

퍼시픽랜드는 남은 다섯 마리를 뺏기지 않는다는 전략으로 재판에 임했다. 다섯 마리에 퍼시픽랜드의 운명이 달려 있었다. 재판의 쟁점은 사상 초유의 '살아 있는 돌고래의 몰수'가 가능하냐로 옮겨가고 있었다. 재판정에서 오고 가는 말을 받아 적는 황현진의 손이 쉴 새 없이 움직였다.

야생방사는 가능하다

돌고래를 야생방사한다는 것은 언뜻 보기엔 허무맹랑한 이야기처럼

▼

2 전시공연용 돌고래의 가격은 나이, 성별, 운송비와 환율에 따라 달라지지만, 수입하려면 일반적으로 1억 원 안팎이 소요된다. "돌고래 한 마리를 일본 다이지에서 사 오는 데 5000만~6000만 원, 운반비를 합치면 8000만~9000만 원이 든다."(2011년 7월 울산시 남구청 관계자 인터뷰)

들렸다. 핫핑크돌핀스가 처음 방생을 이야기할 때에도 환경단체 내부에서조차 섣부른 환경운동가의 낭만주의적 주장으로 받아들이는 분위기가 있었다. 1차 수사를 맡은 해양경찰청의 담당자도 회의적인 입장을 보였다. 그는 전화로 묻는 나에게 "법적으로는 방사하는 게 맞지만, 비현실적이어서 과징금을 물리는 방안을 검토했다"고 말했다.

불법으로 포획된 돌고래의 야생방사는 윤리적인 것처럼 보였지만, 그게 궁극적으로 돌고래에게 이득이 될지는 알 수 없었다. 나가서 죽으면 어떡할 건가. 수족관돌고래가 바다에 나가서 살 수 있다고 감히 말할 수 있는 사람은 없었다.

그런 상식에 반기를 든 건 고래연구소의 김현우였다. 2011년 11월 남방큰돌고래 야생조사를 마치고 호프집에서 나오면서 그가 말했다.

"수족관에 있던 남방큰돌고래를 되돌려 보낼 수 있어요. 그거 무슨 대단한 일 아니에요."

며칠 뒤 그가 논문을 보내왔다. 〈큰돌고래 두 마리의 실험적 야생방사*Experimental Return to the Wild of Two Bottlenose Dolphins*〉라는 논문이었다. 논문의 내용은 1988년 미국 플로리다 탬파베이에서 실험용으로 잡힌 큰돌고래 에코와 미샤에 관한 이야기였다. 과학자들은 두 돌고래를 2년 동안 수족관에 수용했다가 다시 바다에 방사했다. 한때 야생생활이 차단된 돌고래가 야생에 적응할 수 있는지를 보는 실험이었다. 두 돌고래는 등지느러미에 VHF 라디오 수신기를 달고 바다로 나아갔다.

결과는 성공적이었다. 방사 직후 길을 잃고 해안가에 좌초됐지만, 곧바로 구조해 다시 풀어주자 이내 활발하게 헤엄쳤다. 5년 동안의 집중적인 모니터링 기간, 두 돌고래는 야생 돌고래 무리에 합류해 함께 놀

고 있는 게 관찰됐다(Wells et al., 1998; Howard, 2009).[3]

한 줄기 빛이 다가왔다. 그렇다면 퍼시픽랜드와 서울대공원에서 공연 중인 남방돌고래들도 풀어줄 수 있지 않을까. 제주지법에서 열리는 남방큰돌고래 재판에서도 몰수형이 논의되고 있었다. 김현우 연구원을 다시 만나 이야기를 듣고 외국의 해양포유류학자들에게도 자문을 받아보면 야생방사 성공 가능성을 가늠할 수 있을 것 같았다. 특집 기사를 쓰기로 결정했다. 마침 〈한겨레〉는 '토요판'이라는 이름으로 매주 토요일치 신문을 새로운 형식으로 선보이면서 심층 취재기사를 싣기 시작했다. 토요판의 고경태 에디터는 다음 달에 1면 커버스토리로 쓰자고 제안했다. 일간지 1면에 돌고래 이야기를 쓰는 건 파격이었다. 내부의 반대가 있을지도 모르겠지만, 일단 취재에 들어갔다. 더는 미룰 수 없었다.

울산에서 동쪽 해안가로 향해 가면 1980년대의 정취를 불러오는 읍내의 시가지를 통과한다. 먼지 낀 보도, 잿빛 시멘트 담장 그리고 녹슨 컨테이너 박스가 산성처럼 둘러싼 도로에서 빠져나오면 시선이 확 트이는데, 일제 시대부터 1980년대까지 최대 포경항구였던 장생포다.

1986년 '상업포경 모라토리엄'으로 포경이 중단된 지 20여 년. 울산 장생포는 '고래 관광단지'로 부활했다. 울산 남구청이 지은 국내 유일의 '고래박물관' 건너편에는 역시 같은 관공서가 운영하는 '고래생태

▼

3 미샤는 2006년 사체로 발견되기까지 지속적으로 관찰됐다(Basso-Hull K., 2015). 심지어 에코는 돌고래 연구팀에 의해 덕Duck이라는 이름의 개체를 비롯해 여러 돌고래와 함께 목격됐고 2015년까지도 관찰 보고서가 나왔다.

체험관'이 있다. 그 중간에는 귀신고래를 본뜬 거대한 플라스틱 모델이 바다에서 육지 쪽으로 '공중에서' 날아가고 있고, 포경선 제6진양호가 뒤쫓고 있다. 나는 이곳에 올 때마다 둘의 위치가 잘못됐다는 생각이 들었는데, 귀신고래가 하늘을 비행하는 건 그렇다 치고, 그 방향이 왜 바다에서 육지 쪽으로 도망치고 있느냐는 것이다. 방향을 잘못 잡아 육지 쪽으로 도망치다 비행하기 시작한 건가. 바로 옆 고래생태체험관에는 산 고래가 산다. 일본 다이지의 야생 바다에서 잡혀 대한해협을 건너온 큰돌고래들이다.

고래생태체험관의 일본 큰돌고래들에게는 미안하지만, 나는 그들이 아닌 제주의 남방큰돌고래를 고향에 돌려보내줄 생각으로 이곳에 왔다. 귀신고래가 바라보이는 위치에 2층짜리 단출한 고래연구소 건물이 있다.

울산에 내려가는 길, 머릿속은 복잡했다. 지난가을 김현우가 큰돌고래의 야생방사 논문을 나에게 읽어보라며 건넸지만, 공무원 신분인 그가 과연 공개적으로 퍼시픽랜드에서 재판 중인 남방큰돌고래의 야생방사를 주장할 수 있을지는 확신이 서지 않았다. 공무원은 보수적이다. 사건이 일어나면 해결하려고 하지, 일부러 사건을 만들려고 하지 않는다. 남방큰돌고래의 야생방사는 사건을 만드는 일이다. 국내에선 한 번도 공식적인 야생방사가 이뤄진 적이 없었다. 야생방사 '사건' 뒤 실패의 책임도 져야 한다. 이런 부담 때문에 공무원이 야생방사를 대놓고 주장하기란 쉽지 않다. 멀리 지방 출장까지 와서 '원하는 그림'의 인터뷰를 해가지 못하면 어떡하나. 나의 소심한 기우가 울산으로 내려가는 열차 안을 채우고 있었다.

2012년 2월의 어느 날, 어쨌든 나는 장생포의 고래연구소 앞에 서 있었다. 김현우는 나를 반갑게 맞아주었고, 남방큰돌고래 뼈를 보여준다며 창고로 데려갔다. 나는 먼지 낀 뼈다귀 따위엔 관심이 없었다. 남방큰돌고래 두개골을 든 그의 사진을 찍고 인터뷰를 시작했다. 다행이었다. 그는 모슬포 호프집에서의 결연한 태도를 잃지 않고 있었다.

"방사 이전에 야생적응 과정만 거치면 충분해요. 제주 앞바다에 가두리를 설치해 한두 달 정도 적응훈련을 시키고 내보내면 됩니다. 가장 중요한 게 산 생선을 쫓던 사냥 능력을 재활시키는 거예요. 수족관에서야 죽은 생선을 받아먹었지만, 가두리에선 산 생선을 줘야지요. 차가운 바닷물에 적응하는 법도 익혀야 하고요."

그의 말을 받아치던 내 손가락에 힘이 들어갔다. 쾌재를 불렀다. 좁은 수족관을 뱅뱅 돌던 남방큰돌고래에게 살포시 서광이 비치는 듯했다.

"그 논문 읽으셨죠? 돌고래 에코와 미샤. 그놈들도 수족관에서 2년 생활하고 풀려난 거잖아요."

"2년 이상 갇혀 있었던 돌고래들은 야생방사 뒤에 위험할까요?"

"글쎄요. 그 이상도 되겠지만, 어쨌든 연구 사례가 그것밖에 없으니까. 학자 입장에선 최대한 보수적으로 이야기해야 하니까요. 일단 미샤와 에코는 그랬다는 말이죠."

그의 말은 신중했지만 2년 이상 감금 개체에 대해서도 야생방사의 성공 가능성을 열어놓고 있었다. 요약하자면, 과거 야생에서 살아본 경험이 있는 돌고래들은 일정한 프로그램을 통해 야생 생활 능력을 갖추면 바다에 나갈 수 있다는 얘기였다. 야생방사 프로그램은 일종의 '재활병원'이었다. 우리가 교통사고 같은 재난을 겪고 망가진 신체와 정신을 꾸준한 재활치료를 통해 정상으로 되돌리듯이, 돌고래도 평생 바다에서 살아온 몸이 육지에 처박히며 받은 정신석 충격, 좁은 수속관 생활로 고장난 신체를 되돌리는 시간과 작업이 필요했다.

사실 고래연구소는 몇 년 전부터 제주 남방큰돌고래가 불법적으로 포획돼 퍼시픽랜드로 흘러들고 있다는 사실을 인지하고 있었다. 김현우의 연구로 남방큰돌고래는 114마리밖에 남지 않은 멸종위기 상태라는 것을 확인한 뒤로는 제주 어민을 상대로 설명회를 열기도 했다. 설명회의 요지는 간단했다. "돌고래가 그물에 걸리면 팔아넘기지 마시고 해양경찰청에 신고하세요." 직간접적으로 '당신들의 행위가 불법'이라는 의견도 퍼시픽랜드에 전달했다. 2012년 2월 제주에서 열린 한 해양포유류 심포지엄의 고래연구소 발제문에서는 남방큰돌고래 멸종위기의 해결 방법으로 "생포된 개체에 대한 방류 노력"을 짧게나마 제시하기도 했다(김현우, 2012). 그러나 고래연구소는 거기서 더 나아가질 않고 있었다. 야생방사는 그때까지만 해도 발표자료의 한 줄을 채우기 위한 글자 덩어리에 가까웠다. 고래연구소가 야생방사 절차를 연구하거나 조사한 적은 없었다.

김현우의 인터뷰를 마친 나는 천군만마를 얻은 듯했다. 그의 인터뷰가 세상에 알려짐으로써 레토릭에 가까웠던 야생방사는 현실성을 갖춘 논리로 기능할 수 있었다. 30대의 젊은 연구원 김현우가 이 정도로 '세게' 이야기한 것은 그로서도 최선을 다한 것이라고 나는 생각했다. 그러나 과연 우리나라 과학자들이 체계적인 야생방사 프로그램을 성사시킬 수 있을지 의문이 갔다. 야생방사는 '아이디어'만으로 되지 않는다. 우리나라에서 고래를 전문적으로 연구하는 과학자는 다섯 손가락으로 꼽을 만큼 적고, 당시 내가 알던 남방큰돌고래 연구자는 김현우가 거의 유일했다. 그나마 그도 얼마 전까지는 '귀신고래'에 미친 사람이 아니던가. 과학자 두어 명이 더 필요했다. 나는 미국 휴메인소사이어티Humane Society US의 수석과학자 나오미 로즈Naomi Rose와 세계적인 범고래 권위자 폴 스퐁Paul Spong 박사에게 이메일을 보냈다. 영화 〈프리 윌리〉로 알려진 범고래 '케이코'의 야생방사 작업에 참여한 나오미 로즈는 국제포경위원회 과학위원회에서 활동하는 해양포유류학자였다. 폴 스퐁은 그린피스에서 고래보호운동을 이끈 전설적인 인물로, 캐나다 브리티시컬럼비아 주 연안의 범고래 구조와 방사에 관한 전문가였다. 그런 그들에게 연락을 취해 한국의 상황을 소개하고 야생방사가 가능한지 의견을 달라고 했다.

김현우와 헤어지고 나서 열차 시간이 남은 나는 바로 앞 고래생태체험관에 가서 돌고래를 구경했다. 고래생태체험관은 당시만 해도 우리나라에서 가장 최신식으로 지어진 돌고래수족관이었다. 울산 남구청이 일본 다이지에서 큰돌고래를 수입해 운영한다. 들어가자마자 '쿵, 쿵' 하는 소리가 건물 전체를 울렸다. 얼마간 잠잠해진 소리는 돌고래 공연이 끝나고 나서 두어 번 더 크게 울렸다. 큰돌고래 한 마리가 두꺼운 방수창에 자신의 머리를 들이받고 있었다. 둥근 방수창 바깥쪽에 서서 그가 오기를 기다렸다. 돌고래가 다가온 이유는 나를 보기 위해서가 아니었다. 그는 동작을 멈추거나 두리번거리지 않고 계속 돌진해 머리를 찧었다. 쿵, 쿵, 쿵. 수족관에 갇힌 돌고래가 자신을 해치며 무료함을 달래는 전형적인 정형행동이었다.

씁쓸한 마음으로 수족관을 나오는데 휴대전화가 울렸다. 동물보호단체인 동물자유연대의 조희경 대표였다. 수화기 너머로 단호한 그녀의 목소리가 들렸다.

"우리 단체도 돌고래 야생방사 한번 해볼게요."

조희경 동물자유연대 대표와 남방큰돌고래 이야기를 처음 나눈 건 2012년 1월 시골의 비포장길을 달리던 신문사 차 안에서였다. 나와 조희경 대표는 양계장을 찾아 경기도 산골을 뒤지고 있었다. 공장식 양계장에 사는 산란계의 열악한 동물복지 현실을 취재하고 있었고, 조희경 대표는 자신이 조사했던 양계장이 몇 군데 있다며 우리를 인도했다. 그런데 가도 가도 산란계 양계장은 나오지 않았다. 신문사 차량을 운전해주시는 '형님'의 눈치가 보였다. 조희경 대표의 얼굴이 회색빛이 되어갔다. 어느 정도 포기할 즈음이었던 것 같다. 덜컹거리는 뒷좌석에서 내가 재판 중인 남방큰돌래에 대해 무언가 해야 하지 않겠느냐고 말을 건넸다. 땀을 삐질삐질 흘리던 조희경이 말했다.

"아, 우리 단체도 지난해 7월에 성명을 한 장 내긴 했지요. 이제 동물단체도 전시동물 문제를 제기해야 하는데…"

조희경은 우리나라 동물보호운동가 1세대다. 말하자면 그녀의 삶을 따라가면 짧은 기간 괄목할 만한 성장을 이룬 한국 동물보호운동의 역사가 나온다. 1세대를 잉태시킨 우물은 PC통신 하이텔의 '애완동물동호회'였다. 개와 고양이 등 애완동물을 좋아하는 사람들이 모였다가 동물착취의 비정한 현실에 눈을 떠 자생적인 운동가가 되었다. 조희경도 그중 한 사람이었다. 애초 조그마한 건설 관련 회사를 운영하는 '여사장님'이었던 그는 운동가가 된 몇몇 회원들을 돕다가 아예 조직을 꾸리는 데 참여했다. '동물학대방지연합'이라는 단체에서 운동 방향에 대한 이견이 생기면서 '동물자유연대'로 독립했고 그 뒤 이 단체의 대표를 맡으면서 동물자유연대를 한국의 대표적인 동물보호단체로 키웠다.

그녀에게는 동물운동의 지평을 넓히는 통찰력이 있었다. 과거에는 동물단체가 대개 개고기 반대운동을 하는 단체로만 알려져 있었다. 주요 활동도 개, 고양이 등 인간과 친숙한 반려동물을 구조하는 일에 머물러 있었다. 그런 상황에서 동물자유연대가 2007년 국내 최초로 동물복지적 관점에서 돼지의 일생을 다루며 내놓은 농장동물 실태조사 보고서는 동물보호운동의 한 단계 도약을 의미하는 것이었다. 동물자유연대는 그 뒤 농장동물, 실험동물, 야생동물 등으로 동물보호의 영역을 넓혀왔다. 동물보호운동이 동물을 좋아하는 사람들의 호사 취미가 아닌, 동물을 인간과 같은 생명체로 규정하고 이들의 생명권을 요구한다는 점에서 철학과 가치를 가진 보편적인 사회운동으로서 성장하게 된 것이다.

동물단체는 이제 정부와 국회에 압력을 행사하는 방식으로 정책 결정에 참여한다. 2010년대의 동물보호단체는 30년 이상의 역사를 지닌 환경단체보다 더 활기차게 움직인다. 동물자유연대도 회비를 내는 진성회원이 여느 메이저 시민단체 못지않게 되었다. 불과 10여 년 만에 일어난 변화다. 거기에 조희경이 서 있었다.

돌고래 퍼즐

그러나 우리는 아는 게 아무것도 없었다. 어떤 돌고래가 언제 잡혀왔는지, 수족관에 얼마나 살았는지조차 몰랐다. 퍼시픽랜드는 물론 서울대공원에서 돌고래쇼를 하는 돌고래의 이름조차 몰랐다. 야생방사를 주장하려면 돌고래의 포획일에 대해 알아야 했다. 오래전에 잡혔다면 그만큼 야생방사 성공 가능성이 줄어들기 때문이다.

남방큰돌고래 재판을 지휘하는 제주지방검찰청의 차장검사를 찾아갔다. 차장검사실은 긴 소파, 난초가 일렬로 서 있는 넓은 방이었다. 서울에 있다가 지방에 내려와서 좀 한가해지셨겠다는 나의 인사에 "아이고, 무슨" 하면서 그는 고개를 가로저었다.

"강정마을 있잖아요. 해군기지 반대투쟁 때문에 우리도 바쁩니다."

나는 돌고래 포획일을 알고 싶다고 했다. 그가 담당 검사의 내선 전화번호를 눌렀다.

"여보세요. 거기 돌고래 사건 있잖아. 걔네들이 포획된 날짜가 어떻게 되나? 음, 그래. 응, 응, 2009년에서 2010년 사이에 잡힌 애들이라 이거지? 응, 응."

전화를 끊더니 그가 말했다.

"범죄일람표 보고 이야기해준대요. 이거 사건 기사로 나가는 거 아니니까 취재원 보호해주셔야 합니다."

모두 2009~2010년 사이에 잡힌 돌고래들이었다. 그러니까 수족관에 들어온 지 짧게는 1년 반 된 돌고래부터 길게는 3년이 다 되어가는 돌고래도 있었다.

재판정에서 담당 검사는 몰수형을 이야기했지만, 차장검사는 신중하게 입장을 후퇴시켰다. 그의 논리는 이랬다. 남방큰돌고래는 장물이 아니라는 것이다. 일반적으로 장물은 재산, 즉 어떤 사람의 사적 소유물을 훔쳐온 것인데, 남방큰돌고래는 그런 종류의 재산이 아니었다. 워낙 특이한 사안이라 법 적용이 간단치 않다고 그가 말했다.

"장물은 아니더라도 어쨌든 범죄행위로 인하여 취득한 물건이라서 몰수의 대상이 될 수 있을 거 같긴 한데… 그런데 이게 살아 있는 생명체라는 거예요. 이렇게 한번 보십시오. 우리가 사람 몰수하는 거 봤습니까?"

"그럼 몰수형을 구형하지 않겠다는 건가요?"

"재판 결과를 보고, 좀 스터디를 해야 해요. 재판 과정에서 얘를 돌려보내는 게 낫겠느냐, 아닌가, 이런 얘기가 나올 테니까, 그걸 보고 구형을 해야지요. 지금 생각하기엔 몰수하는 게 맞을 거 같긴 한데, 혹시라도 몰수했다가 방사해서 폐사하면 검찰이 오히려…"

"무책임하게 비칠 수 있겠군요."

"결국 검사가 구형하고 판사가 결정하는 건데, 우리도 포커스는 그거예요. 잘못했으니까 기소한 거고. 검사는 세게 하고 변호사는 말리고 판사가 중간에서 판단하는 게 법조 삼륜의 일인데, 이게 과연 야생방사 가능하냐… 아시면 알려주세요."

나는 남방큰돌고래를 그냥 바다에 던지는 게 아니라 가두리를 만들어 야생적응 훈련을 시킨 뒤 돌려보내는 것이라고 말해주었다. 비용 부담은 누가 하느냐고 묻더니 그는 스스로 대답했다.

"그게 문제지요. 법적인 사각지대라고 해야 하나. 포획 자체와 양도받은 건 처벌 대상이기 때문에 처벌하는데, 그렇다고 벌금감은 아니고. 돌고래 몰수하면서 (돌고래를) 교육시켜서 달라, 법적으로 이런 권한은 없고… 일반 물건이 아니라 살아 있는 생명체니까 이런 문제가 생기는군요."

취재는 쉽지 않았다. 퍼시픽랜드는 접근이 잘 안 되었으며, 검찰은 피의사실 공표를 이유로 구체적인 범죄 과정을 알려주지 않았다. 피상적인 그림은 그려졌지만, 구체적인 묘사는 할 수 없었다.

우선 몰수 대상 돌고래가 누구인지 몰랐다. 돌고래가 언제 어디에서 잡혔으며 어떤 훈련을 받고 쇼돌고래가 되었는지 여전히 공백으로 남아 있었다. 동물원에서 우리는 동물을 '종'으로만 부를 뿐(이를테면 호랑이, 코끼리, 사자 그리고 남방큰돌고래) 각각의 그들 이름과 개개의 구체적인 삶에는 관심을 기울이지 않는다. 남방큰돌고래 사건에서도 마찬가지였다. 이 사건을 둘러싼 여러 관계자들(수족관 운영업자, 경찰, 검사 등)에게 듣는 사실과 이야기는 '집단적 종'의 이름으로 축소되었으며, 한 마리 한 마리의 구체적이고 다양한 삶과 사건은 호명되지 않았다. 서울대공원의 남방큰돌고래에 관해서도 퍼시픽랜드가 가져온 불법포획 돌고래 열한 마리 가운데 한 마리가 바다사자와 맞교환되어 이송됐다는 사실 말고는 알려진 게 없었다.

퍼즐 조각을 맞출 수밖에 없었다. 차장검사가 불러준 야생 포획일과 고래연구소의 자료를 비교, 대조해가며 하나씩 맞추어갔다. 검찰이 몰수 대상으로 지목한 돌고래는 D-31과 복순, 춘삼, 태산, 해순, D-36, 땡이, D-38(삼팔이), D-39, D-40, D-41 등 열한 마리였다. 이 가운데 D-36과 땡이, D-39, D-40, D-41 등 다섯 마리는 이미 죽어 있었다. 남은 돌고래는 여섯 마리였다. D-31은 서울대공원으로 갔고, 복순, 춘삼, 태산, 해순, D-38 등 다섯 마리는 퍼시픽랜드에 살고 있었다.

▶2012년 2월 서울대공원 해양관에서 제돌이는 훌라후프를 돌리고 있었다. 그때까지만 해도 제돌이의 이름을 아는 사람은 사육사들밖에 없었다. 눈 위에 긁힌 자국이 있는 돌고래(아래쪽)가 제돌이다. ©〈한겨레〉 강재훈

고래연구소의 김현우와 연락하면서 이들 가운데 과거 야생에서 발견된 것이 있는지를 확인했다. 김현우는 2009년 퍼시픽랜드에 가서 등지느러미 사진을 찍어온 적이 있다. 그 사진과 야생에서 찍은 사진 카탈로그와 비교했다. 제주에서 21번째로 발견된 제주 남방큰돌고래 JBD021은 지금 퍼시픽랜드에서 공연 중인 춘삼이였다. JBD078은 해순이, JBD020은 태산이, JBD009는 D-31이었다. 이들은 2007~2008년에 야생 바다에서 돌아다닐 적, 김현우의 카메라에 포착됐던 것이다. 한쪽에선 매년 네 차례씩 바다에서 식별번호를 붙이면서 관찰하고 있는데, 다른 쪽에선 그물에 걸린 걸 잡아다 공연장으로 끌고 간 것이다. 멸종위기종 야생 개체로 모니터링 받는 '귀한 대접'을 받다가 잡혀와 돌고래쇼에 동원된 기구한 운명.

특히 D-31, 즉 JBD009가 마음에 걸렸다. 검찰 공소장의 범죄일람표에 따르면, 2009년 5월 1일 복순이와 함께 그물에 걸려 퍼시픽랜드에 두 달 동안 있다가 서울대공원으로 이송된 돌고래. 가장 많은 대중에게 쇼를 보여주었을 돌고래. 나는 이 같은 사실을 모른 채 사람들에게 친숙한 이미지로 포장돼 전시됐을 서울대공원의 남방큰돌고래 JBD009를 보고 싶었다.

애초 서울대공원은 취재 협조에 소극적이었다. 수화기 너머의 목소리에는 곤란함이 묻어 있었다.

"아시잖아요. 이게 좀 민감한 사안이라서요."

검찰은 서울대공원 돌고래 JBD009에 대해서는 몰수형을 검토하지 않고 있었다. 이미 거래가 완료됐기 때문에 몰수하면 서울대공원이 피해를 볼 수 있다는 논리에서였다.

그러나 서울대공원은 예전부터 이들이 제주 야생바다에서 잡혀온 개체라는 점을 알고 있었다. 이번 사건에서는 일단 법적 책임을 면할 수 있을 것으로 보였지만, 만약 JBD009에 관한 이야기가 보도되면 남방큰돌고래 불법포획 사건에 대한 관심이 서울대공원으로 옮겨붙으리라고 서울대공원은 생각했다. 서울대공원은 관심이 불편했다. 며칠 뒤 서울대공원에서 연락이 왔다. 공연 중인 돌고래 취재에 협조하겠으니 민감한 내용에 대해선 잘 부탁드린다고 했다.

JBD009, D-31, 제돌이

돌고래쇼가 열리는 서울대공원 해양관은 한겨울인데도 빈자리가 드문드문했다. 대부분 아이를 데려온 엄마들, 어린이집 원생들이었다. 200명은 되어 보였다. 즐거운 왁자지껄 소리가 소독약 냄새나는 공연장을 윙윙 울렸다. 무대에 선 사육사가 "따라 해보세요" 하니까 돌고래를 부르는 아이들의 함성이 공연장을 울렸다.

"돌고래 나와라."

무대 좌우에서 돌고래 다섯 마리가 튀어나왔다. 연달아 퐁당퐁당 점프를 하더니 무대 앞으로 헤엄쳐갔다. 일렬로 서서 고개를 내밀고 사육사의 지시를 기다렸다. 조련사들이 돌고래의 입에 죽은 생선을 던져주었다. 이번 공연의 첫 식사다.

수컷 5총사였다. 공연은 정해진 순서에 따라 쉴 틈 없이 진행됐다. 돌고래들은 차례차례 배영을 하고 공을 던지고 꼬리로 서서 물 위를 걸었다. 동작과 동작 사이에 돌고래들은 무대로 다가와 생선을 받아먹었다. 사육사가 〈남행열차〉를 부르라고 했다. 전혀 상관이 없는 '끼릭끼릭'

소리를 돌고래들이 냈고, 아이들은 자지러지게 웃었다.

맨 마지막엔 훌라후프를 돌렸다. 부리에 훌라후프를 걸고 몸을 곧추 세웠다. 마지막 인사를 하면서 공연의 막이 내렸다. 일렬로 선 돌고래들이 수중발레 선수처럼 머리를 물속에 처박고 꼬리로 까닥까닥 세 번 인사를 했다. 한 마리는 세 번 인사를 하지 못하고 물 밖으로 나왔다. 일제히 무대로 달려가 생선을 달라 했다. 세 번 까닥까닥 인사를 하지 않은 돌고래에게 생선은 없었다.

공연이 끝나고 사육사들이 근무하는 사무실로 찾아갔다. 넓은 창으로 돌고래들이 공연이 없을 때 대기하는 내실의 보조 수조가 보이는 좁은 사무실이었다. 화이트보드에는 돌고래 다섯 마리의 서울대공원 반입일과 그날의 사료 투여량이 적혀 있었다. 돌고래들의 일과시간도 눈에 띄었다. 9:30 훈련, 11:00 훈련, 13:00 공연, 15:00 공연, 16:30 공연, 17:30 공연.

박창희 사육사가 맞아주었다. 암컷이냐 수컷이냐. 모두 수컷이다. 돌고래의 나이를 어떻게 아느냐. 이빨과 피부 색깔로 추정한다. 질문과 답변을 주고받았다. 아까부터 묻고 싶은 얘기가 있었다.

"돌고래들이 어디서 왔죠?"

"말씀드리기 애매한 부분이 좀 있어요."

잠깐 뜸을 들였다. 그러나 그는 굳이 숨길 필요 없다는 듯 다시 말을 이어갔다.

"태지와 태양이는 일본에서 왔어요. 나머지 애들은 제주도에서 왔어요."

"금등이, 대포, 제돌이요?"

“네. 그렇죠. 금둥이는 가장 오래됐지요. 1999년에 왔으니까 13년 됐네요. 대포는 2002년에 들어왔고, 제돌이는 2009년에 왔어요. 금둥이, 대포는 이름이 붙어 들어왔고, 제돌이는 우리가 이름을 붙였어요. 제주도에서 와서 제돌이죠.”

2009년 7월 퍼시픽랜드에서 이송된 돌고래 제돌이였다. 아까 공연이 끝날 때 인사를 제대로 못 해 생선을 받지 못했던 돌고래였다. 부리 끝이 살짝 벗겨진 비취색 유선형의 몸. JBD009는 서울대공원에 있었다.

6장

제돌이의 운명

바다에서 잡혀온 돌고래가 처음 배우는 게 죽은 생선을 먹는 거다.
그러나 본능적으로 할 수 있는 행동은 못 된다.
돌고래가 청소동물은 아니지 않은가.
꽤 오랜 시간 뒤 배고픔을 참지 못한 돌고래는
결국 죽은 생선을 먹는 법을 배운다.

–리처드 오배리, 《돌고래 미소의 뒤에서》 중에서

"얘가 제돌이예요."

열심히 훌라후프를 돌렸지만, 마지막 인사를 하지 않고 퇴장해 생선 한 마리를 놓친 제돌이는 수족관 내실로 들어와 좁은 수조를 조용히 맴돌고 있었다. 제돌이는 여느 돌고래와 다르지 않았다. 남색도 청색도 아닌 돌고래 빛의 윤기 나는 피부, 날렵하게 빠진 몸통. 부리 끝은 딱지처럼 살짝 벗겨져 있었다. 나중에도 이 상처로 제돌이를 쉽게 구분할 수 있었다. 물가로 다가온 제돌이가 부리를 내놓고 낯선 인간을 바라봤다. 눈망울이 초롱초롱 빛났다. 무언가 말을 거는 듯했다. 슬픔과 호기심이 교차하는 듯한 표정. 제돌이와 처음 만난 순간이었다.

제돌이는 얼마 전만 해도 한라산 아래를 헤엄치는 돌고래였다. 제주도 남방큰돌고래 100여 마리의 집단에 소속돼 친구들과 무리를 이루어 제주 바다 곳곳을 헤엄쳐 다니는 '소년 돌고래'였다.

2007년 11월 4일, 제주 앞바다를 한참 헤엄치고 있는데, 작은 배가 하나 다가와 제돌이의 무리를 쫓았다. 호기심에 한두 번 둘러보고 떠나버리는 고깃배와 달랐다. 타다닥타다닥. 제돌이가 숨을 쉬기 위해 수면 위로 솟구칠 때마다, 소년 돌고래의 귀에서는 카메라 조리개 여닫히는 소리가 터졌다. 작은 배의 선상에서 대포 같은 하얀색 망원렌즈를 들이대고 있는 이는 고래연구소의 김현우였다. 그를 나중에 자주 보게 될지 그때 제돌이는 몰랐지만, 어쨌든 제돌이의 특별한 역사는 가을바람이 제법 찼던 이날 시작됐다. 인간의 눈, 인간의 역사에 제돌이가 처음으로 인식된 순간이었다. 김현우는 제돌이의 식별 번호를 붙였다. 제주도에서 아홉 번째로 발견된 제주 남방큰돌고래.

▲공연을 마친 제돌이가 수족관 내실로 들어왔다. 눈 주변에 긁힌 자국이 있고 부리 끝이 벗겨져 있는 것으로 다른 돌고래와 구분하고는 했다. 맨 아래 제돌이가 있는 위쪽에 있는 두 마리가 역시 제주도에서 불법포획되어 잡혀온 금등이와 대포다. ⓒ〈한겨레〉 강재훈

소년 돌고래들의 불운

한 동물의 역사를 쓴다는 것은 어떤 의미일까. 여기서 동물은 한 종을 뜻하는 게 아니다. 한 개인, 그러니까 개체를 의미하는 것이다. 우리에게 동물의 역사는 대개 전자를 의미했다. 동물은 집합적 '종'으로서 인간에게 존재했지, 자의식, 성격, 태도, 경험을 지닌 '개별적인 개체'로 동물을 다루진 않았다. 우리는 위인의 전기를 쓰고, 민중의 구술사를 써왔지만, 동물은 언제나 개개가 아닌 종이라는 집단으로만 묘사했다.

그래서 제돌이의 역사를 쓰는 건 쉽지 않다. 제돌이에게 직접 이야기를 들을 수 있다면 좋겠지만, 인간과 동물 사이에는 언어적 장벽이 존재한다. 동물을 인터뷰할 수는 없다. '인간이 만든 자료'를 토대로 동물 개체의 역사를 쓸 수 있을 뿐이다. 동물행동학과 같은 학문적 도구를 통해 동물의 행동을 해석하고, 동물을 관찰한 사육사의 증언을 통해 그의 궤적을 좇을 뿐이다. 우리는 동물의 구술사를 쓸 수 없다. 그렇기 때문에 우리는 동물을 알기 위해서는 멀리 우회해야 한다. 자료를 뒤지고 인터뷰를 하고 돌고래가 사는 공간에 가보아야 한다. 눈빛을 교환해야 하고 습관을 확인해야 하고 사료량을 체크해야 한다.

김현우와 마주친 지 1년 반이 흘렀고 제돌이는 아홉 살이 되었다. 2009년 5월 1일, 제돌이는 또래의 돌고래들과 함께 제주 서귀포시 신풍리 앞바다를 헤엄치고 있었다. 김녕과 함덕 등 모래로 이어진 얕은 해변이 성산일출봉을 기점으로 끝나고 약간의 절벽과 바위로 해안가가 이어지는 곳이었다. 생선을 찾기 쉬운 제주 북동부 김녕, 성산 앞바다에서 한참을 내려왔다. 제돌이는 깜짝 놀랐다. 무언가에 들어왔는데 나갈 수 없었다. 그물에 걸린 것이다. 그물의 주인은 이곳에 정치망을 설치한 오아무개 씨였다(제주지법, 2012a). 제돌이가 정신을 차리고 보니 두 살 많은 누나 '복순이'[1]도 함께 걸려들어 있었다. 복순이는 입이 비뚤어진 열한 살 암컷이었다.

그 뒤로는 공포의 시간이 이어졌다. 빠져나가려고 시도했지만, 그물을 넘을 수 없었다. 이렇게 갇혀보기는 처음이었다. 사실 열린 바다에서만 산 그에게는 무엇에 갇힌다는 개념이 없었다. 시간이 얼마나 흘렀는지 모르겠다. 보트 소리가 들렸다. 사람들이었다. 웅성거리는 소리가 들렸고 한 사람이 물로 뛰어들었다. 그물이 조금씩 좁혀지더니 제돌이를 에워쌌다. 신경안정제가 주사됐다. 눈은 안대로 가려졌다. 들것(단카)에 실린 뒤로 기억이 없다.

한참 있다가 눈을 떠보니 낯선 냄새가 엄습했고 처음 보는 풍경이 펼쳐졌다. 물은 퀴퀴했고 창공은 어두웠다. 그때까지만 해도 제돌이는 '끝'이라는 것에 대해 생각해보지 않았다. 바다는 끝이 없었다. 그런데 이곳은 순간순간마다 끝으로 막혔고 그때마다 기겁해서 몸을 돌려야 했다. 바다에서 먼 곳을 향해 음파를 쏘면 그곳의 지형을 파악해 돌아오던 신체기능은 고장나버리고 말았다. 팝콘 기계에서 튀겨지는 팝콘처럼 제돌이의 음파는 벽과 벽을 부딪치다가 잡음이 되어 돌아왔다. 이곳은 막힌 바다, 아니 바다라고 볼 수 없는 전혀 다른 외계의 공간, 그러니까 좁디좁은 감옥이었다. 반송파를 가져와 해석하는 눈이 어두워지

▼
1 복순이의 야생 식별 번호는 JBD023이었다. 고래연구소가 제주도에서 23번째로 발견한 돌고래였다.

고, 반복행동으로 척추의 유연한 근육에 알이 배길 때까지 상황은 바뀌지 않았다. 제돌이가 끌려온 곳은 서귀포 중문의 돌고래공연업체 퍼시픽랜드였다. 복순이와 함께 수족관 콘크리트 수조 안에 갇혔다. 그때부터 제돌이의 삶터는 제주도 연안 418킬로미터의 바다에서 좁은 풀장으로 바뀌었다(남종영·최우리, 2012; 남종영, 2015e). 닷새 뒤 정치망 주인 오씨의 농협 통장에는 1500만 원이 이체됐다. 정치망에 걸려든 두 돌고래를 넘긴 대가였다.

제돌이는 배고팠다. 이 바다는 좁을 뿐만 아니라 먹을거리도 없었다. 가끔 사람이 와서 생선을 던져주었다. 퀴퀴한 냄새가 나는 죽은 생선이었다. 죽은 생선은 한 번도 먹어본 적이 없었다. 원래 제돌이는 유영하는 고등어나 전갱이를 재빨리 낚아채 팔딱팔딱한 질감을 느끼며 삼켰다. 수족관에서 며칠이 지나자 배고픔을 참을 수 없었다. 죽은 생선을 받아들이기로 했다. 복순이는 더 힘들어 보였다(남종영, 2015e).

퍼시픽랜드는 제돌이에게 'D-31'이라는 이름을 붙였다. 제주 앞바다에서 서른한 번째로 가져온 돌고래. 제돌이가 다시 들것에 실린 것은 두 달이 넘어서였다. 7월 20일, 안대가 씌워지고 주사가 놓였다. 이번에 깬 곳은 경기 과천의 서울대공원이었다. 서울대공원의 사육사들은 이 혈기왕성한 소년 돌고래의 이름을 '제돌이'라고 붙였다. 제주에서 온 돌고래, 제돌이.

서울대공원에서는 먼저 잡혀온 금등이와 대포가 쇼를 하고 있었다. 또한 일본 다이지에서 잡혀온 태지와 태양이도 있었다. 금등이와 대포는 서로 곧잘 어울렸고, 태지와 태양이와는 고향이 달라서인지 서먹서먹했다. 금등이와 대포는 남방큰돌고래였고, 태지와 태양이는 큰돌고래였다. 금등이와 대포는 제주, 그러니까 제돌이가 속해 함께 살던 무리에서 왔다. 즉, 제돌이가 끌려온 외계의 세상에는 그의 고향에서 갑자기 사라진 어르신들이 살고 있었던 것이다.

금등이와 대포

대포와 금등이가 제주 앞바다에서 끌려온 건 10년도 훨씬 전의 일이었다. 또래의 수컷 둘이 외계 세상으로 돌아올 수 없는 여행을 떠난 건 제돌이처럼 활달한 소년이었을 때였다.

대포가 대여섯 살쯤이던 1997년이었다. 그해 9월 서귀포 서쪽 대포항 앞바다를 지나가고 있는데, 그물에 걸리고 말았다. 신경안정제를 맞고 깨어보니 퍼시픽랜드였다. 좁은 수족관에는 나이가 많은 마린, 희망, 해미, 차순, 수돌을 비롯해 비슷한 또래의 죠이 등이 있었다(퍼시픽랜드, 2013a). 그동안 제주 앞바다에서 사라진 친척과 이웃들이 여기 있었던 것이다.

같은 또래의 친구 금등이가 잡혀온 건 이듬해 8월이었다. 예닐곱 살 금등이는 한경면 금등리 앞바다에서 그물에 걸렸다고 했다. 또래 친구가 생긴 것도 잠시였다. 어느 날, 서울대공원에서 번식용 수컷 돌고래가 필요하다는 전갈이 왔다. 일본에서 온 큰돌고래 '차순이'의 신랑이 필요하다는 것이었다. 퍼시픽랜드는 후보를 골랐다. 금등이와 비양이 가운데 한 마리를 보내겠다고 했다(장세정, 1998). 비양이는 금등이가 잡혀온 다음 1998년 8월 비양도에서 포획된 돌고래로, 금등이보다 열 살이나 많은 형이었다. 열 살이 채 안 된 금등이와 스무 살이 다 되어가는 비양이. 서울대공원은 나이 어린 금등이를 선택했다. 1999년 3월 18일 금

등이는 서울대공원에 이송된다. 차돌이와 단비에 이어 세 번째로 서울대공원에 간 남방큰돌고래였다.[2]

대포는 네 번째로 서울대공원으로 팔려간 돌고래가 되었다. 아이러니하게도 금등이가 서울대공원으로 간 날과 똑같은 3월 18일, 딱 3년 뒤 2002년이었다. 대포는 새로운 삶터에서 금등이를 다시 만났다(퍼시픽랜드, 2013a).

남방큰돌고래의 높은 지능과 사회성을 고려한다면 금등이와 대포는 외계의 세상에서 두 번이나 재회의 기쁨을 누렸을 것이다. 7년이 흘렀다. 죽은 생선을 받아먹으며 외계인들의 웃음소리를 들으며 이상한 행동을 반복하며 어느덧 스무 살 무렵의 어른으로 성장해 있었다. 거기에 제돌이가 들어온 것이다.

돌고래와 인터뷰할 수 없으니 단언할 수는 없지만, 금등이와 대포는 적어도 제돌이가 자신의 고향에서 왔으리라는 것을 직감했을 것이다. 수족관으로 끌려오기 직전 자신들처럼 어른들의 사랑을 받으며 제주 바다를 뛰놀던 재간둥이였다는 사실도. 락스 냄새 나는 좁은 바다, 돌고래쇼에 이골이 난 피로한 몸, 둘은 문득 자신의 몸을 바라보았다. 제돌이는 갓 고향에서 올라온 소년. 우리 또래의 친구, 그 누구의 아들이었을 제돌이. 그 누구의 젖을 빨았을 제돌이. 그리고 절대 가면 안 되는, 후회해야 늦었지만 자신들도 들어갔던 그곳, 제돌이가 그물에 들어간

▼

2 퍼시픽랜드에서는 '해돌이'라고 불렸으나, 서울대공원에서 '차돌이'로 이름을 바꾸었다. 1995년 이송된 차돌이는 2000년대 초반 숨질 때까지 서울대공원 돌고래 2세대로서 돌고래쇼를 이끌었다. 함께 서울대공원으로 이송된 단비는 돌고래쇼조차 해보지 못하고 얼마 안 돼 숨졌다.

순간을 금등이와 대포는 상상했다.

서울대공원의 돌고래 사육사들은 당시 제돌이를 체구가 작고 잔상처가 많은 돌고래로 기억한다. 퍼시픽랜드에서 이미 죽은 생선을 먹을 수 있는 몸으로 완성되어 서울대공원으로 왔다.

고향에서 제돌이가 왔지만 금등이와 대포는 동요하지 않고 열심히 하던 일을 계속했다. 제돌이를 보자 찬란했던 과거가 뇌리에 스쳐갔지만, 그래봐야 돌아갈 수 없다는 것을 둘은 알고 있었다. 그물에 들어온 순간부터 그들은 돌아가지 못하는 편도여행을 떠난 것이다. 대포와 금등이는 다시 혼신의 힘을 다해 점프를 하고, 우아하게 링을 통과하고, 끼룩끼룩 코믹하게 노래를 불렀다. 제돌이도 고향의 형들을 따라 묘기를 배우기 시작했다. 배우지 않으면 퀴퀴하고 구역질 나는 죽은 생선마저 없었다. 살기 위해선 먹어야 했다. 먹기 위해선 배워야 했다.

그해 가을, 제돌이도 처음으로 사람들 앞에 나섰다. 할 줄 아는 동작이 없었지만, 둥근 머리와 웃는 얼굴, 미끈한 몸체만 봐도 사람들은 '와' 하고 소리를 질렀다. 고등어, 전갱이, 도루묵 등 토막 친 냉동생선을 먹을 기회는 하루 다섯 번, 그러니까 공연을 하거나 공연을 위해 훈련할 때뿐이었다. 조련사들은 제돌이가 점프를 하고 노래를 부를 때만 먹이를 줬다. 제돌이는 한 번에 1.5킬로그램씩 하루 7.5킬로그램을 먹었다. 서울대공원에 들어온 지 1년이 지난 2010년 여름, 제돌이는 돌고래쇼에서 보여줘야 하는 모든 동작을 익혔다. 금등이와 대포는 나이가 들어가고 있었다. 제돌이는 돌고래쇼의 주인공이 되어갔다(최우리·남종영, 2012).

돌고래-되기

돌고래가 수족관에서 산다는 것은 고달픈 일이다. 그러나 퍼시픽랜드의 대표는 취재 과정 중 야생방사 의향을 묻는 질문에 "야생방사하면 살겠냐. 몇 년 동안 먹는 게 길들여졌다. 조련사들이 먹이 주러 오면 좋아서 어쩔 줄 모른다"(남종영, 2012e)고 대답했다. 먹이 주니까 좋아할 거라고? 사냥 안 하니 편할 거라고? 동물원 운영자들은 가끔 그렇게 말한다. 그렇지 않다. 당신이 돌고래가 되어보라.

돌고래의 조상은 약 5000만 년 전 테티스Tethys 해 주변에 살던 파키케투스Pakicetus다. 알 수 없는 이유로 이 긴 꼬리와 네 다리를 가진 우제류 조상이 바다로 나아갔다(Gingerich et al., 1983). 진화의 과정에서 네 다리는 퇴화하고 숨구멍은 머리 뒤로 이동했다. 수영장에서 온몸의 힘을 쭉 빼고 수면 위에 떠 있는 당신을 생각해보라. 당신의 코가 목과 등 사이에 붙어 있다. 돌고래는 그곳 '분수공'으로 숨을 쉰다.

이런 신체적 차이는 돌고래에게 육상 포유류와 다른 불편을 야기시켰다. 인간과 대부분의 육상 포유류는 숨을 무의식적으로 쉰다. 뇌 속 수용기들이 혈액 속의 산소량을 측정하여 자동으로 호흡을 조절한다. 그러나 돌고래에게 호흡은 '의식적 작용'에 가깝다. 뇌 속의 수용기가 숨을 쉬어야 할 때라고 명령하면, 돌고래는 자기 몸을 움직여 수면 위로 부상해야 한다. 그제야 분수공으로 '푸'하고 숨을 쉴 수 있다. 돌고래는 최고 15분까지 잠수할 수 있지만, 보통은 1분에 2~4회 수면으로 올라와 숨을 쉰다. 호흡은 돌고래에게 살기 위해 필요한 시시포스의 노동 같다.

따라서 돌고래는 잠을 편히 잘 수도 없다. 인간은 잠을 잘 때 일종의

'오토 파일럿' 기능을 켜고 무의식의 세계에 빠져들지만, 돌고래가 그렇게 했다간 물속으로 가라앉아 질식하고 만다. 가수면 상태에 가깝긴 하지만, 뇌와 몸의 일부 기능은 항상 의식적으로 켜고 있어야 한다(Reiss, 2011). 그리고 물결을 타고 끊임없이 움직인다. 한 연구에 의하면 큰돌고래는 최대 300킬로미터의 서식 영역을 갖는다. 20일 동안 최고 1076킬로미터를 헤엄친 기록도 있다(WDC et al., 2015). 남방큰돌고래도 하루 수십 킬로미터를 헤엄친다. 평균 이동속도는 시속 1.5~4킬로미터, 최대 속도는 시속 16~19킬로미터다(Wang and Yang, 2009). 돌고래의 근육은 이런 긴 이동 거리와 활동량에 맞게 진화했다. 좁은 장소에 가두는 건 돌고래에게 형벌이다.

무엇보다 인간과 돌고래의 가장 큰 차이는 세계를 감각하는 방식이

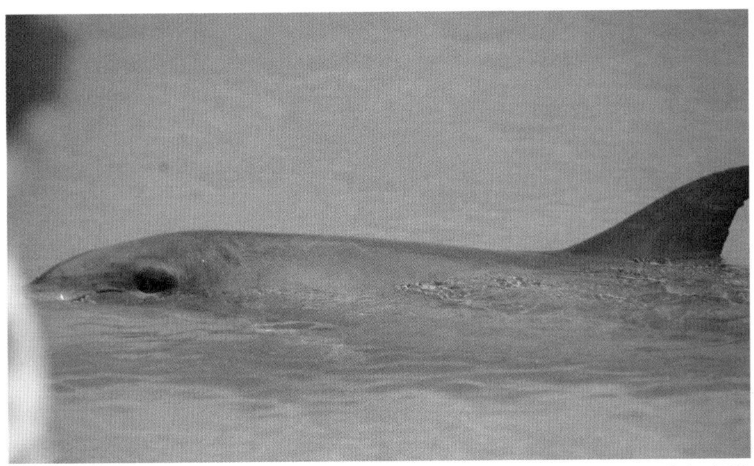

▲오스트레일리아 몽키마이어에서는 먹이주기 프로그램을 하는데, 이때 남방큰돌고래가 사람을 찾아온다. 돌고래로서는 불편한 자세임에 틀림없지만 돌고래는 비스듬히 누워 사람을 바라본다. 2015년 10월. ©남종영

다. 돌고래는 인간과 비슷한 정도의 시각 능력을 갖추고 있다. 오스트레일리아의 몽키마이어Monkey Mia를 갔을 때, 한 돌고래가 수면 위에 몸을 비스듬히 누인 뒤 한쪽 눈으로 나를 쳐다본 적이 있다. 돌고래의 눈은 좌우에 달려 있기 때문에 가까이 있는 수상의 물체는 이렇게 비스듬하게 누워서 봐야 한다.

어두컴컴한 바닷속에서 시각은 무용지물이다. 그래서 돌고래는 음파를 이용한 감각기관을 발달시켜왔다. 돌고래는 음파를 쏘고 물체에 반사되어 나온 반송파를 이용하여 자기 앞 지형지물의 지도를 그린다.

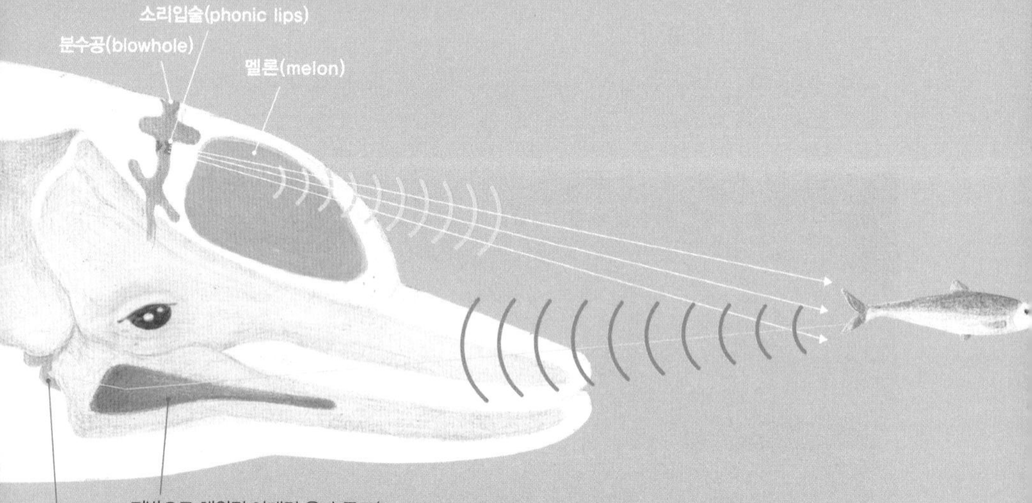

▲반향정위는 돌고래가 어두운 바닷속에서 앞을 보는 수단이다. 박쥐 또한 반향정위를 사용하고, 잠수함도 같은 원리로 위치를 파악한다. 돌고래는 분수공 아래의 소리입술을 움직여 펄스를 만들어 멜론을 통해 앞으로 내보낸다. 다시 되돌아온 음파는 아래턱 쪽으로 수신되어 분석된다.

분수공 밑의 공기주머니와 '멜론'이라는 기관을 통해 음파를 내보낸다. 음파가 물체에 튕겨 다시 돌아오면 아래턱 부근의 뼈에서 이를 수집해 내이로 보내게 된다. 돌고래가 들을 수 있는 음파는 150~15만 헤르츠다. 인간의 가청 영역에 있는 20~2만 헤르츠보다 훨씬 넓은 영역을 커버한다. 1초당 몇 번의 클릭음부터 수천 클릭음까지 음파를 보내고 받아서 분석한다(Reiss, 2011). 인간은 눈으로 보지만 고래는 귀로 본다. 이렇게 고래는 어두운 바닷속에서 밝은 눈을 갖게 되었다.

돌고래는 촉각에도 민감하다. 인간이 악수하고 침팬지가 털을 고르는 것 이상으로, 돌고래는 몸과 몸을 부딪쳐 사회적 관계를 확인한다. 가슴지느러미를 맞대고 서로 몸을 문지른다. 수족관의 사육사들은 손으로 몸을 문질러주면 돌고래가 좋아한다는 걸 알고 있다. 이러한 '페팅'은 사육사와 돌고래 사이의 교감에도 활용된다. 돌고래 인지심리학자 다이애나 라이스는 돌고래가 느끼는 촉감은 인간의 입술이나 손가락에서 느끼는 정도가 비슷하다고 말한다(Reiss, 2011).

인간과 침팬지 같은 영장류와 마찬가지로 돌고래는 복잡한 사회적 관계를 맺는 동물이다. 휘슬음을 이용해 서로 부르는 신호가 있다. 각자의 고유 신호를 서로 모방하면서 배우고, 신호는 돌고래의 이름 역할을 한다(Janik et al., 2006). 최근 연구에 의하면, 큰돌고래의 경우 짧게는 487미터에서 멀게는 20킬로미터 이상까지 휘슬음이 도달한다(Quintana-Rizzo et al., 2006). 휘슬음을 사용한 커뮤니케이션은 아직 알려진 게 많지 않다. 그럼에도 복잡한 사회집단과 이로 인한 사회적 압력이 개체의 인지 능력을 복잡하게 진화시킨 것만은 분명하다. 돌고래는 유인원과 코끼리 등과 함께 거울을 통해 자신을 인식하는 동물 중 하나다. 다이애나 라이스와 로리 마리노가 돌고래 몸에 몰래 표시를 하고 행동을 관찰하는 거울실험을 했는데, 돌고래는 거울 앞에서 표시해둔 곳을 자꾸 비춰봤다(Reiss and Marino, 2001). 타자(거울)의 눈을 통해 자신을 바라보는 것, 과학자들은 이것을 자의식의 증표라고 생각한다. 인간의 아이는 두 살 때쯤에 이런 능력이 형성된다. 침팬지, 고릴라, 오랑우탄 등 유인원과 코끼리 그리고 돌고래가 거울실험에 통과했다. 서오스트레일리아 몽키마이어의 남방큰돌고래는 해면류를 입에 물고 다니며 물고기를 사냥한다(Smolker et al., 1997). 침팬지가 나뭇가지를 이용해 흰개미를 꺼내 먹는 것처럼, 돌고래도 도구를 이용할 줄 아는 동물이다. 도구 사용법은 대대로 전승된다. 그래서 과학자들은 돌고래 집단에서 문화의 전승을 연구하고 있다.

이런 돌고래가 수족관에 갇혀 있다고 생각해보라. 돌고래 보호운동가 리처드 오배리는 수족관돌고래를 작은 호텔 방에 갇혀 룸서비스를 받는 사람에 비유한 적이 있다(심샛별, 2012). 먹을 것을 가져다주니까 편할 거라고? 그러나 그는 끊임없이 바깥 세계를 그리워할 것이다. 심지어 돌고래에게 그 방은 거울로 둘러싸인 방과 같다. 돌고래는 음파를 쏘아 의사소통하고 위치를 파악한다. 그런데 음파가 콘크리트 벽에서 튀겨 나와 감각기관은 혼란을 겪는다. 9500만 년 전 인간과 돌고래는 진화의 생명수에서 다른 가지로 갈라졌다. 그 뒤는 당신이 아는 대로다. 돌고래의 조상은 어떤 이유에서인지 바다로 향했고, 인간은 나무 위에서 내려와 농사를 시작했다. 돌고래는 인간과 다른 신체와 감각기관을 갖고 있다. 1평짜리 독방에 갇힌 인간보다 제돌이는 더욱 고통을 느꼈을 것이다.

7장 

야생방사는 가능하다

자유란 인간에게든 동물에게든 협상의 대상이 아닙니다.
자유를 얻는 일에 어떤 가혹한 대가를 지불해야 하더라도
무조건 성취하는 게 자유입니다.

– 최재천, '제돌이의 성공적인 귀향에 부쳐' 중에서

제주공항에 도착하면 바람이 기다린다. 제주는 바람이 빚은 섬이다. 바람은 젖무덤 같은 오름의 능선을 만들고, 한라산 앞에서 저항하는 폭낭(팽나무)을 노인의 손가락처럼 오그라뜨리고, 해녀가 펼쳐놓은 갯가의 미역을 말린다. 제주의 바람은 영등할망이 주재한다. 영등할망은 제주의 곡선과 풍요를 빚는다. 영등할망의 음덕 없이는 씨도 뿌릴 수 없고 해녀도 잠수할 수 없다. 바람이 불면 돌고래는 사라진다. 실제 사라진 것이 아니라 파도가 높아지기 때문에 우리 눈에서 사라진다. 살포시 솟은 돌고래의 등자락은 거친 파도와 혼재되어 영등할망의 바닷속으로 소멸한다. 영등할망이 허락하지 않으면 우리는 돌고래를 볼 수 없다.

영등할망의 치외법권

그러나 제주의 돌고래수족관 퍼시픽랜드에서는 항상 돌고래를 볼 수

있다. 인간은 영등할망의 주권 아래 있는 돌고래를 잡아다 실내 수족관에 가두어두기 시작했다. 수족관은 자연의 섭리와 바람의 지배가 작동하지 않는, 영등할망의 치외법권 지대다.

퍼시픽랜드는 메인 공연장과 수족관 내실로 구성돼 있다. 뭍에서 제주로 수학여행을 온 학생들과 서해를 건너온 중국 여행객들이 가장 큰 손님이다. 이들 못지않게 많은 가족과 친구, 커플들이 공연장을 채우고 "돌고래, 돌고래"를 외친다.

2월의 퍼시픽랜드는 한산했다. 이런 데 비싼 입장료를 갖다 바치기 싫다고 투덜대는 황현진의 손을 잡고 건물에 들어갔다. 원숭이쇼, 바다사자쇼, 돌고래쇼 등 이른바 '동물공연 3종 세트'가 관람석의 절반 정도를 채운 청중 앞에서 진행되고 있었다. 공연이 열리는 풀장은 가로세로 26.6미터×16미터, 수심 4미터로 농구경기장(26미터×14미터)만 했다. 조련사들은 돌고래의 등을 타고 개선장군처럼 물을 갈랐다. 대포알을 날리듯이 돌고래는 조련사를 공중에 쏘았다. 인간과 돌고래, 이종의 두 동물은 수중에서 몸을 섞으며 한 편의 집체극을 완성했다.

공연이 한창 진행되는 도중 황현진과 나는 공연장에서 빠져나와 두꺼운 철문 앞에 섰다. 그녀를 회심시킨 좁은 내실 풀장이 그 안에 있었다. 문을 열고 발을 디뎠다. 공연장의 윙윙대는 마이크 소리, 찢어지는 노랫소리가 벽을 타고 쿵쾅쿵쾅 울릴 때, 수족관 내실에서는 가벼운 첨벙 소리가 규칙적으로 새어 나오고 있었다.

젖은 시멘트 냄새가 풍겨 나오는 곳에 남방큰돌고래가 있었다. 어느 동네 목욕탕의 냉탕 같은 수조에 돌고래 세 마리가 첨벙거렸다. 가로세로 4~5미터밖에 되지 않아 보였다. 그 좁은 공간에서 첨벙첨벙 소리는 계속 울리고, 돌고래 세 마리가 냉탕을 빙빙 돌다가 다가왔다가 떨어지곤 했다. 수족관에서 돌고래를 만나면 항상 보이는 행동. 인간은 귀여워서 다가가지만, 돌고래는 먹이를 받기 위해 다가온다. 그러나 이 돌고래들은 절도 있게 다가와 잠자코 '스테이셔닝'을 하며 기다리지 않았다. 물가로 다가와 1~2초 부리를 쳐들고 눈을 맞추고는 금세 도망쳤다. 그때 살짝 본 부리는 여느 돌고래와 달랐다. 한 마리는 부리 아래가 왼쪽으로 크게 휘어져 있었다. 맨 처음 내가 다가가자 물가에 서서 기다리고 있던 돌고래는 윗부리가 댕강 잘린 것처럼 아래 부리에 비해 짧았다.

"저 짐을 저기다 두면 어떡해요?"

보수공사를 하고 있는지, 작업복을 입은 사람들이 수족관 내실을 분주히 오고 갔다.

"저, 직원 아니거든요."

직원을 찾지 못하고 나는 수족관 내실을 빠져나왔다. 수족관 내실 옆 사무실에도 사람이 없었다. 두 돌고래가 점프하는 빛바랜 사진만이 한때 잘나가던 시절의 수족관을 웅변하고 있었다. 빨랫줄에 걸어놓은 수건 맞은편에는 '2012년도 경영방침'과 함께 '사육동물 현황표'가 걸려 있었다. 바다사자와 원숭이 이름들 사이로 돌고래의 이름과 사료급여량이 보였다. 비봉이, 똘이, 해순이, 춘삼이, 복순이, 태산이 그리고 아직 이름을 짓지 않은 돌고래 D-38. 이렇게 일곱 마리가 퍼시픽랜드에 살고 있었다. 비봉이, 똘이, 해순이, 춘삼이는 공연에 나가 있었고, 나머지 세 마리는 내실에서 대기 중이었다. 나중에 안 사실이지만, 내실에서 본 돌고래 중에는 대법원의 몰수 판결에도 불구하고 제돌이와 함께 방류

되지 못한 복순이와 태산이가 있었다. 바로 그 비정상적으로 보이던 두 돌고래, 입이 비뚤어진 복순이와 윗부리가 잘린 태산이였다.

전직 돌고래 조련사
"거기 욕조 수준이지요."

과거 퍼시픽랜드에서 일했던 한 직원을 만날 수 있었다. 퍼시픽랜드의 돌고래 조련사들을 수소문했지만, 어렵사리 통화가 되어도 기자라고 신분을 밝히면 이내 입을 닫아버리고 말았다. 처음 만남을 허락해준 이가 그였다. 그는 한 사회단체에서 일하고 있었다. 돌고래 조련사는 아니었지만, 그는 돌고래에 대해서도 잘 알고 있었다. 돌고래는 퍼시픽랜드의 주된 볼거리였다. 돌고래를 들여오는 날에는 직원 상당수가 동원됐다.

그는 정치망에 걸린 돌고래를 퍼시픽랜드로 이송하는 작업에 여러 번 참여한 적이 있었다. 그물에 걸린 돌고래를 가져오는 것은 불법이 아니라고 알고 있었다.

제주 연안에는 수많은 정치망이 쳐져 있다. 퍼시픽랜드는 여기에 걸린 남방큰돌고래를 정치망 주인에게서 사들였다. 정치망은 바다의 함정이다. 정치망은 물고기가 가장 잘 다니는 길목에 설치되고, 물고기를 쫓아다니는 돌고래에게도 함정이 된다. 정치망에 들어온 돌고래는 빠져나가지 못한다. 입구가 뾰족하게 되어 있어서 대개는 갇혀버리고 만다.

돌고래는 허파로 숨을 쉰다. 정치망에 갇힌 돌고래는 수면 위로 분수공을 내밀지 못해 이내 질식해 숨진다. 그러나 제주도의 정치망의 구조는 육지의 정치망과 좀 다르다. 육지 정치망과 달리 수면 위로 개방이 되어 있어서 돌고래가 뛰면서 숨을 쉴 수가 있다. 아이러니한 사실인데, 돌고래가 걸리는 제주의 정치망은 외국에서 돌고래를 야생방사하기 위해 적응시킬 때 사용하는 가두리와 구조가 비슷하다. 이론적으로 물고기가 그물에 계속 걸려준다면 제주의 정치망 안에서 돌고래는 평생을 살 수 있다. 그가 과거의 경험을 풀어놓았다.

"미리 정치망 주인에게 돌고래 들어오면 연락해달라고 얘기를 해두지요. 나도 2001~2002년에 몇 번 잡으러 갔어요. 연락이 오면 통통배를 타고 정치망 근처로 접근하지요. 돌고래가 폴짝폴짝 뛰고 있어요. 직원 몇 명이 다이빙복 입고 정치망 안 바다로 천천히 들어가죠. 그리고 바깥에서부터 그물을 천천히 조이면서 활동 공간을 좁히면서 돌고래를 잡아요. 그렇게 해서 돌고래를 통통배로 올리죠. 단카라고 하죠? 단단한 천이 달린 들것인데, 돌고래 지느러미가 빠져나가도록 좌우에 구멍을 뚫어놨죠."

손짓을 하며 설명하던 그가 갑갑했는지 종이를 가져와 그림을 그리기 시작했다.

"돌고래를 이렇게 단카에 올려놓고, 지느러미는 밑으로 빼고, 큰 수건 같은 거로 등을 덮어줘요. 호흡 구멍은 안 막히게, 눈은 가리고, 계속 물을 뿌려주고, 이렇게 들어서 옮기는 거죠. 단카에 예닐곱 명은 달라붙어야 해요. 그러면 냉동 탑차가 와요. 그 사각으로 생긴, 밖에서 안 보이는 화물차 말입니다. 거기에 단카 채로 돌고래를 싣는 거죠. 눈을 가려놓으면 돌고래가 안 움직여요. 이동 중에도 계속 물 뿌려주고. 그렇게 해서 퍼시픽랜드에 오면 원래 있던 개체들과 다른 욕조에 넣는 거죠."

수족관 내실에 복수의 수조가 필요한 건 이 때문이었다. 신참 돌고래들은 다른 돌고래들에게 따돌림이나 공격을 당할 수 있으므로 분리가 필요한 것이다. 일단 수족관으로 옮겨지면 빨리 물속으로 집어넣는 게 우선이다. 꼬리에 주사기를 꽂아 피를 뽑고, 수조에 신참 돌고래들을 빠뜨린다. 어깨너머로 보고 들은 일이지만 그의 기억은 생생했다. 내가 물었다.

"수족관 내실이 꽤 열악하더라고요. 서울대공원 내실에 비해서 좁고, 깊이도 낮은 거 같고…."

"내부에다가는 절대 돈 안 들여요. 최소한의 시설로 최대한의 돈을 벌겠다, 뭐 이거죠. 보세요. 돌고래쇼는 한 명이 와도 1000명이 와도 해야 하거든요. 그리고 여행사만 잘 잡으면 되니까. 입장료가 1만2000원이면 아마 여행사에서 데려온 손님들은 3000~4000원만 주고 올걸."

"조련사들이 돌고래 잘 대해주나요?"

"어린 것들은 트레이닝시킬 때 풀어놓으면 자연스럽게 따라 해요. 쇼에 투입하기 위해 하기도 하는데, 서울대공원에 팔려고 하는 수익 목적도 있는 거죠. 수송비용까지 하면 1억 원 정도에 판다는 말도 있었어요. (서울대공원까지) 사람이 따라가거든요. 인력비용까지 합쳐서 그 정도 든다고 하던데. 정치망에서 사 올 때는 300만~400만 원 정도거든요. 그러니까 꽤 버는 거죠. 이번 사건 터지기 전부터 그런 얘길 들었어요. 그 당시에 얼마에 파느냐고 물어보니, 1억 원이라고… 어떨 때는 원숭이나 바다사자와 맞교환하기도 했고…."

퍼시픽랜드를 거쳐 서울대공원에 들어간 남방큰돌고래는 제돌이(D-31) 이전에도 몇 마리 있었다. 서울대공원에서 수년째 돌고래쇼를 하고 있는 금등이(D-21), 대포(D-19)를 비롯해 이미 숨진 해돌이(D-7, 서울대공원에서 '차돌이'로 이름이 바뀜), 돌비(D-24), 쾌돌이(D-25) 등 다섯 마리나 된다. 그가 말했다.

"돌고래는 사람을 잘 따라요. 바다사자는 줘어 패지요. 공연 보면 원숭이나 바다사자가 이렇게 머리를 피하잖아요. 맞으니까 피하는 거예요. 돌고래는 먹이로밖에 할 수 없어요. 풀장 한가운데로 도망가면 그만이니까."

거의 포기하고 있었는데, 한 전직 조련사와 어렵게 연락이 됐다. 수화기 너머에서 아기 우는 소리가 들렸다.

"몇 년 전에 퇴직해서 뭍에 올라와서 아기 엄마가 됐네요. 우리 동네 쪽으로 오세요."

그녀는 수도권 인근의 아파트에서 살고 있었다. 아파트 단지의 커피숍에서 그녀를 만났다. 나는 퍼시픽랜드에서 본 돌고래쇼 이야기를 했다.

"엊그제 퍼시픽랜드에 갔더니 기봉이, 춘삼이, 해순이, 똘이가 있던데요."

"그래요? 하나도 몰라요."

"그리고 안에 또 세 마리가 더 있어요."

"돌고래들이 거의 다 바뀐 거 같은데요. 제가 있을 적에는 옹포, 미돌이, 차순이, 비양이를 제가 맡았어요. 근데 해미는 없어요?"

"없는 거 같은데…."

"해미는 참 몸이 약했어요. 투약도 많이 했는데, 옹포 다음으로 많이 했지요. 간장약 '게브랄티'와 '아스코르빈산' 비타민제를 먹이 줄 때 죽은 생선에 끼어줬지요. 돌고래쇼 유지하려면 약을 꼭 줘야 돼요."

그녀는 5년 이상 퍼시픽랜드에서 돌고래 조련사로 근무했다. 제주 앞바다에서 숨을 헐떡이며 단카에 들려오는 야생 돌고래를 그녀 또한 봤고, 수족관에서 새끼를 낳은 돌고래를 돌보는 진귀한 경험도 했다. 불완전한 기억이긴 하지만 그녀는 미돌이가 태어나는 것을 지켜봤고, 이름은 기억 안 나지만 또 한 마리의 출산도 겪었다고 말했다. 아마도 장군이였을 것이다. 2004년 6월, 옹포가 낳은 새끼다(퍼시픽랜드, 2013a).

주목할 점은 불법포획된 돌고래가 서울대공원으로 이송될 때도 퍼시픽랜드뿐만 아니라 일반인들도 아무런 문제의식이 없었다는 것이다. 심지어 텔레비전의 동물 전문 프로그램조차 이송 장면을 방송하기도 했다.

"내가 근무할 때만 해도 서울대공원에 두 번이나 보냈어요. 무슨 무슨 수송대작전이라고 텔레비전에 거창하게 나오기까지 했어요. 근데 차돌이가 잘 있는지 모르겠네. 그때 차순이랑 커플이었는데."

"지금 서울대공원에는 대포, 금등이, 제돌이 세 마리가 있어요."

"아, 대포! 대포도 서울대공원으로 갔어요. 대포 앞바다에서 잡아서 대포라고 이름 지었거든요."

"제돌이는요?"

"음… 제돌이는 모르겠어요."

두 명의 전직 직원을 만나면서 나는 퍼시픽랜드에서 두 가지 중요한

▶퍼시픽랜드는 국내에서 가장 큰 규모의 돌고래 군단을 이끌고 있었다. 제주 야생에서 잡은 남방큰돌고래는 물론 일본 큰돌고래 사이의 잡종 등 여러 마리를 데리고 수중쇼를 했으며, 잉여 개체는 수족관 내실에서 공연 없이 수용하고 있었다. 2012년 2월. ©남종영

사건이 있었음을 알게 되었다. 첫 번째 사건은 〈한겨레〉에 기사를 실은 뒤, EBS의 짧은 다큐멘터리인 〈지식채널e〉의 '어떤 곡예사' 편을 통해 알려졌다. 점프를 하다가 시멘트 바닥 위로 떨어져 죽은 돌고래 사건이었다. 두 직원 모두 그 돌고래의 이름이 무엇이었는지 정확히 기억은 못 했다.[1]

추락 사고

2004년의 어느 날이었다. 그날도 마찬가지로 퍼시픽랜드에서는 돌고래쇼가 열렸다. 그러나 그 어느 때보다 어수선한 쇼가 이어지고 있었다. 마침 돌고래들이 장난질을 시작한 참이었다. 돌고래들은 공연장을 나돌아 다니며 시키지도 않은 점프를 하는가 하면, 대열을 이탈하기 일쑤였다. 돌고래들은 다른 데 정신이 팔려 있었다. 수컷의 성기가 언뜻 비친 것을 보고, 조련사들은 돌고래들이 성적 흥분 상태에 있다는 것을 깨달았다. 돌고래들은 조련사에 의해 통제되지 않았다. 돌고래쇼는 최악을 향해 치닫고 있었다. 어떨 때는 긴 장대로 공연장 한가운데의 수면을 치면서 '정신 차리라'고 하지만, 그렇게 해서도 돌고래들이 쇼에 집중할 것 같지는 않았다.

관중이 보고 있었다. 어쨌든 쇼는 진행해야 했다. 볼 터치 차례였다. 윙, 윙, 윙. 기계음과 함께 천장에서 빨간 공이 내려왔다. 돌고래는 허공을 향해 낙차 큰 포물선을 그리며 뛰어올라, 볼을 터치하고 내려와야

▼

1 사망 연도를 보아 '해미'로 추정된다. 해미는 일본에서 1993년 7월 들여온 암컷 큰돌고래로, 2004년 5월 죽었다.

했다. 꼬리부터 머리까지 돌고래의 몸 전체가 아주 미세한 시간 동안 공중에 떠 있게 된다. 관중들에게 돌고래의 육체를 감상할 기회를 주는 동작. 조련사가 '높은 점프'를 신호했다.

그러나 돌고래들은 흥분해 있었다. 스트레스를 받거나 교미 시기 때에는 점핑도 높아진다. 한 돌고래는 자기가 뛰어야 할 자리보다 훨씬 무대 가까이서 도약을 했다. 보잉747의 몸체가 기수를 올리고 수직이륙을 하는 것처럼 뛰어올랐다. 아뿔싸, 불안한 위치야! 조련사는 직감했다. 이미 둥근 몸체는 허공의 정점에 떠올라 있었다. 아래에는 새로 공연에 합류한 새끼 돌고래가 있었다. 쾅! 돌고래가 떨어진 곳은 무대 쪽 시멘트 바닥이었다. 보잉747 같은 몸체는 공처럼 한번 튀겼다가 쓰러졌다. 관중들은 웅성거렸다. 얼마 안 돼 돌고래의 입에서 빨간 피가 흘러나왔다.

커튼이 내려졌다. 빨간 피가 무대 위를 흐르기 시작했다. 관람객들은 쫓겨나다시피 공연장을 빠져나왔다. 인터뷰를 한 전직 직원은 그때 돌고래쇼를 진행하고 있었다. 그가 탁자를 '톡톡' 치며 말을 이어나갔다.

"생각보다 돌처럼 딱딱한 곳은 아니고 스테이지 맨 끝에 떨어져서… 충격적인 장면이긴 했지만, 그때는 바로 죽을 거라 생각진 않았어요. 살 수 있을 거라 생각했는데… 피를 생각보다 많이 흘리긴 했죠."

돌고래는 즉사했다. 이 사건은 밖에 알려지지 않았다(남종영, 2012b). 목격했던 관중도 상당수 있었지만 운 좋게 언론에도 보도되지 않았다.

또 하나의 사건은 2005년께 일어났다. 희망이는 1992년 제주 김녕 앞바다에서 그물에 걸린 돌고래였다. 해돌이에 이어 두 번째로 퍼시픽랜드가 직접 제주 앞바다에서 잡아 순치한 남방큰돌고래였다. 해가 갈수록 희망이는 돌고래쇼를 따라가지 못했다. 나이는 스무 살이 채 안 되었지만, 자꾸만 쇠약해졌고, 돌고래쇼에 방해만 됐다. 전직 직원들의 말에 따르면 그냥 놔두자니 방해만 되고, 수족관 내실에서 관리할 여력도 없었다고 한다.

2005년 3월 11일. 희망이는 13년 만에 단카 위에 다시 올랐다. 13년 전 영문도 모른 채 올랐던, 구멍이 두 개 나 있는 들것이었다. 지느러미를 양쪽 구멍에 끼우고 헝겊이 덮혀졌다. 화물차에 올랐고 퍼시픽랜드에서 얼마 떨어지지 않은 주상절리로 이송됐다. 통통배로 옮겨져 바다 한가운데로 갔다. 조련사들은 희망이를 바다에 놓았다.

첨벙첨벙. 쇼에 길든 동물이라 떠나지 않을 거로 생각했는데, 꾸역꾸역 앞을 향해 나아갔다. 조련사의 기억에는 몇 번 방향을 바꿔 쳐다본 것 같기도 했다고 한다. 그러나 배를 향해 다시 돌아오진 않았다. 미련 없이 희망이는 떠났다. 13년의 수족관 생활에서 빠져나갔다. 다시 돌아간 고향에서 희망을 찾았을까. 지금도 제주 앞바다를 헤엄치고 있을까.

그녀가 말했다.

"10분 정도 됐나. 희망이가 멀찍이 사라지는 걸 배 위에서 쳐다봤지요. 시야에서 사라지고 나서야 돌아왔으니까. 그때 희망이가 맨 처음 자유롭게 보였어요. 잘 살겠지. 그렇게 생각하고 돌아왔어요. 그 뒤에 돌고래 사체가 떠올랐느니, 그런 말 없었으니까 잘 살고 있겠죠?"

퍼시픽랜드는 스스로 야생방사를 했다. 재판에서 남방큰돌고래가 야생으로 돌아가면 적응하지 못해서 죽을 수 있다고 주장한 것과 달리, 퍼시픽랜드는 희망이 외에도 이보다 10년 전인 1995년에 소망이를 한 해수욕장에 방류했다. 또한 2003년에는 마린이를 화순 앞바다에 방류했다. 퍼시픽랜드가 야생에 방류한 돌고래만 모두 세 마리다(퍼시픽랜드, 2013a).

퍼시픽랜드의 야생방사는 그러나 주먹구구식이었다. 무엇보다 희망이 이전에 방류한 소망이와 마린이는 제주가 고향인 남방큰돌고래가 아니었다. 둘은 일본과 면한 태평양의 대양에서 헤엄치던 큰돌고래였다. 1000킬로미터 떨어진 곳에 그들의 고향이 있었다. 제주가 고향인 희망이는 어렵지 않게 과거의 친구들을 만날 수 있었을 것이다. 그러나 소망이와 마린이가 과연 그 먼 곳까지 찾아갈 수 있었을까. 물론 큰돌고래가 예기치 않은 여정을 할 때도 있다. 무리 생활을 하는 일반적인 큰돌고래와 달리 혼자 외따로 떨어져 나와 사는 '사람과 친한 외톨이 돌고래Solitary sociable dolphins' 도니Dony는 2000년대 초반 아일랜드에서 프랑스 앞바다로, 다시 네덜란드 앞바다로 이동하면서 예측하기 어려운 유랑 생활을 보여주기도 했다(Wilke et al., 2005). 그러나 소망이와 마린이는 일본에서 제주까지 헤엄쳐온 게 아니었다. 그들이 일본 다이지를 찾아가기는 사실상 불가능할 것이다.

1991년 영국의 본프리 재단 등이 실시했던 '인투 더 블루Into the Blue' 프로젝트는 잘 알려진 돌고래 야생방사 사례 중 첫 번째다.[2] 큰돌고래 록키Rocky, 미시Missie, 실버Silver 등 세 마리가 바다에 돌아갔는데, 이들은 고향도 다르고 심지어 영국에서 살던 수족관조차 달랐다. 그러나 세 마리는 한데 합쳐져 고향과는 전혀 다른 카리브 해의 섬인 터크스 케이커

▼

2 자세한 내용은 8장 '프리 윌리, 프리 제돌'의 '록키, 실버, 미시'를 참고하라.

스 제도Turks and Caicos Islands에 야생방사됐다(Deedy, 2011). 바다에 대한 우리의 앎의 깊이가 얕은 시대였다.

인투 더 블루 프로젝트 이후 20년이 지난 돌고래 야생방사의 상식은 이렇다. 돌고래는 원래 살던 서식지에 방사해야 한다. 어디에 가야 먹을 게 있고 어디를 피해야 그물에 걸리지 않는다는 걸 돌고래가 알 수 있는, 한때 살던 고향으로 돌아가야 한다. 돌고래는 사회적 동물이다. 고향에 돌아가야 부모를 만나고 친구와 어울릴 수 있다. 퍼시픽랜드는 그러나 돌고래의 관리가 어렵거나 효용가치가 떨어지면 방류했다. 야생방사가 아니었다. 인간을 위한 동물 투기였다. 일본에서 온 소망이와 마린이는 어떻게 됐을까. 바다에 내다 버린 것과 무엇이 다를까.

2012년 2월 23일, 공교롭게도 황현진, 김현우, 조희경은 한자리에 있었다. 제주국제컨벤션센터에서 열린 '제2회 보호대상해양생물 지정 및 관리에 관한 심포지엄'에서였다. 국토해양부가 지정하는 멸종위기 해양생물 중 어떤 종을 추가로 넣을지를 학계가 보고하는 자리에서 김현우는 고래연구소를 대표해 남방큰돌고래의 멸종위기 현황을 발표했다. 황현진은 분홍돌고래 모자를 가져와 쓰고 뒷자리에 앉았다. 사람들이 쳐다봤고 황현진은 꼿꼿이 앞을 바라봤다. 김현우는 대책 없이 이뤄지는 혼획, 114마리밖에 남지 않은 멸종위기 상황에 관해 설명을 이어나갔다. 발제문에 아주 작은 글씨로 쓰여 있어 주목을 받지 못했지만, 남방큰돌고래의 국내 멸종을 피하기 위해선 기존 수족관 개체의 방류가 필요하다고 그는 써놓고 있었다.

심포지엄 중간에 로비로 빠져나와 핫핑크돌핀스, 동물자유연대의 활동가들이 마주 앉았다. 돌고래 방사를 위한 첫 번째 대책회의였다. 핫핑크돌핀스에서는 황현진 말고도 평화활동가인 조약골이, 그리고 동물자유연대에서는 조희경 말고도 이후 해양동물 이슈를 책임진 이형주가 자리를 함께했다. 각자 역할을 분담하고 계획을 세웠다. 목표는 돌고래 야생방사였다. 검찰이 몰수형을 구형하고 제주지방법원에서 운 좋게 몰수형을 선고하더라도 퍼시픽랜드가 항소하면 어차피 재판은 1년 넘게 지체될 터였다. 또한 대법원이 몰수형을 확정한다고 하더라도 몰수 돌고래가 다른 수족관으로 이송돼 다시 전시될지, 우리가 원하는 대로 바다에 돌아갈 수 있을지는 미지수였다. 돌고래는 인간의 보호 아래 있을 때 가장 안전하다는 '야생방사 불가론'을 격파해야 했다. 새로운 대안과 희망을 보여줌으로써, 그 이면에 흐르는 수족관의 이윤 논리도 넘어서야 했다.

수족관의 높은 담장이 허물어질 수 있는 가장 약한 고리는 서울대공원이었다. 퍼시픽랜드와 서울대공원의 거래에 대해선 문제 삼지 않겠다는 게 검찰의 뜻이었는데, 이것은 역설적으로 서울시가 재판 결과를 기다리지 않고 단독으로 야생방사에 들어갈 수 있다는 얘기였다. 서울시에는 넉 달 전 보궐선거를 통해 당선된 박원순 시장이 있었다. 그는 동물·환경단체와 친화적인 관계를 맺어왔고,[3] 전임 시장과 다른 모습을

▼

3 박원순 시장은 시민단체 간부와 변호사로 일하던 1994년, 대구지방변호사회가 펴낸《형평과 정의》9집에 '동물권의 전개와 한국인의 동물 인식'을 썼다(남종영, 2012c). 국내에 동물권이라는 개념조차 생소하던 당시에 이런 글을 썼다는 것은 예전부터 이 문제에 관심을 보여왔다는 얘기다. 2006년부터 2011년 10월 서울시장이 되기 전까지 그는 동물보호단체 '카라'의 명예이사를 맡아왔다.

보여주려 노력하고 있었다. 또 하나의 약한 고리는 서울대공원에 사는 제돌이였다. 3월 3일 <한겨레> 토요판 커버스토리로 보도하고 나서 다음 주에 서울시청 앞에서 기자회견이 예정돼 있었다. 제돌이를 먼저 바다로 돌려보내자. 이제 제돌이의 길고 감동적인 여행의 서막이 오를 참이었다.

8장 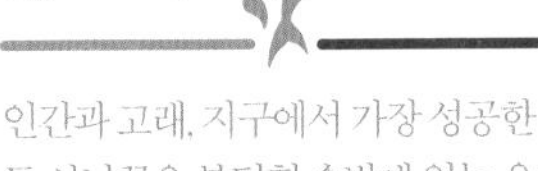

프리 윌리, 프리 제돌

인간과 고래, 지구에서 가장 성공한
두 사냥꾼은 부딪힐 수밖에 없는 운명이었다.
인간은 육지를 약 1만5000년 동안 지배해왔고
고래는 4000만 년 세계의 바다를 호령하고 있었다.

— 조슈아 호위츠, 《고래전쟁》 중에서

2011년 여름 나는 아이슬란드 남부의 차가운 밤바다를 건너고 있었다. 외진 항구에서 출발한 야간 카페리의 승객은 스무 명이 채 안 되어 보였다. 예닐곱 명은 소파에 누워 잠을 자고 대여섯 명은 비디오방 같은 작은 방에서 영화를 봤다. 아시아에서 온 사람은 우리가 유일한 것 같았다.

배는 암흑 속에서 사람들을 토해냈고 게스트하우스의 불빛이 보였다. 이튿날 잠에서 깨어나 본 베스트만 제도Vestmannaeyjar Islands는, 말하자면 성산일출봉을 몇 개 이어붙인 섬이었다. 약 1만 년 전 화산이 폭발해 덩그러니 나타난 섬은 최근까지도 심심찮게 용암을 느리게 분출시킨다. 가깝게는 1973년, 섬은 자그마치 155일 동안 느려빠진 용암 줄기를 토해내더니, 섬 동쪽 바다를 간척해내고야 말았다. 주민들은 용암에 반쯤 파묻힌 집에 표지판을 세워놓고 신대륙 일대를 역사 유적으로 소개하고 있었지만, 관광객을 끄는 데는 실패한 것처럼 보였다. 야간 카페리에 탄 관광객도 우리를 제외하곤 꽉 찬 30리터짜리 배낭을 짊어진 독일인 몇몇밖에는 없었다. 아이슬란드 관광객들은 대부분 수도 레이캬비크에서 내려 몇 개의 폭포와 간헐천으로 구성된 선물세트인 '골든 서클Golden Circle'을 보고 훌쩍 떠나는데, 약간 모험심이 있는 여행자나 일주일 동안 1번 링로드를 따라 해안을 한 바퀴 돈다. 베스트만 제도는 이 코스에서도 제외된 섬이었다. 아마도 한국 사람이 울릉도를 가는 정도의 빈도와 비중으로(그러니까 제주도 가듯이 간 것은 아니고) 아이슬란드 사람 정도만 인구 4000명의 이 섬을 방문했으며, 외국인 여행자는 가물에 콩 나듯 했다. 남들이 가보지 않는 곳을 가보거나 유유자적 트레킹을 즐기는 소수의 독일인 여행자들만 이 섬의 국제성을 대변했다.

내가 이 섬에 온 이유는 달랐다. 바로 이 섬이 범고래 케이코가 야생의 바다를 향해 떠난 곳이었기 때문이다. 수족관 생활을 하다가 할리우드 영화 〈프리 윌리〉의 주연배우로 픽업되어 희망을 품고 고향 바다로 돌아올 수 있었던 범고래. 운 좋은 녀석 케이코. 프리 케이코.

'시기'라는 범고래

1979년이었다. 케이코는 갓 한두 살 난 새끼 범고래였고, 베스트만 제도에서 200~300킬로미터 떨어진 동부의 레이다피오르Reyðarfjörður 협만을 헤엄치고 있었다. 한 선박이 예인망을 끌고 가고 있었다. 청어와 대구 등 각종 생선이 그물에 끌려가고 얼마는 넘쳐 밖으로 빠져나왔다. 그곳에 가까이 가면 안 됐지만, 케이코는 그만 걸리고 말았다. 선장의 아들이 귀여워했으므로 선원들은 이 작은 돌고래에게 시기Siggi라는 이름을 붙여주었다. 곧은 등지느러미를 가진 통통한 돌고래. 얼마 뒤 시기는 세디라사핀드Saedyrasafind의 작은 수족관에 팔려갔다. 수족관은 이 작은 젖먹이 맹수에게 카고Kago라는 이름을 붙여주었다. 아이슬란드 말로 '어린 소년'이라는 뜻이었다(Brower, 2005).

케이코는 범고래였다. 범고래는 킬러웨일Killer wahle이라고 불리는 바다의 최상위 포식자다. 무리를 이뤄 고도의 사회생활을 영위한다. 어릴 적에는 보통의 돌고래만 한 크기지만, 어른이 되면 7~8미터의 몸집으로 성장한다. 돌고래면서도 대형고래에 속하는 유일한 종이다. 재빠르면서도 지능적인 팀플레이로 지구에서 가장 큰 대왕고래를 공격해 먹어치운다.

검은 단검처럼 범고래의 등에는 뾰족한 지느러미가 솟아 있다. 아이슬란드 사람들은 범고래를 하이링구어Hahyringur라고 부르는데 '높은 지점high point'이라는 뜻이다. 범고래가 잔잔한 수면 바로 아래를 헤엄칠 때는 뾰족하게 솟은 검은 단검이 종이를 자르듯 바다를 가른다. 등지느러미는 범고래의 자존심이다. 자존심은 그러나 그의 몸이 인간에게 포박된 뒤 무너진다. 수족관 생활을 하는 범고래의 등지느러미는 곧잘 함몰된다.

카고의 등지느러미도 어렸을 적엔 그렇게 볼품 없이 꺾여 있지는 않았다. 수족관 생활을 계속할수록 케이코의 검은 단검은 뾰족함을 잃고 자꾸 무너지기 시작했다. 3년 뒤인 1982년 카고가 캐나다 온타리오 주의 나이아가라 폭포 옆에 있는 수족관 마린랜드로 옮겨졌을 때 카고의 등지느러미는 함몰되어 둘둘 말릴 지경이었다. 카고는 나이아가라 폭포 소리를 들으며 본격적인 수족관돌고래 인생을 시작했다. 마린랜드에는 카고 말고도 다섯 마리의 범고래가 있었다. 카고가 가장 어리고 작았다. 겨우 네댓 살이었다. 무리의 대장은 눅타Nootka라는 범고래였다. 눅타를 중심으로 동료들은 카고를 들이받고 쫓아내면서 괴롭혔다(Brower, 2005). 돌고래쇼를 배우기 시작했지만 카고는 어설픈 연기자였다. 범고래는 클릭음과 휘슬음으로 의사소통을 한다. 한두 살 때 어미와 헤어진 카고가 제대로 범고래의 언어를 배웠는지 알 수 없다. 눅타와 다른 범고래가 괴롭히면서 일종의 사회생활을 습득할 수도 있었겠지만, 비좁은 수족관은 관용과 협동보다는 분노와 모욕을 배우기에 좋은 곳이었다.

캐나다에서 5년을 보내고 1987년 카고가 다시 35만 달러에 팔려간 멕시코의 수족관은 더욱 열악했다. 해발 2000미터의 고원 도시 멕시코시티의 테마파크 라이노 어벤츄라Reino Aventura가 카고의 새 삶터였다. 카고는 여기서 케이코Keiko라는 새 이름을 얻었다. '운 좋은 녀석'이라는 뜻의 일본 말이었다. 수족관은 좁디좁았다. 가로 27미터, 세로 13미터 그리고 깊이는 6미터로 청소년이 된 케이코의 키보다도 낮았다. 풀장 벽에 부딪혀 이빨이 망가지고 밧줄과 플라스틱을 삼켜 궤양에 걸려 있었다. 아이슬란드의 차가운 앞바다의 유전자를 지닌 케이코에게 적도의 태양열을 맞고 부글부글 끓는 인공해수는 너무 뜨거웠다. 고원지대의 공기도 원래 바다에 살던 케이코에게 너무 건조했다. 유두종이라는 피부 질환이 온몸으로 번졌다. 가장 큰 문제는 먹이였다. 해산물 구하기가 쉽지 않은 내륙의 도시였기 때문에, 라이노 어벤츄라는 한 달에 두 번씩 미국 샌디에이고의 테마파크 시월드에 생선을 공급받기 위한 화물트럭을 출발시켰다(Brower, 2005). 나중에 멕시코시티에서 수급이

가능해졌지만, 이 고원 도시의 수족관이 얼마나 범고래의 생존에 부적합한지 잘 보여주는 사례였다.

케이코가 적도의 고원 도시에서 허덕이고 있을 즈음, 미국 서부 캘리포니아에서는 하나의 영화가 준비되고 있었다. 할리우드의 유능한 제작자 로런 슐러 도너Lauren Shuler Doner와 그의 남편으로 영화 〈리썰웨폰〉 시리즈를 흥행시킨 영화감독 리처드 도너Richard Donner는 돌고래를 사랑하는 '돌피니스트dolphinists'였다. 이미 리처드 도너가 감독한 〈리썰웨폰2〉에는 참치 샌드위치를 만들어주는 아빠에게 "돌고래를 살리기 위해선 참치를 먹어선 안 된다"고 주장하는 아들에 관한 짧은 에피소드가 들어가 있다.[1]

두 사람은 좀 더 고래에 관한 보전 메시지를 본격화한 영화를 만들고 싶었다. 1992년 리처드 도너는 '어스 아일랜드 인스티튜트'의 데이비드 필립스David Philips에게 전화를 건다. 영화 〈리썰웨폰2〉에서 아들이 입고 있던 '세이브 더 돌핀스' 티셔츠를 만들어 배포한 환경단체였다. 어떻게 고래 보호에 기여할 수 있겠느냐는 도너의 물음에 데이비드 필립스는 새 영화의 엔딩 크레딧에 800 번호를 넣는 것은 어떻겠냐고 제안한다. 전화를 걸어 성금을 내면 어스 아일랜드를 통해서 고래 보호에 쓰인다는, 약간은 구닥다리에 가까운 캠페인이었다. 그러나 도너는 그 아이디어가 나쁘지 않았다(Brower, 2005).

시나리오 작업이 시작됐다. 이야기는 고대 그리스의 안도클레스 이

▼
1 참치를 잡는 예인망에 돌고래가 심심찮게 걸려서, 이것이 환경문제가 되던 시절이었다.

야기를 범고래 버전으로 옮기는 것이었다. 안도클레스는 탈출한 노예였다. 도시를 피해 산으로 들어갔는데, 사자 굴에서 사자 한 마리가 몹쓸 병에 걸려 신음하고 있었다. 안도클레스의 보살핌을 받은 사자는 기력을 회복했다. 안도클레스의 자유는 오래가지 않았다. 노예 신분이 발각돼 끌려갔고, 사자와 싸우는 검투사로 콜로세움에 세워졌다. 대다수 운명은 굶주린 사자의 먹이로 끝이 났다. 열광하여 소리 지르는 로마 시민들 앞에 선 안도클레스. 문이 열리고 사자가 튀어나왔다. 그런데 사자는 안도클레스를 공격하지 않았다. 산에서 그가 돌봐준 사자였다. '은혜 갚은 사자'의 이야기는 로마 전역으로 퍼졌고 안도클레스는 노예에서 해방됐다.

작가 케이스 워커Keith Walker가 쓴 시나리오의 원래 주인공은 고아원의 수녀와 고아 소년 그리고 범고래였다. 소년은 말 못 하고 듣지 못하는 장애인이었다. 영화의 하이라이트, 범고래가 바다를 향해 나아갈 때 소년은 놀랍게도 '프리 윌리'를 외친다. 감동적이긴 했으나 이 시나리오는 디테일을 채우기 힘들다는 점이 지적됐다. 소년이 말을 못 하고 범고래도 말을 못 하니 그럴 수밖에 없었다. 도너 부부는 시나리오 초안의 등장인물에서 수녀를 빼고 청각장애 소년 대신 거리의 소년 제시Jesse를 집어넣는다(Brower, 2005). 좀도둑질을 하다 발각된 제시는 소년원을 가는 대신 수족관에 가서 잡일을 하게 되는데, 이때 범고래 '윌리'와 친해지면서 위로를 받는다. 윌리 또한 '말 안 듣는 고래'였지만 제리와는 마음을 나누며 공감한다. 제시는 범죄 일당들이 윌리를 다른 곳에 팔 계획을 세우고 있음을 알아차린다. 이에 모종의 계획을 세우고, 윌리는 제시의 도움으로 바다로 돌아간다. 윌리는 그렇게 자유를 찾는다. 프

▲열악한 멕시코시티의 수족관에서 구조된 범고래 케이코는 미국 오리건 주 뉴포트의 아쿠아리움으로 이사를 왔다. ©위키미디어 코먼즈

리 윌리. 자막이 올라가고 전화번호 하나가 뜬다.

당신의 전화 한 통이 전 세계에 사는 고래를 도울 수 있습니다. 1-800-4-WHALES.(Brower, 2005: 33; Orlean, 2002)

전화번호는 세상을 바꾼다.

프리 윌리

애초 제작사인 워너브러더스는 미국 내 대표적인 돌고래수족관인 시월드에서 주인공 범고래 윌리 역을 찾으려고 했다. 당시 미국 내 수족관에서 기르던 범고래 23마리 중 21마리가 시월드에 있었다. 시나리오를 읽은 시월드의 경영진은 손을 가로저었다(Orlean, 2002). 영화의 마지막이 걸렸다. 좀 더 나은 환경의 수족관으로 이사가는 것이면 몰라도 야생 바다로 자유를 찾아가는 이야기는 그들에게 불편했다. 하는 수 없이 워너브러더스는 멕시코의 라이노 어벤츄라를 찾았다. 거기에 열서너 살짜리 소년 범고래 케이코가 헤엄치고 있었다. 라이노 어벤츄라는 시월드만큼 영악하지 않았다. 게다가 케이코를 임대하고 받는 4만 달러는 몇 주 이상의 입장료는 되어 보였다(Brower, 2005).

케이코는 윌리로 열연했다. 제시의 수신호로 제시를 넘어 바다로 들어가는 마지막 장면 등 일부는 컴퓨터그래픽으로 처리됐지만, 많은 장면을 직접 연기했다. 1993년 개봉된 〈프리 윌리〉는 대박을 터뜨렸다. 가수 마이클 잭슨Michael Jackson이 부른 주제곡 〈Will You Be There〉도 각종 차트 상위에 올랐다. 1980년대 공전의 히트를 친 〈리썰웨폰〉과 〈록키〉 시리즈에 버금갈 정도로 영화는 히트를 쳤다. 감동과 열기는 은막에서 소진되지 않고 극장 밖으로 퍼져나갔다. 어스 아일랜드 인스티튜트로 30만 통 이상의 전화가 쏟아졌다.

전화는 '나비효과'를 일으켰다. 전화를 건 시민들은 그냥 돈만 내고 수화기를 내려놓지 않았다. 다들 한마디씩 물었다. 윌리로 출연한 범고래는 누구냐, 그 케이코라는 범고래는 어떤 환경에서 살고 있느냐, 멕시코의 허름한 수족관에서 산다고? 젖을 떼자마자 아이슬란드에서 잡혀왔다고? 그럼 케이코야말로 바다로 돌아가야 하는 거 아냐? 프리 케이코!

미디어의 관심과 성금의 답지로 '프리 윌리', 아니 '프리 케이코' 신드롬이 일어났다. 특히 어린이들의 반응이 열광적이었다. 영화의 로케이션 장소였던 라이노 어벤츄라는 한눈에 보기에도 낡고 작아 보였다. 사람들은 영화의 윌리가 바다에 돌아간 것처럼 케이코도 바다에 돌아가야 한다고 생각했다. 돌고래를 사랑한 도너 부부도, 어스 아일랜드 인스티튜트의 데이비드 필립스도 예상 못 한 일이었다. 여론의 압력이 느껴졌다. 제작사인 워너브러더스는 뭔가 해야만 했다. 어스 아일랜드 인스티튜트가 뭔가 아이디어를 줄 거라고 생각했지만, 데이비드 필립스 또한 난감하기는 마찬가지였다. 그는 향후 이렇게 회상한다.

> 우리는 케이코에 관한 운동이 벌어질지도, 케이코가 열악한 환경에서 살고 있는지도 몰랐습니다. 나는 워너브러더스에게 '우리는 야생 고래를 보전하는 곳이다, 수족관고래와 관련한 캠페인을 하는 곳이 아니다' 라고요.(Brower, 2005: 34)

워너브러더스는 어느 정도 돈을 쓸 자세가 되어 있었다. 여러 제안이 워너브러더스에 전달됐다. 캐나다 노바스코샤에 사는 한 거부는 자신의 사유지인 바닷가 석호에 케이코를 데려가겠다고 제안했다. 저명한 해양포유류학자인 케네스 발콤Kenneth Balcomb은 배가 호위하면서 케이코를 고향 바다인 아이슬란드로 헤엄쳐가게 하는 방안을 제시했다. 마이클 잭슨은 자신의 왕국인 '네버랜드'에 케이코를 위한 '인도적인' 수족관을 만들겠다고 했다(Brower, 2005). 모두 다 비현실적이거나 인간중심적이거나 위험한 제안이었다.

프리윌리-케이코 재단이 설립됐다. 워너브러더스가 낸 200만 달러,

시민들이 모은 200만 달러가 1994년 11월 발족한 이 재단의 밑천이 되었다(Keiko-Free Willy Foundation, 2015). 프리윌리-케이코 재단의 목표는 케이코를 좀 더 나은 환경에서 살 수 있게 해주는 것, 더 나아가 케이코를 영화에서처럼 바다로 돌려보내는 것이었다.

프리윌리-케이코 재단은 차근차근 단계를 밟아나가는 방식을 택했다. 최종 목표는 아이슬란드 앞바다로의 야생방사였으며, 단기적인 목표는 케이코의 키보다도 얕은 멕시코시티의 열악한 수족관에서 케이코를 '구출'하는 것이었다. 미국 오리건 주 뉴포트의 오리건 코스트 아쿠아리움을 중간 기착지로 정했다. 재단은 1995년 이 아쿠아리움과 협약을 맺고 케이코를 위한 수족관의 공사에 들어갔다. 코스트 아쿠아리움은 원래 해양포유류를 전시하지 않았지만, 돌고래용 수족관을 지어주고 세계적인 스타 케이코를 들여온다니 싫을 리가 없었다. 재단은 좀 더 넓고 쾌적한 환경에 케이코를 두면서 건강을 회복시키고 야생방사 여부를 검토할 계획이었다.

케이코가 멕시코시티를 떠날 날이 다가오고 있었다. 멕시코시티의 시민들 또한 범고래가 불러온 신드롬에 빠졌다. 라이노 어벤츄라에는 매일 평균 2만 명이 방문해 곧 떠나갈 케이코의 범고래쇼를 지켜봤다. 1996년 1월 6일 일찍이 관람석이 매진된 상태에서 케이코는 마지막 범고래쇼를 벌였다.[2] 이튿날 200명의 기자들이 지켜보는 가운데 케이코는 UPS 화물기를 타고 뉴포트의 새집으로 떠났다. 새로 지어진 풀장에

▼

2 라이노 어벤추라는 1999년 3월 세계적인 테마파크 업체 식스플래그스에 팔려 2000년 '식스플래그 멕시코'라는 이름으로 재개장한다.

서는 큰돌고래 페페와 릴리가 케이코를 기다리고 있었다. 바닥에는 바위를 깔고 의료처치용 플랫폼을 따로 갖춘 길이 45미터, 너비 23미터, 깊이 8미터(Kurth, 2000)의 케이코가 살던 그 어느 곳보다 큰 풀장이었다.

물론 회의론이 없지 않았다(Simmons, 2014). 케이코는 기껏해야 야생에서 1~2년 산 범고래였다. 그가 팀원들과 협력해 대왕고래를 잡아먹을 줄 아는지, 차가운 바다와 조류는 어떻게 헤쳐나가는지, 하다못해 다른 범고래와 의사소통을 할 수 있는 언어를 구사하는지도 불확실했다. 유전자가 해줄 수 있는 부분과 후천적으로 배워서 얻는 부분의 경계에 대해서 과학은 알지 못했다. 어쩌면 영화 〈프리 윌리〉가 개봉된 순간 케이코의 미래는 정해졌던 건지도 몰랐다. 그 길을 벗어날 수 없었다. 케이코는 자신이 바랐든 바라지 않았든 아이슬란드의 차가운 바다를 향해 가고 있었다. 그는 1986년 상업포경 모라토리엄으로 폐막된 '고래 정치'의 새로운 상징물이었다.

자유란 무엇인가

"안녕, 케이코."

1998년 9월 9일 미국 오리건 주 뉴포트의 오리건 코스트 아쿠아리움 앞. 수백 명이 범고래 케이코와 마지막 인사를 나누기 위해 몰려들었다. 공항에서는 미국 공군이 지원한 C-17 수송기가 기다리고 있었다. 드디어 케이코가 고향인 아이슬란드의 바다로 돌아가는 것이었다.

일곱 시간의 비행 끝에 케이코는 아이슬란드 남부의 베스트만 제도에 도착했다. 이미 바다에선 길이 76미터, 너비 30미터의 야생방사장이 기다리고 있었다(Kurth, 2000). 우리나라 바다의 가두리 양식장을 연상하면 되는데, 케이코는 이 안을 헤엄치면서 야생적응 훈련을 받을 터였다.

수족관돌고래의 야생적응은 첫째 죽은 생선을 산 생선으로 교체해 먹이고(산 생선을 잡아먹는 방법을 익힌다), 둘째 점진적으로 인간과의 접촉을 줄여 홀로 설 수 있게 하고(수족관돌고래는 사람만 보면 쫓아와 먹이를 달라는 행동을 한다), 셋째 차가운 바다 수온에 장기적으로 적응시키는 방식으로 이뤄진다. 케이코는 한두 살 때 야생에서 잡혀 20년 가까이 수족관에서 살았기 때문에 아주 긴 야생적응 과정이 기다리고 있었다.

케이코는 야생방사장을 중심으로 야생에 적응하기 시작했다. 정확한 개체 수 조사가 이뤄진 것은 아니지만, 아이슬란드 연안에는 범고래 무리가 살고 있다. 맨 처음 케이코는 오션 워킹ocean walking이라는 야생바다 수영 훈련을 받았다. 케이코가 야생방사팀이 탄 배를 뒤따르거나 함께 가는 훈련이었다. 야생방사팀의 배는 워크 보트walk boat라고 불렀다. 그러니까 사람이 개를 산책시키듯 케이코에게 바다 수영을 가르치는 일종의 '바다 산책 훈련'이었던 것이다. 케이코가 어느 정도 몸에 익히자, 야생방사팀은 야생방사장의 문을 열어주고 케이코를 뒤쫓았다(Brower, 2005). 케이코는 곧잘 야생 범고래 무리로 다가갔다. 그에게 목줄이 걸린 것도 아니었다. 말하자면 그에게는 자유가 주어졌다. 그러나 케이코는 적극적으로 자신의 몸을 무리에 섞이도록 내놓진 않았다. 저녁이 되면 그는 배를 따라 야생방사장으로 돌아오곤 했다. 여름에는 이렇게 야생방사장의 문을 열어 야생 범고래 무리와 접촉하도록 도왔고, 파도가 거센 겨울에는 안전을 위해 야생방사장에 머물도록 했다.

미국 동물보호단체 '휴메인소사이어티'가 2002년 케이코 프로젝트의 실무를 넘겨받았다. 이때 미국의 해양포유류학자 나오미 로즈가 참가하게 된다. 그해 7~8월 케이코는 거의 매일 야생 범고래 무리 주변에서 기웃거렸다. 아침에 방사장을 나가 야생 범고래 무리와 있다가 저녁이 되면 돌아왔다. 어떤 날은 돌아오지 않고 바다에서 밤을 새운 적도 있었다(Rose, 2012). 케이코의 등지느러미에는 위치를 전송해주는 GPS와 VHF 발신기가 달려 있어서, 야생방사팀은 이른 아침 잡힌 신호를 보고 케이코를 찾아내곤 했다(Rose, 2012). 7월 30일에는 케이코와 범고래 무리와의 신체적인 상호작용이 목격됐다. 케이코는 수컷 세 마리와 암컷 두어 마리와 수영하고 있었는데, 그중 한 마리가 케이코가 수면에 부상하자 철썩 치면서 바다 위로 뛰어오른 것이었다(Simon and Ugarte, 2004). 조금씩 희망이 보였다. 이 무리가 케이코를 끼워주지 않을까.

순탄한 야생적응을 막은 것은 다름 아닌 바다였다. 하얀 절벽처럼 치솟아 몰려오는 바다는 야생방사팀의 배가 케이코와 야생 범고래와의 교감을 관찰하는 것을 방해했다. 7월 말부터 거칠어진 바다는 종종 야생방사팀을 육지에 묶어두었고, 8월 들어서는 케이코를 놓치는 일이 잦아졌다. 위성신호가 가리키는 지점에 가면 케이코는 25마일을 더 가 있었고, 다시 그 지점에 가면 50마일을 더 가 있었다. 케이코는 야생 무리와 어디를 가고 있는 걸까. 야생 무리에 결국 합류한 걸까. 긍정적인 신호일까, 부정적인 신호일까. 전파가 보내준 위치를 지도에 표시해가며, 야생방사팀은 케이코의 도전을 조마조마하게 관찰했다. 케이코는 북대서양을 건너고 있었다. 아침마다 야생방사팀은 케이코의 위치를 확인하며 흥분을 감추지 못했다(Rose, 2012; Brower, 2005).

8월 말 1000킬로미터를 헤엄쳐 케이코는 노르웨이에 도착했다. 케이코가 따르던 범고래 무리와는 헤어진 것 같았다. 놀라운 사건이었다. 거의 한 달 동안 아이슬란드에서 노르웨이까지 북대서양의 일부를 건넜다는 건 성공적인 먹이 사냥 없이는 불가능했기 때문이다.

야생방사팀이 노르웨이에 급파됐다. 케이코는 스칼비크피오르Skålvikfjorden에서 헤엄쳐 다녔다. 살도 빠지지 않았고 건강한 모습이었다. 노르웨이에는 야생방사장이 없었다. 폭풍이 칠 때 케이코가 스스로 들어가 쉴 곳도, 연구자들이 잡아두고 신체 상태를 체크할 곳도 없다는 얘기였다. 야생방사팀은 보트로 그를 따라다녔다. 먹이를 주고 건강 상태를 육안으로 체크했다. 야생방사팀과 케이코의 숨바꼭질이 개시됐다. 야생방사팀은 케이코를 놓치지 않으려고 해안가를 돌면서 따라다녔다. 어떤 곳은 구경 인파가 몰려 관광지처럼 되는 바람에 그동안 사람 접촉을 차단한 게 헛수고가 되기도 했다. 노르웨이에서 케이코는 그렇게 1년 넘게 피오르 바다를 헤엄쳤다. 원래 범고래가 서식하는 곳이었지만, 마침 그해에는 먹이 분포가 바뀌어 범고래는 오지 않은 상황이었다(Rose, 2012). 케이코에게는 자유가 있었다. 그러나 그는 야생방사팀의 보트를 떠나지 않았다.

케이코는 2003년 12월 갑자기 먹기를 중단하더니 무기력증에 빠졌다. 얼마 안 돼 케이코는 세상을 떠났다. 사인은 급성 폐렴이었다. 그때 케이코의 나이가 스물일곱 살. 야생에서 포획돼 열악한 수족관 생활을 한 범고래치고는 장수한 것이었다. 수컷 범고래로는 두 번째로 오래 살았다(Free Willy-Keiko Foundation, 2015). 케이코는 노르웨이 타크네스Taknes 만의 바닷가에 묻혔고, 아이들이 돌을 주워와 돌탑을 쌓았다.

최종적으로 야생 무리에 섞이지 못했기 때문에 케이코의 도전은 실패했다고 보는 사람도 있다. 케이코는 아이슬란드의 범고래 무리와 간혹 어울렸지만, 범고래들이 케이코를 적극적으로 끼워주진 않았다. 북대서양을 건넌 것도 '단독 항해' 처럼 보였다. 단순히 길을 잃은 결과였을 수도 있다. 야생방사 작업 초기에 참여했던 전직 시월드 범고래 조련사 마크 시먼스Mark Simmons같은 이는 동물의 전시공연을 반대하는 동물보호단체의 이데올로기가 케이코를 죽음으로 내몰았다고 주장한다. 열화 같은 대중의 성원 속에 출발한 탓에 야생방사 프로젝트는 브레이크 없이 달릴 수밖에 없었고, 이 때문에 현지 스태프는 새끼 때 1년 남짓의 야생 경험밖에 없는 케이코에게 감당하기 힘든 야생적응 훈련을 밀어붙였다는 것이다(Simmons, 2014). 케이코의 야생방사에 대한 마크 시먼스의 주장과 프리윌리-케이코 재단의 공식 입장은 미묘하게 엇갈린다.

나는 제돌이의 야생방사 기사를 준비하면서, 케이코 야생방사 프로젝트의 후반부에 참여했던 나오미 로즈[3]와 폴 스퐁[4] 박사 등과 이메일을 주고받았다. 케이코의 사례가 제돌이와 남방큰돌고래들의 미래에

3 나오미 로즈는 미국의 동물보호단체 '휴메인소사이어티' 의 수석과학자다. 국제포경위원회의 과학위원회 위원으로도 활동하면서, 수족관돌고래의 동물복지와 해양 생태계를 연구하고 있다.

▼

4 폴 스퐁은 세계적인 범고래 연구자다. 고래가 수족관에 갇혀 사는 것은 바람직하지 않다고 생각해 수족관을 나와 1972년 밴쿠버 북쪽 북서태평양 핸슨 섬에 연구소 '오르카랩' 을 설치해 범고래를 연구·관찰하고 있다.

어떤 함의를 줄 수 있음은 분명했다. 제돌이의 야생방사가 현실적으로 가능한지 궁금했던 나에게 나오미 로즈는 장문의 이메일을 보내왔다. 그는 케이코 프로젝트가 실패했다는 시각에 반대한다(Rose, 2012).

> 케이코는 힘든 삶을 살았어요. 돌고래로서는 힘든 비행을 네 번이나 했고요. 하지만 변화에 도전하면서 스물일곱 살까지 살았어요. 그 정도면 야생 범고래의 평균 수명이지만 수족관 개체로선 오래 산 거예요. (…) 1993년 멕시코 수족관에서 케이코를 봤을 때 매우 아팠고 무기력했지만, 아이슬란드에서의 케이코는 강건하고 활동적이었어요. 케이코가 야생에서 5년을 살았어요. 우리는 만족합니다.

케이코는 자신이 잡혀온 위치에서 방사됐지만 과거의 무리나 가족을 찾진 못했던 것으로 보인다. 스퐁 박사는 이 지점에 대해 특히 아쉬워했다.

> 케이코 프로젝트에서 유일하게 달성하지 못한 지점이죠. 케이코가 가족과 재회했다면 야생 무리에 합류해 완전히 적응했을 거라고 저는 확신합니다.(Spong, 2012)

과학적인 기준으로 보면, 먹이 사냥 능력을 습득하고 다른 돌고래와 비슷한 수준의 건강과 스트레스 수준을 유지하면서 천적을 피하고 종국에는 번식할 수 있어야 돌고래 야생방사가 성공했다고 본다(Simon et al., 2009). 할 화이트헤드Hal Whitehead나 루크 렌델Luke Rendell을 비롯한 전문가들이 포진한 학계에서도 야생 범고래 사회에 케이코가 완전히 진입한 증거가 없으므로 실패로 보는 시각이 일반적이다(Whitehead and Rendell, 2014). 케이코가 저세상으로 가고 7년이 지난 2009년, 야생방사에 참여했던 멀린 사이먼Malene Simon 등의 과학자들은 세계적인 해양포유류 학술지인 〈해양포유류과학*Marine Mammal Science*〉에 케이코의 야생방사를 정리해 내놓는다. 케이코는 야생에서 1년 남짓 살았다. 생애 대부분을 수족관에서 보냈다. 이들은 케이코 프로젝트를 냉정하게 평가하면서 적어도 과학적으로는 성공하지 못했다고 말한다. 그들은 이렇게 적는다.

> 케이코 프로젝트는 수족관에 오랜 기간 감금됐던 동물의 야생방사가 간단치 않은 일임을 보여주었다. 우리 인간이 오랫동안 감금된 동물에게 자유를 찾아주는 데 빠져 있는 동안 동물의 생존과 삶의 질이 심각하게 영향을 받을 수 있다.(Simon et al., 2009: 703)

1993년 영화 〈프리 윌리〉가 전 세계의 관심을 불러 모았고, 케이코는 1998년 아이슬란드 베스트만 제도의 고향 앞바다로 돌아갔으며, 2002년 노르웨이까지 바다를 횡단한 뒤 숨을 거두었다. 마치 수줍은 아이를 유치원에 데려가 또래 친구들에게 '잘 놀아' 하고 소개해주는 것처럼, 야생방사팀은 60차례 이상이나 케이코를 야생 무리에 데려다 놓고 떠나가기를 권유했다(Townsend, 2003). 최종적인 선택권은 케이코에게 있었다. 그러나 그는 먼바다로 나아가는 모험을 택하지 않았다. 그가 모험과 안정 중 안정을 택했다고 말하는 것은 무의미하다. 케이코가 적극적인 주체가 될 수 있었던 상황은 아니었다. 오히려 돌고래의 의지보다는 인간의 정치가 야생방사의 전 기간을 지배했다.

전화번호 하나로 시작된 나비효과가 이 사건을 몰고 온 것만은 아니었다. 고래보호운동이 하나씩 쌓은 주춧돌이 없었다면 케이코 운명의 반전은 불가능했다. 고래보호운동은 1986년 국제포경위원회의 상업포경 모라토리엄을 끌어내며 역사적으로 성장하고 있었다. 이제 상업포경은 역사의 도도한 흐름 앞에서 더 이상 지속될 수 없는 수준에 이르렀다. 과학포경을 빙자해 포경을 계속하고자 하는 일본 정도만 남았을 뿐이다. 그러나 고래보호운동은 거기서 막을 내리지 않았다. 새로운 질적 전환을 이루어내고 있었다. 그것은 돌고래 전시공연 반대운동이었다.

록키, 실버, 미시

1990년대 초반 할리우드에 고래보호운동의 바람이 불어올 때, 대서양 건너 영국에서는 돌고래 전시공연 반대운동이 승리를 구가하고 있었다. 잉글랜드 북부 랭커셔의 휴양도시 모어캠비Morecambe는 빅토리아 시대의 예스러움을 간직한 전형적인 휴양도시였다. 태양을 받고 반짝이는 하얀 집들, 해변을 따라 줄지어 선 펍에서 퍼져 나오는 피시앤칩스 냄새 그리고 1964년 바다를 끼고 설치된 돌고래수족관 '모어캠비 마린랜드'가 있었다. 영국에서는 1960년대 미국 텔레비전 시리즈 〈플리퍼〉가 촉발한 돌고래 붐을 타고 각지에 돌고래수족관이 난립했다. 범고래를 소유한 곳도 몇 있었지만, 미국의 시월드와 달리 대부분 중소형 야외용 풀장에 돌고래를 수용했다. 여름에만 개장하는 곳이 많았고 일부는 이동형 아쿠아리움이었다. 1980년대 들어 해변 휴양도시의 쇠퇴와 함께 돌고래수족관은 하나둘 자취를 감추지만, 1971~1975년에는 자그마치 25곳에서 돌고래 전시공연이 이뤄지고 있었다(Hughes, 2001). 영국은 가히 '돌고래쇼의 천국'이었다.

1964년 문을 연 모어캠비 마린랜드도 그중 하나였다. 돌고래뿐만 아니라 바다사자, 거북이, 악어가 쇠락하는 휴양도시의 수족관을 지키고 있었다. '프리 윌리'의 거대한 날갯짓을 하기 전, 나비는 여기서 고치를 뚫고 첫 비행을 시작했다. 1989년 어느 날, 일군의 동물보호운동가들이 이 수족관 앞에 섰다. 돌고래 전시공연 반대운동의 역사가 시작된 순간이었다. 이들은 '모어캠비 마린랜드 입장권을 사지 말자'는 피켓을 들고 관광객들의 윤리에 질문을 던지기 시작했다.

수족관에 사는 돌고래는 단 한 마리, 록키라는 이름의 큰돌고래였다. 1971년 대서양 건너 미국 플로리다 주의 팬핸들Panhandle 앞바다에서 잡힌 야생 큰돌고래 록키는 20년 가까이 비좁은 풀장에서 외로운 나날을 보내고 있었다. 록키가 살 곳은 수족관이 아니다, 돌고래는 바다로 돌아가야 한다는 메시지를 운동가들이 던졌다. 이들은 '모어캠비 돌고래 캠페인'이라는 한시적 단체를 만들어 수족관과 시의회를 압박했다. 그들의 목적은 첫째 비윤리적 관광에 대한 불매운동이었으며, 둘째 이 수족관에 대한 모어캠비 시의 재정적 지원 중단이었다(Hughes, 2001). 수족관 앞에 줄을 선 관광객들은 불편할 수밖에 없었다. 불매운동 캠페인 첫날, 80~90퍼센트의 관광객이 발길을 돌렸다. 결국 시의회는 마린랜드의 운영권을 회수하고 모어캠비 관광 브로슈어에서도 마린랜드를 삭제한다. 마린랜드는 1990년 문을 닫는다. 돌고래 록키는 모어캠비 돌고래 캠페인에 단돈 1파운드에 넘겨진다(Hughes, 2001). 영국 남부의 브라이튼 아쿠아리움에서도 시억 활동가를 중심으로 보어캠비와 비슷한 불매운동이 벌어지고 있었다. 미시와 실버라는 큰돌고래가 논란의 대상이었다. 영국에서 돌고래 전시공연은 전국적 의제로 부상한다. 그러나 질문이 남아 있었다. 그럼, 세 돌고래를 어떻게 할 것인가?

돌고래 전시공연 반대운동의 제2막은 이들의 '야생방사'였다. 세계적인 컨소시엄이 구성됐다. 영국을 중심으로 하는 동물원 감시단체 주체크Zoo Check를 중심으로 세계적인 단체 세계동물보호협회World Society for the Protection of Animals, WSPA 그리고 스위스의 벨러리베 재단Bellerive Foundation이 야생방사를 추진하게 된다. 프로젝트의 이름은 '인투 더 블루', 공영방송 BBC도 전 과정을 다큐멘터리로 남긴다.

인투 더 블루는 대중적 관심 속에 치러진 야생방사의 첫 사례다. 록키는 1991년 2월 11일 대서양을 건너 카리브 해 터크스 케이커스 제도의 바다로 떠난다. 돌고래의 야생성을 회복시키기 위한 재활훈련장은 소라 양식장으로 쓰이는 에메랄드빛 라군이었다. 브라이튼 아쿠아리움의 미시와 실버도 야생방사를 위해 3월 9일 도착한다. 그해 9월 10일 록키와 미시, 실버는 푸른 바닷속으로Into the Blue 들어간다.

세 마리의 돌고래 등지느러미에는 멀리서도 눈에 잘 띄도록 동결표식을 했다. 미시와 록키는 하루 정도 관측됐고, 실버는 약 20일 뒤까지 야생방사팀에 관측됐다. 부리에 약간 감염증이 있고 몸무게가 줄어든 것이 보여, 야생방사팀은 실버에게 약간의 먹이를 공급하기도 했다. 그 뒤에도 실버는 이 일대에 사는 '조조'라고 불리는 돌고래와 어울리는 게 주민들에 의해 목격됐다. 반면 미시와 록키는 오리무중이었다. 이듬해 1월에는 세 마리의 사진을 찍어오는 데 500달러의 현상금이 붙기도 했지만, 이 상금을 받아간 사람은 없었다(Dineley, 2010). 세 돌고래의 최종적인 운명은 뜨거운 카리브 해의 햇빛 속으로 사라졌다.

인투 더 블루 프로젝트는 돌고래 야생방사의 문을 활짝 열어젖혔으나, 몇 가지 한계점을 노출했다. 첫째, 세밀한 과학적 고려 없이 이벤트성으로 진행됐다. 관련 과정을 기록하고 평가한 변변한 논문 하나 남기지 않았을 정도다. 본격적인 돌고래 야생방사는 처음인 데다 야생 돌고래의 서식지, 행동 특성, 재활 기법 등 그간의 과학적·기술적 경험도 없었다는 점이 작용했다.

둘째, 돌고래를 원래 살던 서식지에 방사하지 않음으로써 과학자 사회에 논란을 불러일으켰다. 록키의 고향은 미국 플로리다의 앞바다, 미시는 텍사스 주의 빌록시 그리고 실버의 고향은 야생방사지의 지구 정반대편 타이완의 어느 바다로 추정되고 있었다. 각자 고향이 다른 돌고래들을 각자의 고향과 무관한 카리브 해의 산호초 바다에 방사했다. 사람도 사는 곳에 따라 문화가 다른데, 고향과 전혀 다른 바다의 물리적 환경과 낯선 돌고래 무리와의 문화적 차이는 세 돌고래가 야생 바다에 적응하는 데 적잖은 걸림돌이 되었을 것이다. 실버는 조조와 만나 어떤 대화를 나누었을까. 아니, 대화라도 나눌 수 있었을까. 이런 질문을 남긴 채 인투 더 블루 프로젝트는 잊히고 말았다.

그러나 인투 더 블루 프로젝트는 세 마리의 돌고래보다 훨씬 더 많은 돌고래를 구했다. 모어캠비 캠페인으로 촉발된 '돌고래 감금'에 대한 문제의식은 영국 사회를 질적으로 바꿨다. 돌고래수족관에 대한 사회적 압력이 거세지면서, 돌고래 전시공연은 영국 사회에서 인간이 동물을 내하는 태도, 동물복시의 리트머스 시험지로 받아들여지게 됐다.

영국 정부는 돌고래의 동물복지적 문제가 제기됨에 따라 1980년대부터 자국 수족관에 대한 전수조사를 벌여왔다. 이때 수족관돌고래의 복지를 위해 풀장의 규격, 먹이 급여, 수질 등 시설 관리기준이 제정되었는데, 이 조항은 1990년 동물원면허법에 추가되면서 1993년 법 적용을 기다리고 있었다(Dineley, 2015b). 강화된 조건을 맞추기 위해 주판알을 튕기던 수족관들은 전시공연을 포기하기 시작한다. 이제 영국에 남은 돌고래수족관은 잉글랜드 중부 스카보로의 플라밍고랜드Flamingoland와 런던 외곽 윈저 사파리 파크Windsor Safari Park 두 곳이었다. 경영난으로 법정관리를 받던 윈저 사파리 파크는 1992년 레고랜드에 인수되고, 새 주인은 돌고래 전시공연을 중단하고 돌고래들을 네덜란드의 수족관에 팔아넘긴다.

플라밍고랜드가 영국에서 유일하게 남은 돌고래수족관이 되었다. 플라밍고랜드는 마지막까지 돌고래수족관 폐지 여론에 저항했다. 플라밍고랜드는 지금의 동물원이 비판 여론에 대응하듯 야생동물 보전과 연구를 위해 돌고래수족관은 존치되어야 한다고 맞섰다. 조련사는 공연 중인 돌고래를 가리키며 "야생 돌고래는 사람이 만든 그물에 걸려 질식되어 죽습니다. 이들은 야생 돌고래들의 친척입니다"라고 외치고, 기념품 가게에서는 "윤리적인 참치를 사세요" 스티커를 팔았다(Waind, 1993).

플라밍고랜드가 말하는 연구는 가령 이러한 것이었다. 돌고래 조련사이자 과학자인 피터 블룸Peter Bloom은 야생 돌고래의 보전을 위해서도 돌고래 사육은 필요하다고 주장한다. 그는 스코틀랜드 모레이 퍼스의 야생 돌고래가 그물에 걸리지 않게 하기 위해서는 수족관돌고래를 연구해 돌고래가 그물을 회피할 수 있도록 하는 수중음파 반향기를 개발해야 한다는 주장을 폈다(Waind, 1993). 그러나 관객 수는 형편없이 줄어들어 있었다. 돌고래쇼 관람은 부끄러운 행위가 되어버렸다. 피터 블룸이 휘슬을 분 마지막 돌고래는 로티, 베티, 샤키라는 이름의 큰돌고래였다. 동물원면허법이 규정한 풀장의 깊이 등 시설 기준에 맞도록 리모델링 계획을 세웠으나 이내 포기하고 만다. 플라밍고랜드는 1993년 돌고래를 유럽으로 팔아넘긴다(Dineley, 2015a:2015b).

1960년대 영국에는 15개의 돌고래수족관이 있었다(Waind, 1993). 1970년대 초반에는 돌고래 전시공연을 하는 곳이 25곳까지 치솟았다. 돌고래 산업이 누리던 과거의 영화는 사라졌다. 한때 '돌고래쇼 천국' 이었던 영국은 '돌고래 감금 제로' 의 나라가 되었다.

운명: 케이코와 제돌이

기억은 쉽게 지워진다. 한때 전 세계 방송국의 카메라가 몰려들었던 아이슬란드 베스트만 제도에는 케이코를 추억하는 그 흔한 가게 간판 하나도 없었다. 마을의 여행정보센터에도(그래봐야 동네 서점을 겸하는 곳이지만) 그곳에 진열된 브로슈어에도 없었다. 아마 미국만 해도 '케이코' 라는 이름을 단 가게는 수십 개는 넘을 것이다.

케이코는 1998년 미국 오리건 주의 아쿠아리움에서 미국 공군기 C-17을 타고 이 작은 섬으로 왔다. 섬 언덕 너머에는 제트기가 가까스로 착륙할 만한 작은 비행장이 있다. 케이코는 이곳에서 들것에 실려

섬 반대편 항구의 만으로 이송됐다. 절벽이 둘러싸고 파도는 잔잔한, 야생방사상으로선 천혜의 조건을 갖춘 곳처럼 보였다. 물론 아무런 표식도 없었다. 이곳에 세계적인 영화 〈프리 윌리〉의 그 스타 배우 케이코가 살았다는 이야기는 북극제비갈매기가 절벽에 붙어 있는 새끼에게 모이를 가져다주며 해주는 옛날이야기에나 등장할 법했다.

2010년 유럽 공항을 마비시킨 화산 폭발 직후 화산석들을 유리병에 담아 1만 원에 팔 정도인 '관광대국' 아이슬란드가 왜 케이코를 기억하지 않는지 궁금했다. 내가 추측하기론, 이유는 두 가지다. 첫째는 아이슬란드가 전통적인 포경국이라는 점. 당시 아이슬란드 정부는 세계적인 이벤트에 "전적으로 협력하겠다"고 공언했지만, 케이코의 야생방사가 탐탁지는 않았을 것이다. 둘째는 이 작은 섬 사람들은 먹고살기 바쁘다는 것. 베스트만 제도는 아이슬란드의 최대 어업기지로, 모두들 생선 잡는 데 바쁘다. 굳이 케이코를 관광상품화시키기엔 너무 바쁘고 그럴 필요성을 못 느꼈을 만도 했다.

케이코의 흔적을 확인할 수 있는 유일한 방법은, 항구에서 출발하는 탐조선이었다. 주로 퍼핀 등 바다 철새들을 관찰하고 가끔은 범고래도 볼 수 있다고, 한 관광업체의 브로슈어는 설명하고 있었다. 그 범고래들은 아마도 케이코가 간혹 어울렸던 무리의 후예일 것이다. 케이코를 결국 끼워주지 않았던, 그래서 케이코가 그 무리 가장자리에서 뻘쭘하게 놀고 올 수밖에 없었던.

그 탐조선조차 장사가 안되는지 하루 세 번 떠나던 게 한 번으로 줄어 있었다. 베스트만 제도에서 사람들은 걷고 또 걷는다. 철새를 보러 깎아지른 절벽이 있는 언덕을 오른다. 그 아래의 바다가 케이코가 대서양으로의 역사적인 항해를 가슴에 품으며 기다렸던 곳이라는 점도 모른 채.

2011년 3월 2일 금요일 저녁, 기사를 다 출고하고 나서 나는 편집 과정을 기다렸다. 서울대공원에서 쇼를 벌이고 있는 제돌이에 대한 이야기에, 케이코와 같은 야생적응 훈련을 거치면 제돌이의 야생방사는 성공할 것이라는 김현우와 세계적인 돌고래 야생방사 전문가인 나오미 로즈와 폴 스퐁의 인터뷰 기사를 덧붙였다. 이튿날 발행될 〈한겨레〉 토요판 1면에서는 제돌이가 서울대공원 수족관에서 훌라후프를 돌리고 있었다. 1면 머리기사의 제목은 '제돌이의 운명'이었다. 한 번의 실수로 외계 세상에서 훌라후프를 돌리는 피에로가 됐지만 이 기사를 계기로 운명이 바뀌는 반전이 찾아와주었으면 했다. 이례적으로 1면에서부터 3, 4, 5면에 이르는 4개면, 150매가량의 기사를 썼다. 데스크를 다 거쳤고, 제목도 뽑혔고, 디자인도 끝났다. 인쇄만 하는 되는 상황이었다.

그런데 복병이 터졌다. 저녁 편집회의 때 신문사 내부에서 이 기사에 대한 문제제기가 빗발친 것이다. 일부 편집위원들이 국무총리실 산하 공직윤리지원관실에서 민간인 사찰을 했다는 내용의 기사를 1면 머리기사로 올려야 한다고 주장했다. 당시 〈한겨레21〉 다음 주 기사의 일부를 미리 신문 토요판 톱기사로 쓰자는 것이었지만, 〈오마이뉴스〉가 이날 오후 이미 같은 내용을 단독으로 보도한 터였다. 아무도 직접적으로 말하진 않았지만, 한낱 돌고래 이야기가 적절치 않다는 것이었다. 국무총리실 공무원이 민간인을 미행하는데, 한낱 돌고래를 고향으로 돌려보내주자는 이야기를 하다니. 한가한 소리로 들려 한심스러웠을 것이다. 심의실에서 볼멘소리가 나왔고, 나중에는 급기야 편집인으로부터 전화가 왔다고 한다. 1면 상단 톱에 배치된 이 기사를 하단으로 내리라고 한 것이다. 당시 나는 사회부 소속이었고, 지면을 책임지는 토요판팀은 반대했다. 토요판의 지면 디자인이나 콘셉트, 기사 내용을 봐서도 그렇게 할 수 없다는 게 주무팀의 의견이었다.

'한낱 돌고래 이야기를 신문 1면에 쓰다니.' 그게 당시의 정서였다. 정권의 향배를 두고 벌이는 반복적인 권력투쟁이 중요하다면, 한 생명의 이야기는 왜 중요하지 않을까. 선과 악의 싸움은 대군의 전쟁이나 한 판의 선거가 아니라 하나의 인간, 동물의 몸에서 벌어진다. 세계의 모든 존재는 연결되어 있다. 그리고 우리는 모두 고유의 목적을 가지고 태어나 각각 소중한 기적 같은 삶을 산다. 인간의 몸, 동물의 몸, 돌고래의 몸은 사회적 관계, 정치적 이해에서 분리돼 있지 않다. 오히려 권력은 몸을 직접적으로 투과한다. 바로 이러한 이유로 (결과적으로) 공허한 정치적인 주장과 이데올로기, 담론을 분석하는 것보다 인간과 동물의 몸을 분석하는 작업이 때로는 은폐된 권력의 욕망, 작용을 명징하게 드러낸다.

결국 한국 신문 최초의 돌고래 1면 기사는 기존의 디자인과 달리 어정쩡하게 나갔다. 사진과 제목은 1면 상단에 그대로 두고, 기사를 오른쪽 귀퉁이에 흘리는 형태로 타협되었다. 그러나 '제돌이의 운명'은 반대론자들이 무색해할 정도로 예상치 못한 결과를 불러왔다.

▶'한낱 돌고래' 풀어주자는 이야기를 일간지 1면에 등장시키는 것은 신문사 내부에서도 쉽지 않은 일이었다. 논란 끝에 2012년 3월 3일치 1면에 제돌이의 야생방사를 제기하는 머리기사가 국내 최초로 나갔다. 제돌이의 이름이 처음 공표되어 공론화되는 순간이었다. 반대를 무릅쓰고 출판된 기사는 2년 뒤 결실을 보았다. 2013년 7월 20일 1면에 다시 등장한 제돌이는 야생방사 직후 너른 제주 바다를 헤엄치고 있었다.

한겨레 토요판

HANI.CO.KR

대표전화 1566-9595 1988년 5월15일 창간
7473호 7판 2012년 3월3일 토요일

오늘 ›››7면
SK총수 형제, 나란히 재판정에 서다

승부 ›››16·17면
명장의 전설, 퍼거슨 대 벵거

김형태 변호사의 비망록 ›››26면
영안실 때려부순 지옥도를 아십니까

"민간인 불법사찰 증거 컴퓨터 청와대 행정관이 부숴라 지시"

정부관계자 '한겨레21'에 밝혀
"민정수석실과 얘기 돼있다 말해"
'총리실 소행' 검찰발표와 배치

게부수든지, 컴퓨터를 강물에 갖다버려도 좋다. 민정수석실과 이미 얘기가 다 돼 있어 검찰에서도 문제되지 않을 것'이라고 얘기한 것으로 안다"고 말했다. 당시 검찰은 7월7일 지원관실을 압수수색했고 이에 앞서 장 전 주무관은 [illegible]

폰'을 개설해 지원관실에 건넨 인물로, 지원관실 설치·운영에 깊이 개입한 이영호 전 청와대 고용노사비서관의 직속 부하직원이었다. 이 때문에 검찰 수사 당시에도 청와대가 증거인멸에 개입했을 것이라는 의혹이 제기됐지 [illegible]

남방큰돌고래 '제이비디(JBD) 09'는 3년 전만 해도 한라산 아래에서 헤엄치던 돌고래였다. 제이비디 09는 이제 '제돌이'라는 이름으로 경기도 과천시 서울대공원에서 묘기를 부린다. 10여년 전에 잡혀 온 금등이, 대포와 함께 점프를 하고 끼룩끼룩 노래를 부른다. 제주도 서귀포시의 돌고래 공연업체인 퍼시픽랜드에 사는 태산이(JBD 20), 춘삼이(JBD 21) 등 6마리도 마찬가지다.

국내 처음으로 수족관에 갇힌 돌고래를 고향으로 돌려보내자는 야생방사 운동이 벌어지고 있다. 환경단체인 핫핑크돌핀스와 동물보호단체인 동물자유연대는 "서울대공원과 퍼시픽랜드에서 쇼를 벌이는 남방큰돌고래는 불법 포 [illegible]

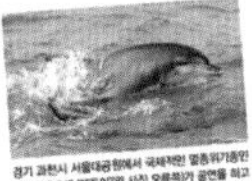

경기 과천시 서울대공원에서 국제적인 멸종위기종인 남방큰돌고래 '제돌이'(위 사진 오른쪽)가 공연을 하고 있다. 제돌이는 2009년 5월1일 제주 앞바다에서 그물에 걸린 것을 불법으로 잡아 거래했다. 현재 추세라면 남방큰돌고래는 2050년께 20마리 이하로 줄어들어 사실상 멸종에 가까워진다. 김태형 선임기자 khan@hani.co.kr, 고래연구소 제공

한겨레 토요판

hani.co.kr

대표전화 1566-9595 1988년 5월15일 창간
7판 7901호 2013년 7월20일 토요일

르포 ›››15면
평양냉면집 옥밀대에서 일하다

몸 ›››16면
시인 고은의 귀, 또는 헛귀

표창원의 죄와 벌 ›››22면
사령카페와 정사갤 살인사건

19일 오후 4시20~30분께 제주시 구좌읍 김녕리 북지코 해안 인근 가두리 안에 있던 제돌이는 부리를 내밀고 서서 인사를 하는가 싶더니 곧 바다로 빠져나갔다. 허망한 이별 뒤 고무보트를 타고 제돌이와 춘삼이를 찾아 나섰다. 서쪽으로 내달린 지 40여분, 김녕항에서 서쪽방향으로 약 2.5km 떨어져 있는 다려도 인근에서 자유롭게 헤엄치는 제돌이를 발견했다. 멀리 김녕항 일대에 설치된 풍력발전단지가 보였다. 제주/김태형 선임기자 khan@hani.co.kr

"돌고래다!"

19일 오전 11시14분 제주시 구좌읍 동복리 앞바다를 바라보던 '제돌이 야생방류를 위한 시민위원회'(제돌이시민위) 소속 연구원이 소리쳤다. 옥빛 바다 너머로 돌고래 두 마리가 높게 솟구쳤다.

전날 제주시 구좌읍 김녕리 가두리에서 야생방사된 남방큰돌고래 제돌이와 춘삼이를 찾기 위해 세 팀으로 나눠 해안을 수색하던 제돌이시민위 소속 연구·촬영팀이 분주해졌다. 약 5km 떨어진 김녕항에서 [illegible] 서울대공원 사육사가 고무보트를 띄웠다. 가까이 다가가 등지느러미를 살펴봤다. 아무 표지가 없었다.

제돌이는 등지느러미에 1번, 춘삼이는 2번이 하얀색으로 새겨져 있다. 지난달 22일 제주시 성산항 가두리에서 야생적응 훈련 중 탈출한 삼팔이는 번호 표지가 없어 사진을 찍어 개체를 파악한다. 그러던 중 국립수산과학원 산하 고래연구소에서 전해준 소식이 퍼졌다. 춘삼이 등지느러미에 달린 위성위치추적장치(GPS)에서 보낸 신호가 잡혔다는 것이다. 연구팀은 환호했다.

제주 앞바다에서 불법포획돼 돌고래쇼에 동원됐다가 고향으로 돌아간 남방큰돌고래 제돌이와 춘삼이가 야생에 순조롭게 적응하고 있는 것으로 파악됐다. 야생방사 40여분 뒤 제돌이가 다려도 앞바다에서 먹이사냥에 성공한 장면이 포착된 데 이어 춘삼이는 네 시간 동안 헤엄쳐 저녁 8시16분 우도 앞바다에 도착한 것으로 확인됐다. 가두리를 빠져나간 직후 수컷인 제돌이는 서쪽 방향을 택했고 암컷인 춘삼이는 동쪽을 택했다. 외국 사례를 보면, 돌고래 두 마리 이상이 동시에 야생방사되더라도 다른 길을 택하는 경우가 많다. 두 돌고래는 야생적응 훈련 중에도 친하게 지낸 적이 없어서 제 갈 길을 간 것은 자연스러운 현상이라고 전문가들은 본다.

아직 두 마리의 야생 무리 합류 여부는 확인되지 않았지만 먹이사냥에 성공하고 빠른 이동속도를 보임에 따라 적응에 성공할 것으로 전문가들은 낙관하고 있다. 특히 춘삼이의 이동속도는 야생 돌고래에 크게 뒤지지 않는다. 춘삼이는 김녕리에서 우도까지 직선거리 20km를 네 시간 만에 주파했다. 야생방사를 지휘한 김병엽 제주대 해양과학대 교수는 "춘삼이는 제돌이에 비해 활동적이었다. 현재까지 확인된 먹이 섭취나 활동성 등을 볼 때 두 마리 모두 순조롭게 야생에 적응하고 있다고 볼 수 있다"고 말했다. 삼팔이는 이미 지난달 29일 야생 무리와 함께 다니는 장면이 사진 식별을 통해 확인됐다.

제주도 남방큰돌고래 야생 무리는 114마리로 추정된다. 1~4마리로 다니다가도 70~80마리의 큰 집단을 형성하는 등 해안을 돌며 '이합집산'하는 행동을 보여준다. 제돌이시민위는 해안을 돌며 야생방사된 세 마리의 행동과 무리 합류 여부를 관찰할 예정이다.

제주/남종영 최우리 기자 fandg@hani.co.kr

【3부】

생명정치와
돌고래의 저항

9장 

돌고래 정치의 개막

"잠깐 제 이야기를 해보겠습니다.
제가 지금 호텔에 머무르고 있는데, 방이 무척 좋습니다.
아마도 룸서비스를 받으면 한동안은 방 안에서 안락하게 지낼 수 있을 겁니다.
하지만 제가 그 방 안에 갇혀 지내게 된다면 거기서 진정한 삶을 살아갈 수 있을까요?"

– 리처드 오배리 인터뷰, 〈함께 나누는 삶〉 2012년 봄·여름호 중에서

2012년 3월 12일 아침. 따스한 봄바람이 황사에 바랜 하늘을 닦아내고 있었다. 종종걸음으로 지하철역으로 걸어가는데, 전화벨이 울렸다. 서울환경연합에서 일하는 이세걸 사무처장이었다.

"소식 들으셨어요? 오늘 박원순 시장이 기자들을 오전 10시까지 서울대공원으로 소집했다던데. 기자회견을 한다고요. 무슨 내용인 줄 아세요?"

이날 아침 서울시청 출입기자들에게 급히 통지가 된 모양이었다. 그렇잖아도 서울환경연합은 지난주 기자회견에 참석한 이후 서울시에 '제돌이 방사'를 요구하고 있었다. 오늘 기자들에게 공지된 기자회견 안건은 '돌고래 공연 중단 및 방사 요구에 따른 서울시의 입장'이었다. 서울환경연합은 서울시와 채널이 있었다. 그의 목소리가 약간 들떠 있었다.

"서울시가 돌고래 방사하겠다는 거겠죠?"

〈조선일보〉의 돌고래 정치

오전 11시, 박원순 서울시장이 서울대공원 해양관의 돌고래를 등지고 기자들 앞에 섰다. 박원순 시장은 사육사의 설명을 들으며 '스테이셔닝'을 한 돌고래들을 바라봤다. 인간을 청중으로 두고 동물 앞에서 그 동물의 운명을 발표하는 장면도 한국 정치사에서 처음이었으리라. 박원순 시장이 말했다.

"제돌이가 한라산과 구럼비가 있는 제주 앞바다에서 마음 놓고 헤엄칠 수 있어야 합니다. 이는 동물과 사람, 자연과 인간의 관계를 재검토하고 새롭게 설정하는 문제입니다."(박기용, 2012)

서울시장은 남방큰돌고래의 야생방사를 말하고 있었다. '제돌이의 운명'이라는 이름으로 기사가 나온 지 열흘째 되는 날이었다. 기자들은 놀랐고 웅성거렸다. 남방큰돌고래라는 돌고래, 제돌이라는 이름도 모르는 기자들 태반이었다.

이날 서울시가 발표한 입장은 세 가지였다. 첫째, 돌고래쇼를 잠정 중단한다. 둘째, 여론 수렴 절차를 거쳐 돌고래쇼 지속 여부를 결정한다. 셋째, 제돌이는 1년의 야생방사훈련을 거쳐 바다로 되돌려 보낸다.

요약하자면, 서울대공원 '돌고래쇼의 동결'과 '제돌이의 귀향'이었다. 다만 돌고래쇼는 일방적으로 중단할 수 없으므로 의견 수렴 절차를 따라 결정하겠다는 게 서울시의 입장이었다. 여론조사와 소셜미디어 의견조사를 하고 시민 대표로 구성된 100인 위원회를 통해 결정한다는 방안이 제시됐다.(서울시, 2012a) 박원순 시장은 참여연대와 아름다운 재단, 희망제작소로 이어지는 1980년대 이후 한국 시민운동의 태동과 발전, 혁신을 상징하는 인물이었다. 민관 협치를 통해 논쟁적인 문제를 풀어보겠다는 것이었다.

그러나 문제는 구럼비! 정치적 감각이 발달한 기자들은 박 시장의 연설에서 '구럼비'라는 단어가 튀어나오자 귀를 쫑긋 세웠다. 구럼비는 한창 정치적 논쟁으로 떠오른 제주 강정의 해군기지 건설 현장 주변에 있는 천연기념물 너럭바위였다. 강정 주민들과 시민단체들은 해군기지로 인해 길이 1.2킬로미터 너비 150미터의 제주 최대 용암 너럭바위인 구럼비 바위가 훼손될 것이라고 주장했다. 누군가 손을 들고 박원순 시장에게 물었다.

"구럼비를 말하셨는데, 강정의 제주 해군기지 건설 반대에 힘을 실으려고 하는 겁니까?"

"제주도 남쪽인 구럼비 앞바다에 특히 돌고래가 많다고 들어서 그렇게 이야기한 것입니다."

박원순 시장의 선언은 곧바로 신문·방송에 보도되면서 뉴스의 초점으로 떠올랐다. 이튿날 보수일간지 〈조선일보〉는 1면에 이 소식을 다뤘다. 기사의 제목은 "박원순의 '돌고래 정치'"였다.

> 박 시장이 제돌이를 방사할 장소로 제주 앞바다라는 포괄적 표현 대신 제주 해군기지 건설에 반대하는 불법 시위가 이어지고 있는 구럼비와 강정마을을 구체적으로 적시하면서 '사실상 제주 해군기지 건설 반대 입장을 우회적으로 밝힌 것'이라는 말이 나오고 있다.(이위재, 2012)

▲2012년 3월 12일 오전 박원순 서울시장은 서울대공원 해양관을 방문해 긴급 기자회견을 열고 돌고래쇼 잠정 중단 및 제돌이 방사를 발표한다. 돌고래 정치가 개막됐다. ©〈한겨레〉 김명진

평소 동물복지나 관련 이슈에 대해 찬성이든 반대이든 관심이 없던 보수일간지였다. 이 신문은 국내 최초로 이뤄지는 남방큰돌고래의 야생방사보다는 박원순 시장의 '구럼비' 발언에서 뉴스를 뽑아냈다. 돌고래 정치가 개막됐다. 제돌이는 사라지고 박원순이 나타났다.

낙타와 제돌이

예부터 동물은 정치에 이용되어왔다. 중세의 귀족이 이국의 괴이한 짐승을 수집하고 식민지 관료들이 식민지의 야생동물을 본국에 보낸 것도 귀족과 제국의 우월성을 과시하는 정치 행위였다.

'동물 정치'는 한물간 정치 관습이 아니다. 이를테면 동물 선물의 전

통은 지금까지도 남아 있다. 외교적 우의를 다지기 위해 귀한 동물을 교환하고, 유권자들은 당선된 대통령에게 진돗개를 선물한다. 강한 메시지를 내포한 정치적 행위로도 동물은 활용된다. 한반도 동물사에서 가장 흥미를 끄는 대목 중 하나인 고려 태조 왕건(재위 818~943) 때 개성 만부교에서 일어난 '낙타 아사 사건'도 그러하다. 942년 거란이 고려에 화의를 청하려고 낙타 50마리를 선물로 보낸다. 고구려, 발해의 계승자를 자처한 태조가 왕위에 오른 지 25년째 되는 해였다. 태조 왕건은 불호령을 내려 사신 30명을 섬으로 유배를 보내고 낙타는 개경의 만부교 아래 매어놓고 밥을 주지 않고 방치토록 한다. 낙타 50마리는 굶어 죽는다.

후대인 26대 충선왕(재위 1308~1313)은 굶어 죽은 낙타를 불쌍해한 것 같다. 그가 신하 이제현에게 묻는다.

"나라의 임금으로서 수십 마리의 낙타를 가지고 있다 해도 그 폐해가 백성들을 상하게 하는 데에는 이르지 않을 것이며, 또 받기를 사양하면 그뿐인데 어째서 (태조 왕은 낙타를) 굶겨 죽이기까지 하였습니까?"(충선왕)

"우리 태조가 이렇게 한 까닭은 장차 오랑캐의 간사한 꾀를 꺾고자 한 것이든, 아니면 또한 후세의 사치하는 마음을 막고자 한 것이든, 대개 반드시 깊은 뜻이 있을 것입니다."(이제현) (《고려사 열전》 권제23 '충선왕이 이제현을 만권당으로 불러들이다')

태조 왕건은 고구려, 발해에서 고려의 정통성을 찾고자 했다. 거란은 고려가 계승자를 자처한 발해를 멸한 국가였다. 926년 발해가 멸하고 고구려 계통의 백성들은 왕건이 세운 고려로 들어오고 있었다. 태조 왕건은 낙타를 굳이 굶겨 죽임으로써 건국 이데올로기를 확고히 하면서 백성들의 지지를 받고자 했다. '낙타 아사 사건의 소문'이 더 널리 퍼지기를 태조 왕건은 바랐을 것이다. 인간의 욕망과 정치적 이데올로기가 동물의 몸에 투사된 건 예나 지금이나 마찬가지였다.

보수언론의 공격이 쏟아졌다. 〈조선일보〉와 〈동아일보〉가 비판의 선두에 섰고, 대부분의 신문과 공중파 방송은 찬반을 뚜렷하게 표명하지 않았으며, 〈한겨레〉는 첫 문제제기 이후 지속적이고 적극적으로 야생방사를 주장했다.

제돌이 야생방사에 대한 비판은 크게 두 가지였다. 첫째는 그토록 많은 예산을 동물 한 마리 구제하는 데 쓸 정도로 우리가 한가한가(어떻게 보면 이것은 〈한겨레〉 내부에서도 있어온 비판과 같은 논리였다)라는 것이었고, 둘째는 제돌이의 야생방사는 성공할 수 없을 것이라는 짐짓 과학적인 견해를 담은 주장이었다.

제돌이 야생방사에 서울시는 8억7000만 원의 예산을 책정하겠다고 밝혔다. 서울에서 제주까지 제돌이의 수송비, 야생방사를 위한 가두리 설치비와 사료비, 방사연구 및 인건비 등이 필요했다.[1] 비판론자들은 8

▼

1 애초 예상됐던 예산 8억7000만 원은 이듬해 7억5100만 원으로 조정된다. 이 예산을 둘러싼 서울시 내부의 이해관계도 복잡했다. 돌고래쇼가 무료 생태설명회로 바뀌면서 서울대공원의 수입은 줄어들었는데, 서울시 본부에서 서울대공원에 방사비용을 부담하라는 데 대해 볼멘소리가 터져 나온 것이다.

억7000만 원이라는 '혈세'를 돌고래 한 마리를 야생에 돌려보내는 데 쓰는 건 예산 낭비라고 주장했다. 서울시의회에서 야당의 시의원들도 예산 문제를 집요하게 물고 늘어졌다. '제돌이 한 마리 방류를 위해 쓰는 돈은 저소득층 468가구가 한 달 동안 먹고살 수 있는 돈'이라는 한 통신사의 기사(국기헌, 2013)는 이런 시각의 결정판이었다. 8억7000만 원의 가치는 무엇인가? 이 돈은 저소득층 486가구의 한 달 최저생계비이기도 했지만, 서울 강남의 30평대 아파트 한 채 값밖에 되지 않는 돈이기도 했다. 국가정보원이 외국의 보안업체에 해킹프로그램을 얻고 치른 대가(전진식, 2015)도 그 정도밖에 되지 않았다. 8억7000만 원은 우리 사회의 불균등과 부정의를 표상하는 숫자이기도 했다.

또 하나 예를 들어보자. 한국의 대표적인 멸종위기종 복원 사업인 지리산 반달곰 복원에는 매년 15억 원이 쓰인다(남종영, 2012d). 제돌이 야생방사는 약 2년 사업으로 진행됐다. 반달곰 복원 사업에 드는 한 해 예산의 4분의 1밖에 안 되는 것이다.

다른 하나는 제돌이가 바다에 나가도 야생성을 회복하지 못할 것이라는 주장이었다. 이 문제는 상당히 중요했다. 왜냐하면 향후 진행된 퍼시픽랜드 돌고래 재판에서 법원이 몰수 판결을 내릴 때, 돌고래의 야생적응 가능성이 핵심 기준이 될 수 있었기 때문이다.

에버랜드 동물원장 출신인 신남식 서울대 수의대 교수는 회의론자를 대표하는 인물이었다. 그는 사육 상태의 돌고래는 자연 상태로 돌려보내는 것이 쉽지 않다고 주장했다(윤범기, 2012). 돌고래들이 수족관에서 오래 생활했기 때문에 야생적응이 쉽지 않다는 이유였다. 제돌이의 경우는 2009년 5월 그물에 걸려 잡혀왔으니, 이미 수족관 생활이 3년이다 되어가고 있었다. 한 보수신문은 사설까지 썼는데, 제목이 '제돌이를 바다로 돌려보내 죽으면 어떡할 건가'(동아일보, 2012)였다. 이 신문이 그때까지 동물복지, 동물권 등 한 동물의 생명권에 대해서 진지하게 접근한 기사는 생각나는 게 없다. 그러나 이 신문은 "3년 가까이 동물원에서 지낸 제돌이가 야성을 회복하기 쉽지 않을 것이라는 전문가들의 관측이 있다. 포획된 지 3년 지난 돌고래의 자연방사는 성공사례가 보고된 적이 없다"며, "제돌이가 죽거나 상처를 입는다면 풀어주지 않은 것만 못한 결과가 빚어질 것"이라고 짐짓 제돌이의 운명을 걱정했다.

포획된 지 3년 지난 돌고래의 자연방사는 성공한 적이 없다는 주장은 문자 그대로는 맞았지만 사실상의 왜곡이었다. 1960년대에서 1990년대까지 돌고래 야생방사는 큰돌고래, 남방큰돌고래만 60차례, 범고래 21차례 등 90여 차례 실행됐다(Balcomb, 1995). 그러나 최근까지 과학적인 논문을 통해 구체적 과정이 기록된 돌고래 야생방사는 단 두 건에 지나지 않았다. 한 번은 성공했고 한 번은 실패했다. 성공한 사례의 돌고래들은 포획된 지 2년이 안 된 개체들이었다. 그러니 2년 이상 된 개체는 무조건 실패한다? 〈동아일보〉의 논리가 그런 것이었다. 딱 두 사례를 보고서 그렇게 결론을 내린 것이다.

어쨌든 두 사례를 보자. 첫째 사례, 1990년 미국 플로리다 주 탬파베이 앞바다에 살던 큰돌고래 에코와 미샤는 수족관에서 2년을 살다가 방사됐다(Wells et al., 1998). 두 돌고래는 무리 없이 야생적응에 성공했고 돌고래 야생방사의 전범이 됐다. 김현우가 보내준 바로 그 논문이었다.

두 번째 사례는 오스트레일리아 투록스Two Rocks에서 방사된 네로Nero, 밀라Mila 등 아홉 마리의 경우였다(Gales and Waples, 1993; Waples,

1997). 일본 기업 소유의 아틀란티스 마린파크Atlantis Marine Park가 문을 닫으면서 돌고래를 둘 곳이 없자 시작된 야생방사였다. 수족관에서 탄생한 돌고래도 있었고(야생 경험이 없는 돌고래의 야생방사는 과학적으로 어렵다는 게 정설이고 윤리적으로도 논쟁적이다) 길게는 9년까지 수족관에서 살던 돌고래도 풀려나는 등 뒤죽박죽이었다. 돌고래들은 야생에 적응하지 못하고 바닷가로 되돌아왔다. 실험 조건이 잘 조작되지 않은 야생방사 실험이었다.

정리를 해보자. 2년 이하 개체는 깔끔하게 진행되어 성공했고, 2년 이상 개체가 투입된 또 다른 실험은 뒤죽박죽 진행되다 실패했다. 과학적으로 관찰, 기록된 사례는 이렇게 딱 두 가지만 있었다. 계획대로라면 제돌이는 수족관 생활 4년차 정도에 야생방사될 터였다. 그렇다면 제돌이의 야생방사가 성공할 거라 보는 게 옳을까, 아니면 실패할 거라고 보는 게 옳을까? 제돌이는 야생에서 7년 살아본 경험이 있었다. 또한 남방큰돌고래는 큰돌고래와 달리 연안 정주성이어서 해안가 1~2킬로미터 안쪽을 돌기 때문에 야생방사된 제돌이가 무리에 합류하기도 좋은 조건이었다. 지나치게 신중한 과학자라면 말을 아끼겠지만 그렇다고 실패할 것이라고 단정하지 않을 것이다. 오히려 예단할 수 없지만 성공할 확률이 더 높다고 할 가능성이 높았다. 실제 김현우를 비롯해 나와 인터뷰한 나오미 로즈, 폴 스퐁 등 외국 전문가들도 성공 가능성에 방점을 찍고 야생방사의 필요성을 이야기했다. 둘은 야생방사 성공 가능성을 묻는 나의 질문에 각각 대여섯 쪽에 이르는 장문의 이메일을 보내왔다.

"야생방사 성공 여부는 돌고래들이 어디서 왔는지, 그리고 그 야생 무리들에 대해 우리가 얼마나 잘 알고 있는지에 달려 있습니다. 기존 야생 무리가 사는 지역에 방류된다면 성공할 수 있습니다. 사전에 야생방사 계획을 세밀하게 세운 뒤, 돌고래를 바다의 가두리에 옮겨서 방사에 필요한 준비를 해야 합니다. 거기서 산 생선을 다시 먹는 경험을 시키는 거지요. 그러면 성공할 수 있습니다."(Spong, 2012)

"야생에서 포획되어 수족관에서 공연을 하는 돌고래들에게 우리는 책임 있는 자세를 보여줘야 합니다. 여기서 책임 있는 자세란, 돌고래들을 친숙한 과거 서식지로 돌려보내는 것이고, 그 뒤에도 완전히 홀로서기까지 우리가 세세하게 모니터링을 하는 것입니다. 미리 재활 훈련을 시켜 돌고래들을 포획된 야생 서식지로 되돌려 보낸다면, 충분히 성공 가능성이 있습니다. 만약 돌고래가 야생에서 독립하는 데 실패한다면, 그 돌고래를 회수해 천연 바다에 설치된 가두리나 시설에 보호하면 됩니다. 그곳이 비좁은 콘크리트 물탱크보다 낫겠지요. 수족관에서 태어난 돌고래 같으면 야생방사 성공 가능성이 적을 겁니다. 그러나 야생 경험이 있는 돌고래들과 함께라면 그보다는 성공 확률이 높아집니다."(Rose, 2012)

성공의 조건은 간단했다. 첫째, 야생 경험이 있을 것. 둘째, 야생 무리와 만날 확률이 높은 원서식지에 돌려보낼 것. 셋째, 사전에 산 생선 공급 등 충분한 야생적응 훈련을 거칠 것. 오스트레일리아 투록스의 돌고래들이 인간을 다시 찾아온 이유는 이 조건을 지키지 않았기 때문이다. 반면 제돌이와 돌고래들은 이 조건을 완벽하게 충족하고 있었다. 물론 야생 포획 뒤 수족관 감금 기간이 짧으면 짧을수록 좋다. 그러나 몇 년 이하는 성공하고 몇 년 이상은 실패한다는 기준을 제시할 만큼 많은 사례가 쌓인 게 아니었다. 그보다는 제돌이와 돌고래들이 야생에서 살았던 경험과 근육에 기대를 해볼 만했다.

야생방사 사례는 이미 〈한겨레〉가 야생방사를 주장하며 내놓은 첫 보도 '제돌이의 운명'(남종영·최우리, 2012)을 통해 소개된 바 있었다. 〈동아일보〉가 이것을 보고 비틀어 보도했다고밖에 생각되지 않았다. 왜냐하면 당시 돌고래 야생방사 자료를 수집한 과학자는 김현우 연구원과 외국 전문가들에게 분석을 의뢰한 필자 정도밖에 없었기 때문이다. 제돌이 야생방사 결정 뒤 김현우에게 인터뷰 요청이 쇄도하고 있었다. 그는 자신이 말한 것과 계속 다른 취지로 언론에 소개된다며 고개를 갸웃거렸다.

그렇다면 왜 보수신문은 기를 쓰고 제돌이 야생방사에 반대했을까? '박원순이 싫어서' 그랬다고 볼 수밖에 없다. 향후 돌고래의 야생방사에 대한 반대는 '박원순이 싫어서'가 주요 동력이었다. 박원순에게는 돌고래가 따라붙었다. 동물보호론자들에게 박원순과 돌고래는 새로운 시대의 커튼을 열어준 개척자였지만, 정치적 반대자들에게는 동물을 이용한 포퓰리즘이라는 비아냥의 대상이었다.[2] 인간의 정치적 이해관계는 제돌이라는 동물의 몸을 통해 투영됐다. 제돌이는 권력관계의 선

▼

2 〈한국경제〉 2012년 3월 21일의 '좌파 독선 정치의 진실'(김영봉, 2102)이라는 칼럼에서는 "돌고래 제돌이, 붉은발말똥게와 맹꽁이 같은 미물에 그렇게 애정이 많은 좌파 진영 사람들이 왜 북한 동포의 인권은 외면하는가"라고 주장하기도 했다.

이 통과하는 육체였다.

돌고래 정치의 막전막후

시민단체 진영은 박원순 시장은 믿었지만 서울대공원은 믿지 않았다. 맨 처음 서울시의 제돌이 야생방사 방침이 발표되자 핫핑크돌핀스와 동물자유연대, 환경운동연합 바다위원회 등 시민단체 진영은 야생방사 결정을 호위하면서 동시에 서울시가 이 문제에 좀 더 적극적으로 나서도록 압박했다. 그때까지만 해도 박원순 시장의 야생방사 결정에 대해 서울시 산하기관인 서울대공원 조직의 반감이 컸기 때문이다.

서울대공원은 돌고래로 '먹고살았다'. 방문객 5명 중 1명은 돌고래쇼를 봤다. 서울대공원 한 해 입장 수입 52억 원 중 11억 원을 돌고래쇼가 벌어다 줬다(서울시, 2012b). 서울대공원의 관람료는 여론을 의식해 2003년부터 10년 동안 3000원에 머물고 있었다. 돌고래쇼는 그나마 부족한 입장료 수입을 벌충하는 중요한 수단이었다. 서울대공원은 돌고래쇼가 중단되면 입장객의 약 22퍼센트가 감소하고 원내 음식점들이 관람객 감소에 따른 손해배상 청구를 할 수 있다는 보고(서울시, 2012b)를 서울시에 올렸다.

시장실의 입장은 확고했다. 박원순 시장은 야생방사 방안을 만들어 보고하라고 지시했고, 시장실의 비서관들은 서울대공원을 오가며 분주히 움직였다.

원래 서울시 본부가 야생방사 대상으로 검토하라고 지시한 것은 제돌이만이 아니었다. 최초 야생방사 돌고래에는 금등이, 대포도 포함되어 있었다.[3] 금둥이와 대포는 각각 1999년과 2002년 퍼시픽랜드에서 사들여온 남방큰돌고래였다. 그들 역시 제주 앞바다에서 불법으로 끌려와 수족관을 뱅뱅 도는 불운한 인생들이었다. 즉, 서울시의 야생방사는 불법포획된 남방큰돌고래 모두 야생으로 돌려보낸다는 원칙으로 시작됐다. 그러나 실무를 추진할 서울대공원은 야생방사에 부정적이었다. 야생방사를 어쩔 수 없이 해야 한다면 제돌이 한 마리만 하고, 금둥이와 대포는 안 된다는 전략을 가지고 나섰다(김현성 인터뷰, 2014). 당시 서울대공원 원장이었던 모의원과 나중에 이야기할 기회가 있었다. 그는 야생방사 검토 지시가 너무 갑작스럽게 내려왔기 때문에 서울대공원 조직이 느낀 충격이 컸다고 말했다.

"당초 세 마리를 검토했는데, 우리는 현실적으로 불가능하다, 서울대공원도 준비할 기간이 필요하다고 했던 거죠."

"무엇을 준비하는데요?"

"돌고래쇼 없어졌을 때 대체할 볼거리를 만들어야 하는 거 아닙니까? 돌고래쇼는 개원 이후 서울대공원의 최대 볼거리였습니다. 다만 제돌이는 야생방사하면 된다고 보긴 했어요. 남방큰돌고래 특성이죠. 멀리 안 나가니까. 우리가 노력하면 언제든 눈에 띄니까. 하지만 금둥이, 대포는 처음부터 안 된다고 우리가 선을 그었어요. 자료로 만들어 설명드렸지요. 거기까지는 무리라는 걸 그분들도 확인했고."(모의원 인터뷰,

▼

3 당시 서울대공원에서는 제돌이, 금둥이, 대포, 태지, 태양이 등 다섯 마리가 돌고래쇼를 벌이고 있었다. 제돌, 금둥, 대포는 제주 출신이었고 태지, 태양은 일본 다이지 출신이었다.

2014)

서울대공원의 저항으로 야생방사는 제돌이 한 마리를 내보내는 걸로 결정됐다. 열흘 만에 이 같은 과정이 일사천리로 진행됐다. 그러나 서울대공원과 서울시 본부 그리고 서울대공원과 시민단체 진영의 긴장관계는 계속됐다.

서울대공원 조직의 일부 구성원들은 돌고래 야생방사와 돌고래쇼 폐지를 탐탁지 않아 했다. 현장과 협의 없이 동물원에 적대적인 동물보호단체의 말만 듣고 서울시 상층부가 일방적으로 발표했다고 느꼈다. 야생방사 발표 당일, 박상미 사육사는 계속 눈물을 흘렸고 이 모습이 방송 카메라에 포착됐다. 그의 눈물은 기자회견장에 미묘한 긴장을 불러일으켰다. 박원순 시장은 눈물을 흘리는 여성 사육사에게 다가가 "조련도 사육사와 동물의 교감 없이는 불가능하다. 동물을 다 사랑하는 마음에서 하는 건데 동물을 혹사한다는 생각은 잘못된 것"(이정현, 2012)이라고 위로했다.

박원순 시장은 노련했다. 미묘한 긴장은 정치적 이벤트를 망가뜨리지 않고 이 한마디로 소멸됐다. 그러나 이 사건 뒤 제돌이의 야생방사는 '박원순의 돌고래 정치'라는 프레임 말고도 '아름다운 여성 사육사와 돌고래의 우정과 이별'이라는 스토리 속에서 전파를 타기 시작했다. 박상미 사육사는 '제돌이 엄마'로 일부 언론의 조명을 받았다. 제돌이 야생방사 발표와 함께 한시적으로 중단된 돌고래쇼가 완전히 폐지될 것인지, 살아남을 것인지 여론조사와 100인위원회의 결정이 남아 있는 상황이었다. 여성 사육사와 돌고래의 우정과 이별 스토리는 돌고래쇼 존속에 힘을 보태줄 것이라고 존치론자들은 기대했다.

박상미 사육사는 스무 살에 서울대공원에 들어왔다. 그녀는 애초 돌고래쇼에서 진행을 맡았다. 몇 년 뒤 그녀는 돌고래 사육과 수중공연에도 참여하게 됐고 제돌이 등 여러 돌고래를 돌봤다. 〈조선일보〉 같은 매체는 인간과 돌고래의 우정이라는 스토리를 통해 돌고래 야생방사에 대한 부정적인 측면을 간접적으로 부각시켰다. 이를테면 서울시장의 야생방사 발표가 끝난 뒤 제돌이가 박상미 사육사를 찾아와 그날따라 더 재롱을 부리며 위로했다는 이야기, 사람 좋아하는 제돌이가 과연 야생에 잘 적응할지, 오히려 가족을 더 위험한 곳에 보내는 것 같다는 이야기를 전했다(김성모, 2012). 곧잘 "우리 아이라고 꼬박꼬박 챙길 정도로 제돌이를 제 핏줄처럼 아꼈던 그녀"(최보윤, 2013)로 박상미 사육사는 묘사됐고, 그녀와 제돌이의 관계는 특수화됐다. 평소에도 제돌이가 다른 돌고래를 밀쳐내며 쓰다듬어달라고 졸랐다거나 속상한 일이 있으면 코로 쓰다듬어주며 위로했다는 이야기(정유진, 2012) 등도 있었다. 그러나 그런 스토리는 다분히 인간중심적인 해석이었다. 기사가 환상동화가 아닌데도 신문에서는 이런 기사가 한동안 이어졌다. 동물원의 '동물 감금'이 한 번도 문제라고 생각지 않던 우리에게 급작스러운 제돌이 야생방사 발표로 생긴 긴장을 해소하기 위해서는 한편으로 이런 동화가 필요했는지도 모른다.

사실 제돌이의 전담 사육사를 박상미 사육사로만 보기는 힘들었다. 제주로부터의 힘든 이송 작업과 제돌이의 초기 적응을 전담한 것은 돌고래 관리팀의 선임 격인 박창희 사육사였다. 박상미와 송세현 사육사가 번갈아 제돌이를 돌봤지만, 박상미 사육사가 '돌고래 엄마'라고 불릴 정도로 배타적인 관계는 아니었다. 내부 관계자의 말마따나 박상미 사육사의 부각은 서울대공원에서 "솔직히 좀 그림을 만든 것"이었다.

서울대공원이 '돌고래 엄마'를 부각시키며 언론플레이를 한 이유는 제돌이 야생방사를 동물원의 존재 이유를 허무는 급진적 조처로 받아들였기 때문이다. 한 사람의 주관적 느낌이 동물행동학이 되어 걸러지지 않고 보도된 것처럼, 막걸릿집에서나 주고받을 만한 평론도 걸러지지 않고 미디어를 통해 전파됐다. '돌고래는 내보내는데 왜 사자와 호랑이는 안 내보느냐'는 등의 논리가 횡행했다.

첫째, 이런 주장은 제돌이가 불법적으로 포획된 상황과 맞지 않았다. 제돌이는 돌고래 포획을 금지하고 그물에 우연히 걸린 개체는 바로 방류하도록 하는 현행 수산업법을 정면 위반해 동물원에 실려왔다. 불법으로 취득된 동물이라면, 그것도 정부가 소유하고 있다면 원상태로 돌리는 게 맞다. 정부가 앞장서 야생방사를 추진할 수 있었던 데는 제돌이 등이 불법으로 취득된 일종의 '장물'이었기 때문이다. 제주도에 114마리밖에 남지 않은 멸종위기종이라는 사실도 명분을 너했다.

둘째, 그럼 불법포획된 돌고래가 아니었다면? 제돌이의 특수 조건을 차치하고 위 질문에 정면으로 맞선다면 이렇게 대답할 수 있다. 돌고래는 동물원의 전시 부적합종이다. 하루에 수십 킬로미터를 돌아다니던 남방큰돌고래가 고작 몇십 미터의 수족관에 갇혀 살게 되면 엄청난 고통을 느낀다. 현대 동물원이 종 보전이나 교육적 목적에 기여한다는 점을 인정하더라도 적어도 돌고래 같은 동물은 동물원 전시 대상에서 차츰 배제시켜야 한다. 추운 기후에서 살며 이동거리가 긴 북극곰, 특유의 무리를 형성해 복잡한 사회생활을 하는 침팬지 등 유인원, 가족 간 유대가 깊고 문화를 전승하는 코끼리와 함께 돌고래는 동물원 전시 부적합종으로 꼽힌다(레이들로, 2012). 선진 동물원일수록 전시 부적합종의 사육 환경에 많은 투자를 하며, 장기적으로 사육을 중단한다. 돌고래는 영국 등 여러 나라의 동물원에서 사육이 중단됐으며, 코끼리는 뉴욕 브롱크스 동물원 등 선진 동물원이 사육을 포기하고 있다.

보수언론은 '제돌이의 야생방사 장소가 강정 해군기지가 있는 구럼비 바위'라고 주장하며 끈질기게 제돌이를 정치화했다. 그러나 야생방사 장소로 구럼비 바위는 애초부터 검토되지 않았다. 제돌이는 구럼비 바위를 포함한 제주 동서남북 해안을 뱅뱅 돌 뿐이었다. 하지만 기자회견에서 구럼비 바위를 언급한 박 시장 스스로 빌미를 제공한 측면도 있었다. 정치적 논란을 돌파할 수 있었던 원동력은 민관 협치였다. 박원순 시장은 최재천 이화여대 석좌교수를 위원장으로 하는 '남방큰돌고래(제돌) 성공적 야생방류를 위한 시민위원회'(약칭 제돌이시민위)에 야생방사의 전권을 맡겼다.

박원순 시장과 막역한 사이인 최재천 교수는 국내 지성계의 상징적 인물이다. 사회생물학자 에드워드 윌슨Edward Wilson과 사제지간으로 교류하다 한국에 와서는 환경단체 환경운동연합 대표로도 일하면서 몇 권의 베스트셀러를 내며 대중적인 인지도도 높았다. 최재천 교수를 필두로 제돌이 방류를 위한 시민위원회에는 각계각층의 인사가 모였다. 서울대공원 동물원장과 시의원, 환경·동물보호단체 대표, 생물학자와 해양공학자, 변호사 등 다양하고 이질적인 사람들이었다. 돌고래 야생방사를 선도했던 인물들인 황현진, 조희경, 김현우도 위원회 위원으로

참가했다.[4]

이러한 다양한 배경은 박원순 시장의 정치적 성격을 중화시킬 수 있었다. 보수언론의 공격을 방어하는 방패막이로 기능하면서 민관 협치의 대의도 챙길 수 있었던 것이다.

돌고래의 자살

박원순 서울시장의 발표 직후, 서울대공원은 돌고래쇼를 중단했다. 한 달간의 여론조사와 SNS 의견 수렴[5]을 거쳐 돌고래쇼는 생태설명회로 전환됐다. 4월 22일 재개된 생태설명회는 그러나 일부 동작 때문에 '변형된 돌고래쇼'라는 비판(권혁철·남종영, 2012)을 받았고, 서울대공원은 5월 8일 돌고래쇼에 들어가는 의인화 요소와 과도한 동작을 축소한 새로운 생태설명회를 내놓았다. 제돌이는 인간과의 접촉을 줄이기 위해 생태설명회에서 빴고 금등, 대포, 태지, 태양이만 나서도록 했다(서울대공원, 2012).

돌고래 야생방사에 상대적으로 늦게 합류한 동물자유연대는 제돌이 시민위원회 안팎에서 추진력 있게 이슈를 몰고 나갔다. 그해 5월 9일

4 제돌이시민위원회의 구성에 관해서는 12장 '마지막 쇼'의 '첫 회의'를 참고하라.

5 서울시는 여론조사 기관 리서치앤리서치에 의뢰해 2012년 4월 13일부터 사흘간 서울시민 1000명을 대상으로 여론조사를 벌였다. 돌고래 공연 지속 의견은 52퍼센트로, 공연 폐지 40퍼센트를 앞섰다. 반면 SNS 여론 분석 결과에서는 돌고래쇼에 대한 부정적 의견(폐지)이 56.8퍼센트로, 긍정적 의견(유지) 23.2퍼센트보다 많았다. 서울시는 두 조사 결과를 종합해, 돌고래쇼를 완전 폐지하지 않고 생태설명회로 전환하는 것으로 최종 결정했다(서울대공원, 2012).

서울에서는 '전시 돌고래의 안전 방생을 위한 국제 콘퍼런스'가 개최됐다. 당시 돌고래 야생방사 전문가는 국내에 한 명도 없었다. 몇 편의 논문을 본 게 국내 실력의 전부였다. 돌고래 야생방사를 조언해줄 전문가가 필요했다. 콘퍼런스를 주최한 동물자유연대는 〈한겨레〉를 통해 돌고래 야생방사의 가능성을 알려준 미국 휴메인소사이어티의 수석과학자 나오미 로즈 박사를 초청했다. 나오미 로즈가 추천한 홍콩의 해양포유류학자 사무엘 헝Samuel Hung 박사와 함께 돌고래 야생방사의 상징적 인물인 세계적인 돌고래 보호운동가 리처드 오배리도 초청 명단에 올랐다. 특히 리처드 오배리는 제돌이의 야생방사를 세계적 지평에서 볼 수 있게 해줄 인물이었다. 미국 내에서 좌충우돌하며 '돌고래 해방운동'(그에게는 보호운동이라는 용어보다 이 말이 더 적절하다)을 이끌던 그는 일본 다이지의 돌고래 학살을 기록한 다큐멘터리 〈더 코브〉에 출연하면서 세계적인 유명세를 탔다.

이튿날, 리처드 오배리와 일행은 서울대공원을 방문했다. 리처드 오배리가 전 세계에서 돌고래를 가장 많이 바다에 돌려보낸 사람인 줄 아는지 모르는지 제돌이는 그를 보고 스테이셔닝을 했다. 돌고래 정치의 산전수전을 겪은 일흔의 환경운동가는 감개무량한 표정이었다. 그는 자신이 한국에서 벌어진 돌고래 정치의 전장에서 어느 지점에 서야 하는지를 알고 있었다. 콘퍼런스에서 연설 시간이 주어지자 그는 서울시의 야생방사 결정을 칭찬하는 데 많은 시간을 할애했다.

"영화 〈더 코브〉를 본 사람은 손들어보십시오. 서울대공원을 방문해서 구경을 하고 맛있는 점심도 대접받았습니다. 기자들이 동물원을 어떻게 평가하느냐고 물었을 때, 나는 '파충류 전시관에 가본 다음 대답하겠다'고 말했습니다. 내가 본 뱀들은 적어도 자연 서식지와 비슷한 몇 가지 요소, 풀이나 나무 등 주변에서 살고 있었습니다.[6] 그렇다고 이 자리에서 서울대공원을 탓하자는 건 절대 아닙니다. 돌고래 진행 상황을 보면, 서울대공원이 정말 잘하고 있기 때문입니다. 두 가지 칭찬할 만한 게 있습니다. 첫째는 우선 돌고래쇼가 없었습니다. 돌고래쇼가 잘못됐다고 깨닫고 중단했기 때문에 강한 메시지를 던지고 있는 것입니다. 둘째는 돌고래 중 한 마리가 고향으로 돌아간다는 소식을 들었기 때문입니다. 서울시가 자연과 동물을 존중한다는 메시지를 전 세계에 던지고 있는 것입니다. 나는 자원봉사를 해서라도 제돌이 방사를 위해 최선의 노력을 다할 것입니다.

제돌이는 운이 좋습니다. 대부분의 전시 돌고래는 바다로 돌아갈 기회가 없습니다. 나는 타히티, 과테말라 등에서 전시 돌고래 방사를 도운 적이 있지만, 대부분의 프로젝트는 구조 등 응급상황에서였습니다. 한국의 프로젝트는 사뭇 다를 거 같습니다. 과학적 요소가 추가되어 GPS 태그를 달고 추적하는 작업입니다.

브라질에서 마지막 전시 돌고래 '플리퍼Flipper'를 놓아줬던 적이 있습니다. 플리퍼는 산투스에서 8년 정도 전시됐는데 라구나Laguna 쪽

▼

6 리처드 오배리는 동물원을 방문할 때마다 종종 돌고래수족관과 파충류 전시관을 비교하는 특유의 어법을 사용한다(Mark, 2010). 파충류 전시관은 최소한 자연환경을 모방이라도 하지만 대부분의 돌고래수족관은 바다에 존재하는 암석, 해초, 파도는 물론 자연 해수조차 공급되지 않는 경우도 있다.

에 놓아주었습니다.[7] 등지느러미에 브라질의 상징을 하나 붙여놓았지요. 바다에서 자유롭게 잘 살았습니다. 1~2년 뒤의 비디오 자료를 가지고 있습니다. '아네사Anessa'라는 이름의 돌고래도 미국 플로리다 주의 키스Keys에 허리케인이 불어닥쳤을 때 탈출했습니다. 인공시설에서 태어났음에도 불구하고 바다에서 잘 사는 장면이 사람들에 의해 목격됐습니다. 전시 사육됐던 돌고래들도 자연에 돌아가 잘 살 수 있습니다."

정치란 무엇인가

동물자유연대의 이형주 팀장, 리처드 오배리와 저녁식사를 함께했다. 박원순 시장이 이제 막 돌고래 정치에 입문했다면, 리처드 오배리는 세계 돌고래 정치의 최전선에 선 사람이었다. 돌고래를 풀어주고 미 해군에 소송을 당하는가 하면, 오리엔탈리즘의 혐의를 받으며 일본 다이지에서 돌고래를 잡는 일본 주민들과 싸운다. 전 세계 20여 마리의 야생방사 프로젝트를 주도했다(O'Barry and Coulbourn, 2012). 그는 어떤 혜안을 체득하고 있었다.

"돌고래 야생방사 성공을 위해 무엇이 가장 중요하냐고요? 내가 느끼기에 가장 중요한 건 정치였어요."

그리고 그가 말했다.

▼

7 1981년부터 10년 이상 전시됐던 돌고래 플리퍼는 1993년 야생방사됐다. GPS 없이 방사됐지만 일반인과 연구자에 의해 여러 차례 관찰됐다. 플리퍼는 브라질의 마지막 전시공연 돌고래였다(Free Morgan Foundation, 2012).

"야생방사를 하겠다면 제 세력이 움직여요. 공연업계가 들고일어나고, 정치적 이유로 반대 논리가 등장하고… 거대한 정치판이 형성돼죠. 이럴 땐 정부가 어떤 입장을 취하고 얼마나 소신 있게 일을 처리하는지가 중요해요. 그런 면에서 서울시는 자연과 환경에 관한 강력한 메시지를 세계에 던졌어요."

약자의 몸은 강자의 전쟁터다. 돌고래의 몸도 정치의 전장이다. 돌고래 정치는 조련사와 돌고래 사이에서 폐쇄되어 진행되는 것도 아니고, 아쿠아리움 사장이나 정치인에 의해 완성되는 것도 아니다. 다양한 인간-비인간 행위자들이 관여한다. 수족관에 갇힌 돌고래도 인간에 영향을 미치면서 돌고래 정치에 참여한다.

인간에게는 인생을 바꾸는 한순간이 찾아온다. 세상을 바꾸는 나비효과의 시작이 되기도 한다. 1960년대 미국 텔레비전 시리즈 〈플리퍼〉는 돌고래의 귀엽고 영특한 모습을 연출함으로써 전 세계 수족관 건설 열풍을 일으킨 주역이었다. 이 시리즈에 출연한 돌고래들의 조련사로 명성을 높였던 리처드 오배리는 어느 날 〈플리퍼〉의 주인공 돌고래가 자신의 품 안에서 죽는 걸 목도한다. 자신이 어떤 나쁜 체제의 선전가가 되어 있었다는 걸 깨달은 순간 그는 회심했고, 그만의 돌고래 정치를 시작했다. 그는 돌고래의 수족관 감금에 반대하는 전투적 운동가가 되었다. 돌고래가 자살한 이야기를 들려줄 때 백발 전직 조련사의 푸른 눈동자가 미세하게 떨렸다.

"내 품 안에서 돌고래 케이시Kathy가 자살했죠."

"자살이라고요?"

"과학적으로 증명된 건 아니지만, 지금도 난 자살이라고 믿어요. 돌고래는 물 위로 올라와 숨을 쉬어야 하는데, 그날 케이시는 작정한 듯 올라오지 않았어요."[8]

▼

8 동물의 자의식과 관련하여 가장 논쟁적인 장면 중 하나이다. 돌고래의 숨쉬기는 인간과 달리 무의식적인 행동이 아니라 수면에 올라와 분수공으로 숨을 내뿜는 매우 의식적인 행동이라는 측면을 지적하면서, 오배리는 그의 가슴 아래로 잠수해 올라오지 않은 케이시의 행동이 자살이었다고 주장한다(Hill, 2009). '돌고래가 자살을 할 수 있느냐'에 대한 의견은 분분하다. 그리고 증명하기도 어려울 것이다. 그러나 유인원과 돌고래, 코끼리 등 일부 동물에게 자의식이 있다는 것이 실험적으로 밝혀진 것을 보면(Reiss and Marino, 2001) 동물이 자살을 할 수 없다고 예단할 수도 없다.

10장

야생의 몸에서 수족관의 몸으로

동물원과 서커스 운영자들은 동물들의 저항에 대해
비의도적인 사고였다거나 우연히 발생한 본능적인 행동이라고
교묘히 딱지를 붙인다. 동물의 의도나 계획이 개입된다는 사실은 애써 무시한다.
동물들이 그 상황에서 절박하게 빠져나오고 싶어 하고
이 과정에서 적극적인 저항이 발생한다는 점을 인정하면
동물원에 대한 대중적 지지가 훼손될 것이라는 사실을 그들은 잘 알고 있기 때문이다.

– 제이슨 라이벌, 〈동물, 행위주체, 계급: 아래로부터의 동물의 역사〉 중에서

미국 플로리다 주의 시월드 올랜도SeaWorld Orlando. 세계 최대의 해양 테마파크로도 유명하지만, 조련사를 공격해 숨지게 한 범고래 '틸리쿰' 으로도 악명이 높다. 1983년 아이슬란드 해안에서 잡혀 미국과 캐나다의 수족관을 전전한 틸리쿰은 이미 두 건의 사망 사고에 연루되어 있었다. 2010년 2월 시월드에서 16년 일한 베테랑 조련사 돈 브랜쇼 Dawn Brancheau의 팔을 낚아채 몰고 갔고, 그녀의 죽음은 돌고래 전시공연의 비인도적 성격이 미국 내에서 이슈가 되는 출발점이 되었다(Kirby, 2012).

어쨌든 시월드는 돌고래 전시공연 산업의 선두를 달리는 곳인데, 2014년 가을 나는 바로 이 '나쁜 관광' 의 한가운데 서 있었다. '어디까지나 취재 견문을 위해 왔어.' 자기주문을 외면서 입장료를 내고 처음 찾아간 곳은 '원 오션One Ocean' 이라는 범고래쇼 공연장이었다. 야구경

기장만 한 스타디움에서 10미터는 됨 직한 범고래가 비행기처럼 하늘로 솟구치는 장면을 봤을 때 나는 본능적으로 나쁜 관광의 지지자가 되어 있었다. 평소 가까이 볼 수 없는 거대한 고래의 몸이 연출하는 스펙터클의 효과는 강력했다. 이틀 동안 모두 세 번의 공연을 보고서야 정신을 차리고 냉정함을 되찾았다.

범고래쇼 못지않게 입길에 오르는 것이 돌핀 코브Dolphin Cove의 돌고래 먹이주기 체험이었다. 원 오션만큼 위협적인 스펙터클은 아니지만 작고 귀엽고 영특한 대서양큰돌고래를 가까이서 볼 수 있고, 심지어 만져볼 수도 있는 기회였다. 더구나 단돈 7달러였다. 두어 시간에 한 번씩 하는 이 먹이주기 체험은 이미 긴 줄이 늘어서 있었다. 사람들은 정말로 고래를 가까이서 보고 싶어 한다. 무선 마이크를 목에 찬 직원이 관광객 30~40명을 수조 가장자리에 일렬로 세우고 긴장한 그들에게 설명을 시작했다.

"자, 이렇게 세 단계의 동작을 해주시면 됩니다. 턱을 한번 만져주고, 생선을 떨어뜨리고, 다시 머리를 쓰다듬어주세요."

안내요원들이 돌아다니면서 하얀 플라스틱 접시를 나누어주었다. 멸치보다 조금 큰 생선 세 마리가 담겨져 있었다. 하얀 접시는 사람 쪽으로 비스듬하게 경사진 수조 난간에 놓였다. 돌고래가 볼 수 없는 위치였다. 그리고 직원은 한 가지 주의사항을 당부했다.

"절대로 하얀 접시를 난간 위로 들지 마세요."

돌핀 코브의 제1원칙. 돌고래는 이 하얀 접시를 절대로 보아선 안 된다. 하얀 접시는 인간이 원치 않는 돌고래의 행동을 '격발'하는 하나의 물체다. 하얀 접시가 시야에 나타나면, 돌고래는 점프해 생선이 담긴 하얀 접시를 낚아챈다. 물론 돌핀 코브의 돌고래들은 굳이 힘써 점프를 하지 않아도 관광객들 가까이 가면 생선을 먹을 수 있다. 먹고사는 문제가 그들에겐 절박하지 않다. 그러나 돌고래들은 인간들이 주는 생선을 '수동적으로' 받아먹지 않고, 더 재미있고 흥미진진한 방식으로 배를 채우려고 한다. 전직 시월드 조련사인 크리시 도지Krissy Dodge는 한 돌고래가 하얀 접시를 낚아채는 데 성공하자 얼마 안 돼 다른 돌고래들이 이를 배워서 따라 했다고 말하기도 했다(Zimmermann, 2014). 기회가 된다면 돌고래들은 소매치기를 감행하고, 인간은 하얀 접시를 빼앗기거나 심한 경우엔 돌고래 이빨에 상처를 입는다. 2012년 여덟 살짜리 소녀가 하얀 접시를 들었다가 돌고래에게 물린 사건이 언론에 공개되

▲시월드 올랜도의 돌핀 코브는 7달러를 받고 관람객들에게 먹이를 주는 체험을 시켜준다. 지켜야 할 게 하나 있다. 관람객은 생선이 담겨 있는 하얀 접시를 난간 위로 들어 올려선 안 된다. 절대 돌고래가 보아선 안 되는 것이다. 2014년 9월. ©남종영

면서 문제가 되었다. 시월드 올랜도는 2015년부터 먹이주기 행사를 중단했다(Pedicini, 2015).

어포던스, 돌고래 몸의 개조

이 돌고래들의 행동을 생각하자면, 옥스퍼드대학교 레드클리프 과학도서관 지하의 책장에서 꺼낸 기묘한 책이 떠오른다. 나는 당시 야생 돌고래가 수족관에 잡혀오면 어떻게 낯선 환경에 적응하는지를 연구하고 있었는데, 몇 안 되는 기존 문헌들은 1979년 이론생물학자인 제임스 깁슨James Gibson이 쓴《시각적 지각에 대한 생태학적 접근*The Ecological Apporach to Visual Perception*》(1986)이라는 책을 가리키고 있었다.

음습한 지하실에서 곰팡내를 풍기던 이 책은 생물학을 다루고 있었지만, 특이하게도 몇 가지 관찰 결과 외에도 철학적인 사유로 구성되어 있었다. 생태학적 심리학을 학문의 본궤도에 오르게 한 이 책은 '어포던스affordance'라는 개념의 중요한 원전이다. 어포던스는 현대 심리학은 물론 경영학, 디자인에서 중요한 개념으로 차용되지만, 정작 그보다 더 중요하게 던지는 질문은 인간과 동물은 존재론적으로 평등하다는 전제다.

어포던스란 무엇인가? 텅 빈 방에 축구공 하나가 덜렁 놓여 있다고 상상해보자. 방문을 열고 들어간 당신은 무엇을 하겠는가. 대부분은 공을 들고 두리번거릴 것이다. 한 단계 더 나아가 공을 통통 튀기는 사람도 있을 것이다. 어떤 사람은 공을 벽에 던질 것이다.

어포던스는 동물과 환경 사이에 작용하는 행동 유발성이다. 좁게는 어떤 행동을 유발하는 '격발 장치'로서의 본능을 우리가 가지고 있다는 뜻이지만, 넓게는 동물이 자신을 둘러싼 모든 것들에 대해 반응하고 상호작용하는 잠재력을 말한다.

여기서 환경이란 물질적인 모든 것이나. 지구가 만들어놓은 자연적인 모든 것들(바다, 하늘, 물, 불, 바람, 바위, 동식물, 인간 등) 그리고 인간을 포함한 동물이 생산한 모든 것들(공, 책, 스마트폰, 배설물 등) 말하자면 나 이외의 모든 것이다. 시각, 청각, 후각, 촉각으로 우리는 환경을 만난다. 감각에 반응하고 학습하여 자신의 세계를 만들어간다. 인간이나 동물이나 마찬가지다.

어포던스라는 잠재력이 주체를 만들어왔다. 감각에 반응하고 학습하고 체계화하여 자신의 세계를 만들어간다. 그렇게 감각기관과 세계와 종이 진화해 오늘에 이르렀다. 인간도 그렇고 동물도 그렇다. 아니, 모든 동물이 그렇다.

감각기관은 불균등하게 진화해왔다. 개는 냄새만 맡고 자신의 집으로 찾아올 수 있지만, 인간의 후각은 맛있는 음식 앞에서나 가동되는 사치스러운 감각이다. 후각이 발달한 개가 세계를 받아들이는 방식은 인간과 다르다. 당연히 개의 감각 세계와 그로부터 유래된 인지 체계는 인간과 천양지차다. 어떻게 다르냐고? 경험을 할 수 없으니 알 수 없다. 시각 중심주의에 사로잡힌 인간이 개를 이해하기는 불가능하다. 미국의 철학자 토머스 네이글이 이런 질문을 한 적이 있다.

"박쥐가 된다는 건 어떤 기분일까?"[1] (Nagel, 1974)

▼

1 토머스 네이글은 마음의 작용이 호르몬이나 전기적 자극 등 물리적 현상으로 완전하게 설명 가능하다는 '환원주의'에 1974년 이 글로 반기를 들었다. 감각경험이 다른 개체의 주관적 경험과 마음을 타자가 아는 건 불가능하다며 그는 박쥐의 예를 들었다.

박쥐는 어둠 속에 살며 음파로 세계를 인식한다. 그의 정신작용을 감각기관이 다른 인간이 어떻게 상상할 수 있단 말인가?

자, 그럼 야생에서 살다가 수족관에 끌려온 돌고래를 생각해보자. 돌고래의 감각은 인간과 다르게 진화해왔다. 인간과 거의 비슷한 시력을 가졌지만 돌고래의 시각기관은 보조적이다. 돌고래가 눈을 완전하게 쓸 때는 수면 위로 도약했다가 철퍽하고 수면 아래로 잠수하는 찰나의 순간이다. 어두운 바다 밑에서 천리안은 필요 없다. 그래서 돌고래는 귀로 본다. 음파를 쏜 뒤 되돌아오는 반송파를 이용해 물체의 모양, 크기, 거리, 질감을 파악한다. 어떻게 그게 가능하냐고? 잠수함이 돌고래의 원리를 배웠다. 하나도 안 보이는 바닷속에서 음파만으로 지형을 인식해 전 대양을 누빈다. 메아리를 이용해 위치를 추적하는 기술, 즉 반향정위라는 것이다.

그리고 지금 수족관에 잡혀온 돌고래는 자기 생애에서 가장 좁은 공간에 처했다. 무한의 바다를 누비던 몸이 기껏해야 교실 한두 칸 정도의 크기에 갇혔다. 소독약 염소 냄새가 가득하고 호루라기 소리가 귀를 찌른다. 인간이라는 외계종이 죽은 생선을 내던진다. 처음 대면하는 세계다. 감각기관을 재조정해야 한다. 넓은 바다를 누빌 때 쓰던 근육의 사용을 멈춰야 한다. 근육을 잘 퇴화시키는 돌고래가 살아남는다. 가장 큰 문제는 음파기관이다. 음파를 쏘면 몇 미터 못 가서 콘크리트 벽에 튕겨 나온다. 돌고래 보호운동가인 리처드 오배리는 "수족관에 있는 돌고래는 마치 사방이 거울로 만들어진 집에 사는 것과 같다"고 말한다(O'Barry and Coulbourn, 2012). 반향정위를 위한 신체기관은 꺼두어야 한다.

새로운 환경에서 돌고래의 감각기관은 극도로 혼란스러워진다. 적응하려면 자신의 감각기관을 좁은 수족관 환경에 동조시켜야 한다(남종영, 2015c; Warkentin, 2009). 그러지 않으면 살아남지 못한다. 돌핀 코브의 대서양큰돌고래도 수족관에 맞게 몸을 개조한 생명체들이다.[2]

여기서 다시 '하얀 접시'로 돌아가보자. 캐나다의 지리학자 트레이시 워켄틴Tracy Warkentin은 돌고래들 앞에 놓인(그러나 비스듬한 난간에 놓아 보여주지 않는) 하얀 접시에 주목했다(Warkentin, 2009). 시월드 올랜도의 돌고래들은 어포던스를 통해 수족관 공간과 바다와 다른 육지의 공기와 기압, 시끌벅적한 음악, '턱을 만져주고, 죽은 생선을 던지고, 머리를 쓰다듬어주는' 인간들로 구성된 환경에 반응하면서 자신의 행동세계를 구축했다. 이 세계는 '자극-반응'이라는 단선적 관계만으로 쌓여 구축된 게 아니다. 조련사들의 지시 혹은 보살핌, 허락된 행위와 금지된 행위의 이해 등을 통해 돌고래들은 좁은 수족관 공간에서 사회적 규범social norms을 터득했다. 생선은 오직 '보상'으로만 주어져야 한다.

▼

2 다만 이들은 야생에서 포획된 개체들은 아니다. 1980년대 이후 비판 여론에 직면해 시월드는 이미 거의 대부분의 범고래와 돌고래를 야생에서 포획하지 않고 인공수정을 통해 자체 조달하고 있기 때문이다. 그러나 돌고래들은 야생 바다에 맞게 신체기관이 움직이도록 되어 있는 유전자에 저항하며 자신의 몸을 수족관 환경에 맞게 개조해야 했을 것이다. 그것도 쉽지 않다. '늑대소년'이 늑대처럼 사는 게 쉽겠는가?

▶돌고래는 수족관의 물리적 환경과 먹이 지배, 긍정적 강화 등의 지배 기술을 통해 수족관의 환경에 맞게 자기 몸을 변환시킨다. 세계 돌고래 전시공연 산업의 선두에 선 시월드는 반대 여론 때문에 자체 번식을 한 돌고래를 이용한다. 물론 그들 또한 유전자적인 본성에 반하여 수족관 환경에 맞춰 자신의 몸을 바꿔야 한다. 야생에서 잡혀온 돌고래의 경우 급진적인 환경 변화 속에서 정신적·신체적 충격이 더 크다. 시월드 올란도의 고래들. 2014년 9월. ©남종영

인간이 생선을 떨어뜨릴 때 친절하게 입을 벌리고 있어야 한다. 자신을 만지작거릴 때도 가만히 있어야 한다. 그렇게만 하면 굳이 높이 점프해 생선을 훔치지 않더라도 하얀 접시 위의 생선이 자신에게 돌아올 것을 돌고래들은 안다. 그럼에도 하얀 접시는 가끔 돌고래들의 점프를 격발시킨다. 워켄틴은 하얀 접시에 올려진 생선을 가로채는 행위를 돌핀 코브에서의 사회적 규범으로부터 일탈로 해석한다. 강하게 말하면 '동물의 저항animal resistances', 조심스럽게 말하면 동물과 인간 사이 '동의의 균열cracks in consent' 이라는 것이다(Warkentin, 2009).

먹이 지배와 돌고래 몸의 변환

야생 돌고래가 수족관에 들어와 자신의 감각기관을 재조정하는 것만으로 할 일이 끝나는 것은 아니다. 인간은 돌고래 몸이 제값을 지닐 수 있도록 건강하게 관리하면서 아울러 돈을 벌 수 있도록 쇼를 가르친다. 돌고래의 몸은 개조의 대상이 된다. '야생의 몸wild body' 에서 '수족관의 몸captive body' 으로, 다시 '돌고래쇼의 몸show body' 으로 인간은 돌고래의 몸을 개조시킨다. '먹이 지배feed control' 와 '긍정적 강화positive reinforcement' 의 두 가지 방법이 동원된다(Nam, 2014). 둘은 인간이 수족관돌고래를 다스리는 가장 기본적인 통치기술이다.

첫 번째는 먹이 지배다. 돌고래는 야생에서 산 생선만 먹고 살아왔다. 수족관에서는 그럴 수 없다. 왜냐고? 활어는 비싸기 때문이다. 수족관에 잡혀온 돌고래는 돌고래 전시공연 산업의 궁극적인 목표에 복무하기 위해서 기존의 식습관을 버려야 한다. 값싸고 보관이 편한 죽은 냉동생선을 먹을 줄 알아야 한다. 훈련은 돌고래가 한 번도 먹어본 적이 없는 밥을 먹는 데서 출발한다. 다음 3단계를 거쳐 야생에서 포획된 돌고래는 '야생의 몸'에서 '수족관의 몸'으로, 그리고 다시 '돌고래쇼의 몸'으로 변환된다.

1단계 : 돌고래가 가장 먼저 배우는 게 죽은 생선을 먹는 것이다. 배고플 때까지 돌고래를 굶긴다. 사육사들 말에 따르면, 큰돌고래보다 남방큰돌고래가 예민하다고 한다. 큰돌고래는 사나흘이면 죽은 생선을 받아들이는데, 남방큰돌고래는 길게는 2주일이 소요된다. 2주일 동안 굶으며 저항하다가 마지못해 죽은 생선을 받아들인다.

2단계 : 돌고래는 좁은 수족관에 갇힌 충격에서 천천히 헤어 나오기 시작한다. 좁은 공간에서 운동하는 법을 익히고 소나sonar를 끄고 소리의 눈을 닫는다. 돌고래는 '수족관의 몸'이 된다.

3단계 : 돌고래들이 죽은 생선을 허락하면, 사육사들은 먹이 지배와 긍정적 강화를 통해 돌고래쇼 묘기를 가르친다. 원칙적으로 돌고래는 연습이나 공연 중에만 보상용으로 생선을 먹을 수 있다. 수족관에서는 간단한 법칙이 통용된다. "배고플수록 많이 배운다"(O'Barry and Coulbourn, 2012: 33). 돌고래는 '돌고래쇼의 몸'이 된다.

돌고래 훈련에는 '긍정적 강화'의 심리기법이 사용된다. 긍정적 강화란 기대했던 행동을 할 경우 보상을 해주는 식으로 행동을 강화하는 행동심리학 이론이다. 돌고래는 먼저 수족관 생활에 필요한 기본적 동

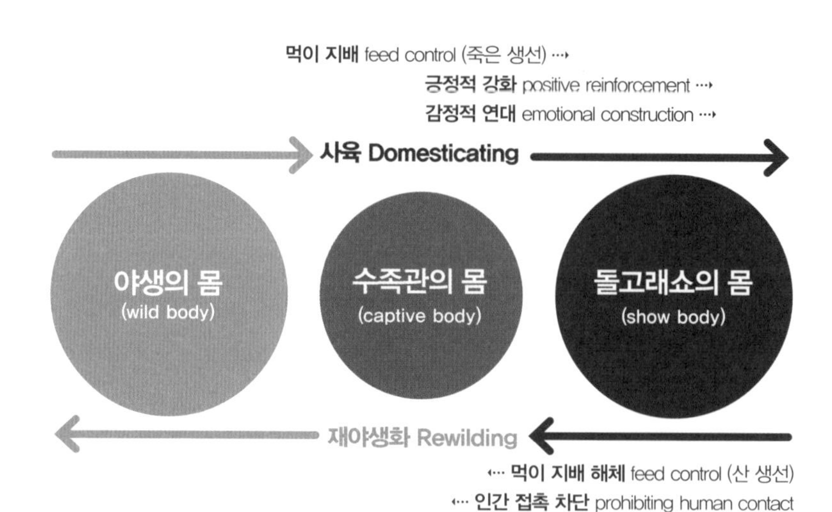

〈돌고래 몸의 변환〉

작부터 배워간다. 이를테면 수의사 검진과 처치를 받으려면 돌고래가 물가로 와서 협조해야 한다. 그래서 제일 처음 배우는 게 '스테이셔닝'이다. 이 단계가 완료되면 돌고래쇼 묘기와 재주를 쉬운 것부터 교육받는다.

보상 수단은 먹이다. 휘슬(호루라기), 타깃(막대기), 냉동생선 그리고 엄청난 반복 연습이 필요하다. 이를테면 막대기를 수면 위 일정 높이에 두면서 돌고래가 뛰도록 유도한다. 돌고래가 뛴다. 목표 동작에 성공하자마자 휘슬(신호)을 분다. 원하는 동작을 완수했다는 커뮤니케이션 신호다. 잘했다며 죽은 생선(보상)을 준다. 돌고래는 '돌고래쇼의 몸'이 되어간다. 돌고래의 밥은 인간이 쥐고 있다. 퍽퍽하고 썩은 내 나는 고기이지만, 그것이라도 먹지 않으면 돌고래는 생존할 수 없다. 재주를 부리지 않으면 굶어야 한다.

돌고래는 이런 식으로 수족관 생활에 적응하고, 돌고래의 몸은 '야생의 몸'에서 탄탄한 '수족관의 몸'으로 개조된다.

감금의 아상블라주

수족관이라는 공간을 형성하는 물질적·비물질적 요소로 구성된 네트워크 속에 돌고래가 있다. 돌고래쇼가 벌어지는 수족관을 상상해보라. 비교적 넓은 공연장, 좁은 내실, 두 공간 사이를 가르는 철문, 시멘트 바닥, 인공 해수, 타깃, 호루라기, 훌라후프, 소독약 냄새, 어두침침한 조명, 웅웅거리는 소음, 죽은 생선을 던져주는 사육사, 왁자지껄한 관중 등이 수족관을 구성한다. 돌고래는 감각기관으로 인지하면서 이들과의 관계를 설정한다. 밥줄을 쥐고 있는 조련사와의 사회적 위계도 확인한다. 어포던스가 발현하여 새로운 몸이 된다. 수족관돌고래로서 새 삶을 출발한다. '돌고래쇼의 몸'이 되기까지 제돌이는 6개월이 걸렸다. 다른 남방큰돌고래도 그 정도의 기간을 거쳐 무대에 선다.

수족관 공간에서 작동하는 네트워크 기계를 나는 '감금의 아상블라주Assemblage of Captivity'라고 부르고자 한다. 아상블라주는 프랑스 철학자 질 들뢰즈Gilles Deleuze와 브뤼노 라투르Bruno Latour 등 포스트구조주의로 묶이는 철학자들이 자주 쓰는 개념인데, 인간·동물·자연·인공물 그리고 기술을 포함한 물질/비물질 네트워크를 지칭한다.

수족관은 돌고래를 보는 곳이다. 보는 자와 보이는 자 사이에는 권력이 흐른다. 일반적으로 보는 자는 강자이고, 보이는 자는 약자이다. 수족관이나 동물원은 이런 의미에서 인간-동물을 초월한 권력관계의 실험실이다. 인간이라는 영장류의 한 종을 예로 들어보자. 남성이 여성에 비해 역사적으로 많은 권력을 누려왔던 게 사실이다. 사회진화론적인 관점에서 바라본다면, 여성은 남성에게 잘 보이기 위해 혹은 남성중심적 사회의 사회적 요구로 코르셋을 입거나 뽕브라를 착용한다. 어떤 이는 잘 보여야 하고 어떤 이는 보는 것을 즐긴다. 만약 남성과 여성의 권력관계가 역전되어왔다면? 영화 〈보랏-카자흐스탄 킹카의 미국 문화 빨아들이기〉(2006)에서 기행을 일삼는 남자 주인공 '보랏'이 생각난다. 그는 레슬링복 같은 옷을 입고 툭 튀어나온 거시기를 자랑하는데, 뒤바뀐 권력관계에서 남성들은 '뽕팬티'를 입었을지도 모른다. 물론 이건 어디까지나 사회진화론적 관점에서 권력관계를 단순화시킨 이야기에 지나지 않는다.

수족관에서 인간은 보는 존재이고 돌고래는 보이는 존재이다. 조련사들이 주인이고 돌고래들은 노예다. 이런 공간적 조건과 정치적 관계 속에서 '감금의 아상블라주'의 요소들이 배치된다.

수족관에는 지하 관람실이 있다. 유리 벽(울타리)은 수족관 공간을 결정짓는 중요한 요소다. 유리 벽 너머 돌고래나 물고기가 전시된 수조는 밝지만, 관람객이 보는 곳은 어둡다. 돌고래나 물고기들은 마치 자기가 관찰되지 않고 있다는 듯이 유영한다. 이렇게 수족관이나 동물원에서는 관음증적인 시선이 공간적으로 구조화된다. 동물과 인간의 눈 맞춤은 제한되어야 한다. 인간만이 동물을 본다look at.

그럼에도 동물이 인간을 향해 '뒤돌아보는look back' 순간이 있다. 서로 눈이 마주친다. 그 찰나의 순간 인간은 동물의 눈에서 감정을 읽는다. 동물의 눈에서 강력한 힘이 나온다. 어떤 이는 무심코 지나가지만, 어떤 이는 생명 대 생명, 존재 대 존재의 원초성을 확인한다. 그 힘이 소수의 인간들에게 옮겨와 동물을 동정하게 만들고 동물복지 제도가 생기는 밑바탕이 된다. 이를테면 페미니즘 연구자인 린다 버크Lynda Birke는 실험실에 동원되는 쥐를 예로 든다. 쥐가 고통에 겨워 찍찍거리고 손가락을 문다. 쥐에게 암세포를 주입하는 일이 일상이지만, 연구원은 한편으로 쥐를 불쌍하게 생각한다. 결과적으로 쥐의 고통과 울부짖음은 동물실험 윤리규정의 제정으로 이어진다(Birke et al., 2004).

울타리나 유리 벽 너머에서 인간을 바라보는 동물의 순수한 눈빛은 동물원의 설립 기반을 위협한다. 인간이 동물을 가두고 있다는 사실을 눈빛으로 웅변하고 있기 때문이다. 그럼에도 동물원은 이 '위험한' 눈 마주침을 원천적으로 금지하지 않는다. 동물원의 흥행 요소이기 때문이다. 인간은 좀 더 가까이에서 동물을 보고 싶어 하고 만지고 싶어 하고 눈을 마주치려 한다. 이렇듯 아상블라주의 행위자들은 하나의 단일한 목적으로 통합되어 움직이지 않는다. 철제 울타리는 어떤 사람에게 동물원에 대한 부정적인 인상을 남기고, 울타리 너머 동물의 눈빛은 그런 인상을 강화시킨다.

아상블라주의 문제의식은 특정 공간과 사건이 인간이나 계급 같은 주체의 의도로 환원되지 않는다는 것이다. 오히려 네트워크를 구성하는 각각의 행위자들이 맺는 관계가 중요하며, 그 관계가 재조정re-negotiating되면서 하루하루가 흘러간다는 것이다. 적응하고 저항하고 무마되고 전복되면서 관계는 끊임없이 재조정된다.

아까 말한 수족관을 이루는 네트워크의 요소들이 바로 행위능력agency을 갖는 행위자들actors이다. 여기서 행위능력은 권력과 구분하여 들뢰즈가 쓰는 개념인 역능puissance에 가깝다. 누구에게 독점적으로 소유되는 것이 아니라 다른 행위자와의 관계를 통해 발현하는 임계상태의 잠재력이다. 이렇게 생각해보자. 노동자는 권력을 갖고 있다. 그것은 권력을 소유하고 있어서가 아니라 미래의 어느 시점에 파업을 할 수 있기 때문이다. 컨베이어벨트를 멈추고 자본가에게 손해를 끼칠 수 있기 때문이다. 역능은 영향을 미치거나 영향을 받는 능력to affect or to be affected으로, 아상블라주의 네트워크 속에서 작동한다. 인간과 동물은 물론 관점에 따라 비물질적인 기술, 지식, 담론도 행위능력을 갖고 있다(Latour, 2012). 라투르의 행위자네트워크이론Actor Network Theory(Latour, 2005)이 바로 아상블라주를 통해 세계를 바라보는 방식이다.

이런 관점은 근대철학을 특징짓는 '주체성의 정치'에서 벗어나 있다. 자유주의 정치학의 시민, 마르크스-레닌주의의 노동자 계급, 휴머니즘의 인간처럼, 역사 속의 주인공이나 해결사란 없나는 게 들뢰즈나 라투르의 생각이다. 다만 사회에는 여러 겹의 네트워크가 있고 네트워크 안에서 관계가 재조정될 뿐이다.

여기서 우리는 다시 존재론적 함의를 발견한다. 네트워크 속에서 인간과 동물의 관계는 미리 정해져 있지 않다. 인간이 선험적으로 동물보다 우월하다거나 인간이 동물을 지배한다는 등의 전제도 없다. 찍찍거리는 실험용 쥐를 보고 하얀 가운을 입은 연구원이 우울해하듯이, 인간과 동물은 서로 영향을 미치거나 영향을 받으며, 아상블라주는 굴러간다.

물론 감금의 아상블라주에서 인간의 권력은 압도적이다. 권력은 네트워크의 연결망을 타고 돌고래에게 전달된다. 좁디좁은 콘크리트 풀장, 관음증을 충족시키는 공간 구조, 먹이 지배와 긍정적 강화의 물질과 지식, 기술 등을 통해서다. 그러나 돌고래를 보려고 수족관에 온 관중들은 조련사의 가혹한 지배를 제어하는 행위자가 되기도 한다. 만약 학대받는 장면을 관중들이 목도한다면, 관중들은 항의할 테고, 조련사의 권력은 약화될 것이다. 강렬한 돌고래의 눈빛도 수족관의 존재 지반을 허약하게 만든다. 이렇듯 아상블라주는 각각의 행위자들이 하나의 목적(이를테면 마르크스-레닌주의에서라면 모든 행위자가 '계급혁명'이라는 하나의 미래로 달려가는 배역을 맡을 것이다)으로 환원될 수 없는 '하이브리드 네트워크'(Whatmore, 2002)다.

토라지거나 저항하거나

돌고래수족관은 먹이 지배와 긍정적 강화를 이용하여 조련사들이 전능하게 지배하는 공간이 아니다. 돌고래 사육사들을 인터뷰하면서 나는 재미있는 사실을 알 수 있었다. 바로 돌고래들이 '토라진다'는 것이다. 돌고래는 조련사의 지시를 거부하거나 뺀들거린다. 먹을 만큼 생선을 먹고 난 뒤에는 공연장의 구석으로 가서 돌고래쇼에 협조하지 않는 경우도 있다. 어떤 때는 특정 조련사를 찍어 장기간 거부한다.

이런 돌고래가 나타나면 돌고래쇼가 원활하게 진행될 리 없다. 쇼를 망치면 돌고래 전시공연산업 기계, 그러니까 '감금의 아상블라주'의 이윤 산출이 떨어진다. 값비싼 돌고래의 가치, 관람객의 동정심, 이윤의 목적 등은 역설적으로 돌고래에게 자율성을 부여한다. 돌고래의 뛰어난 퍼포먼스를 유도하기 위해서 조련사들은 돌고래를 함부로 대하면 안 된다. 돌고래의 비위를 맞출 수밖에 없다.

이런 방식으로 조련사와 돌고래가 맺는 관계의 영역은 '먹이 지배'와 '긍정적 강화'로 맺는 관계의 영역과 다르다. 후자가 동물을 기계로 간주하면서 동물의 행동을 자극-반응의 결과물로 본다면, 돌고래가 토라지는 영역에선 그렇지 않다. 이곳에서는 조련사와 돌고래 사이에서 줄다리기가 벌어진다. 권력관계의 밀당(밀고 당기기)이 계속된다(Nam, 2014). 언어는 통하지 않지만, 감정의 언어는 통한다. 1984년 서울대공원 개장 때부터 여러 마리의 돌고래를 경험한 전돈수 사육사를 만났을 때, 그도 비슷한 이야기를 해주었다(전돈수 인터뷰, 2014).

"훈련시킬 때는 돌고래들이 더 잘 뛰어. 잘 못하면 (사람이) 태클 걸고 먹이도 안 주고 그러니까. 그런데 실제 공연 중에는 그만큼은 안 해."

"공연 중에는 대충 해도 먹이를 잘 줄 수밖에 없다는 걸 아니까요?"

"응. 그렇지. 그리고 이놈들이 쇼의 레퍼토리를 알아. 그래서 가르쳐 주지 않아도 한 종목 끝나면 다음 종목으로 가서 준비하고 있어. 신호 떨어지기 전에 먼저 하기도 하고."

"훈련을 거부하는 경우도 있나요?"

"있지. 몸이 힘들다거나 발정 났을 때도 그러고."

"조련사와도 사이가 틀어질 수 있겠네요?"

"있지. 그러면 불러서 혼내기도 하고, 물을 탁탁 치고, 봉으로 때리는 흉내도 내고. 신상필벌을 정확히 해줘야 해. 잘했을 때는 먹이 주고 못했을 때는 잘못했다고 하고. 절도 있게 통제해야 해. 그래야 쇼가 멋지게 나와."

그러나 돌고래 조련사는 돌고래를 때릴 수 없다. 과거 서커스에서 사자나 호랑이, 원숭이에게 채찍을 휘두르던 것처럼 체벌할 수 없는 이유는 돌고래수족관의 '감금의 아상블라주'에서 작동하는 '풀장'이라는 비인간 행위자nonhuman agency 때문이다. 돌고래에게 풀장은 좁지만 자율적인 공간이다. 조련사의 손이 미치지 못한다. 따라서 조련사가 돌고래에게 무엇을 시키려면 물가로 불러내야 한다(스테이셔닝). 그러나 돌고래는 오지 않으면 그만이다. 혼내주기 위해 사람이 풀장 안으로 들어간다고? 물에선 돌고래를 당해낼 수 없다. 위험천만한 일이다.

보통 사육사와 돌고래는 파트너를 이룬다. 공연 중이나 공연 외 시간 모두 각자 다루는 돌고래가 있다. 인간과 돌고래 사이에 양자관계가 형성된다. 연인관계에서도 그렇듯 권력이 흐르고 권력관계가 형성된다. 밀당이 시작된다. 이런 밀당관계에서 돌고래가 우위에 서기도 한다. 서울대공원에서 돌고래팀을 주도하는 박창희 사육사는 이런 말을 들려주었다(박창희 인터뷰, 2014).

"사육사-돌고래 짝이 있잖아요. 근데 이 돌고래는 이 조련사가 싫은 거예요. 생선은 먹어야 하니까 훈련과 공연을 하지만, 먹을 만큼 먹은 뒤엔 안 하는 거죠. 근데 그걸 계속 따져보면 사육사가 얼마 전에 잘못을 했어요. 훈련을 빡세게 시켰다거나 (둘 사이에) 보이지 않는 뭔가가 생겼다든가."

"그럴 때는 어떻게 하죠?"

"그 친구(조련사)를 공연에서 빼고 다른 친구를 넣어요. 공연 외 시간에는 다시 그 친구가 가서 전에 하던 대로 해주고요. 먹이 주고 스킨십하고. 그렇게 일주일 해주면 자연스럽게 돌아올 때도 있고, 안 돌아올 때도 있어요. 심할 때는 한 달이나 간 경우도 있어요."

돌고래가 거부하면 인간이 퇴장당한다. 적어도 돌고래쇼에서는 그렇다.

"보통 어떻게 화해를 하지요?"

"진행이 안 되니까 공연을 못 나가죠. 공연 외 시간은 맡은 친구가 계속해주는 수밖에 없는데. 먹이 주고, 스킨십해주고. 홀딩 풀(수족관 내실의 보조 수조)에 들어왔을 때는 장난감 공 같은 거 넣어주고. 그렇게 계속 해주는 거예요. 한번 트러블이 생기면 회복하는 데 시간이 너무 오래 걸리니까, 나는 아예 트러블이 없도록 처음부터 기복이 없는 관계를 만들라고 후배들한테 충고해요."

"지나친 감정 교류는 좋지 않다는 건가요?"

"이를테면 이런 사육사가 있어요. 오늘 (돌고래가) 컨디션이 좋아, 쇼에서도 잘해줬어. 그렇다고 더 높은 퍼포먼스를 위해 돌고래를 막 끌고 나가면 어떤 순간 돌고래가 토라져버리는 거죠."

"수중공연을 할 때는 더 위험하겠네요?"

"돌고래가 약간의 공격성도 있죠. 수중에서는 (사람이) 속수무책이에요. 음, 늘상 똑같은 스킨십을 하더라도 어느 순간 느낌이 다를 때가 있는 거죠. 돌고래가 더 성질내고 짜증낼 수도 있고. 유독 그런 돌고래가 있었어요. 원래 사육사에게도 불안심리가 있을 수밖에 없는 거고. 그러다 보면 (사람과 돌고래가) 더 멀어지고 어색해지고. 그래서 후배들한테는 가능한 한 기복을 주지 마라, 잘했을 때 칭찬해주고 못했을 때 페널티를 주기도 하지만 언제나 똑같이 가라… 우리끼리 얘기로 '돌고래를 직업적으로 대하라'고 하죠. 너무 잘해주고 너무 못해주고 하는 식으로, 극이 되면 안 좋아요. 당근과 채찍? 옛날 방법이에요.”

그의 말은 감정교류로 퍼포먼스가 좋아지지만, 지나치면 큰 난관을 키울 수 있다는 얘기였다. 불타게 사랑하는 연인들이 자그마한 일에도 크게 토라지는 것과 비슷하다. 마찬가지로 인간과 돌고래가 만들어가는 ‘감정의 영역’은 불확실성이 지배한다. 이 영역은 자극-반응의 행동주의심리학이나 사육 매뉴얼 등 예측 가능한 과학기술이 지배하는 곳이 아니다. 박창희 사육사는 나에게 인상적인 말을 했다.

“일을 하다 보면 단순히 지시, 행동, 보상하는 게 아니라 돌고래도 나와 똑같이 감정을 가지고 있는 존재라는 걸 알게 돼요. 조심히 행동해야 할 때도 있고, 좀 더 잘해주어야 할 때도 있고. 대부분은 선을 정해서 기복 없이 가야 해요. 너무 가까워도, 너무 멀어도 바람직하지 않아요. 항상 후배들에게 충고하죠. 네 감정의 기복을 돌고래한테 보여주지 말라고.”

“과학으로는 증명하지 못하는 부분이네요?”

“제돌이가 방사되기 전에 과학자들이 와서 동물행동을 관찰했죠. 과학도 맞아요. 하지만 우리가 느끼는 동물의 감정은 동물행동학과 전혀 다른 영역이에요. 오히려 100퍼센트 주관적이죠. 우리는 느낌에 기대요. 열 명의 사육사가 있다면 열 가지 방법이 있어요. 돌고래와 교감하고 커뮤니케이션하고 그들을 훈련시키는 방법이 각각 다른 거죠.”

인간과 돌고래는 두 가지 세계에서 만난다. 첫 번째 세계는 근대 과학기술이 탐구한 공간, 그러니까 먹이 지배와 긍정적 강화라는 행동심리학의 기술을 통해 인간이 돌고래를 지배하는 공간이다. 그러나 그것만으로 돌고래를 지배할 수 없다. 두 번째 세계는 근대 과학기술이 증명하지 못하는 인간과 동물 사이의 정서적 유대, 공감, 증오, 질투, 감정싸움 등이 흐르는 영역이다. 자본은 가장 훌륭한 퍼포먼스로 돌고래쇼를 보여주길 원한다. 이 때문에 돌고래가 자발적 공연자가 되기를 원한다. 두 번째 세계에서 인간과 돌고래는 섞인다. 돌고래는 인간에게 저항한다.

또 하나, 수족관에서 인간의 압제에 금이 갈 때는 돌고래들이 구애행동을 하느라 정신이 없을 때다. 수컷 돌고래는 공연 중에 암컷을 뛰어넘거나 몸을 비비고 이상한 소리를 내기도 한다. 이럴 때는 돌고래쇼가 난장판이 되어버린다.[3]

돌고래쇼를 시켜도 안 하고 교미를 하는 경우(전돈수, 1993)도 있어서 공연을 중단하고 관람객을 돌려보내는 일도 발생한다. 서울대공원은 이런 불확실성을 제거하기 위해 암컷을 배제하고 수컷만으로 돌고래쇼를 운영하는 전략을 택했다. 2000년대 초반 차순이와 바다 이후로 서울대공원에서는 더 이상 암돌고래들을 사육하지 않는다. 반면 퍼시픽랜드는 '공연 후보군'을 넉넉하게 준비시키는 방식으로 돌고래의 저항에 대응했다. 퍼시픽랜드에는 제주 앞바다에 널린 야생 남방큰돌고래가 있었다. 어떤 해에는 몇 마리씩 잡아왔고 수족관은 잉여 개체로 넘쳐났

▼

3 수컷이 암컷을 쫓는 구애행동에 빠지면 돌고래쇼의 원활한 운영은 도전받는다. 1997년 서울대공원에서 일어난 사건 한 토막을 전하는 신문기사다. "처음에는 낯을 가리던 수놈 차돌이도 … 때로 훈련 도중 차순이에게 진한 애정 표현을 하기도 해 사육사들을 곤란하게 할 정도다. 서울대공원 측은 최근 현장감각을 익히라는 뜻에서 차순이를 공연장에 내보냈으나 차돌이가 짝에게 신경을 쓰느라 여러 차례 실수를 해 차순이를 다시 대기장으로 돌려보냈다."(하태원, 1997b)

다. 한 돌고래가 문제를 일으키면 그를 빼고 다른 돌고래를 투입했다.[4]

'동물들도 저항한다'고 말하는 미국의 생태사학자 제이슨 라이벌은 인간이 동물의 노동을 통제하는 데 크게 세 가지 방식을 이용한다고 주장한다(Hribal, 2007). 첫째는 보살핌. 좋은 환경에서 좋은 먹이를 제공하고 질병을 치료해준다. 둘째는 압제. 동물을 철제 울타리, 유리 벽에 가두고, 코뚜레를 꿰고 거세를 하고 발톱을 뽑는다. 말을 듣지 않으면 격리시키거나 죽인다. 셋째는 동물과의 협상, 즉 밀고 당기기다. 최고의 노동 효율성을 달성하기 위해서 인간은 동물을 으르고 달래야 한다. 압제가 항상 좋은 방식은 아니다. 동물의 눈치를 보고 감정적으로 소통해야 한다.

돌고래는 토라진다. 공연을 거부한다. 제이슨 라이벌은 리더의 주도로 돌고래들이 집단적으로 돌고래쇼의 일부 순서를 빼먹기도 한다고 말한다(남종영, 2015b). 이렇게 하면 무대 위의 조련사는 어쩔 수 없다. 동물은 저항하는가? 그렇다면 자유란 무엇인가? 동물 몸의 주인은 누구인가? 그들의 의지는 어떻게, 얼마나 발현하는가? 이 질문들은 프리윌리 '케이코'의 야생방사 과정에서도 만났던 질문들이다. 케이코는 야생방사팀의 보트를 떠나지 않으려 했다. 노르웨이까지 1000킬로미터의 여행 뒤에도 보트를 따라붙었다. 케이코는 태어난 지 1년여 만에

▼

4 여기서 우리는 푸코의 생명정치를 확인할 수 있다. 인구 조절과 성 조절이라는 정치기술이 돌고래수족관에서도 작동한다. 인간으로 치자면 한국의 '아들딸 구별 말고 둘만 낳아 잘 기르자'는 1970년대 가족계획사업, 중국의 '한 자녀 정책' 같은 조절 정책이 수족관이라는 폐쇄적인 공간에서 강압적으로 진행된 것이다. 동물에 대한 생명정치에 대한 전반적 설명은 11장 '자유, 저항, 공존'에서 자세하게 다룬다.

인간의 세상으로 들어와 컸다. 늑대의 손에 키워진 '늑대소년'처럼 케이코는 인간의 손에 키워졌다. 야생 범고래의 생활 방식을 배우고 교감할 기회는 처음부터 차단됐다. 반면 시월드 올랜도의 큰돌고래는 높게 점프해 생선을 훔친다. 그들의 행동은 어디에서 비롯되었는가? 범고래 케이코에게, 시월드의 큰돌고래에게 자유란 무엇인가?

아일랜드의 시골마을 딩글 Dingle에는 우리의 이런 물음에 다른 방식으로 대답하는 동물이 있다. 그의 이름은 펑기. 바다에서 야생 생활을 익힌 완전한 야생 돌고래 펑기는 야생의 친구들을 버리고 인간을 찾아왔다.

11장

자유, 저항, 공존

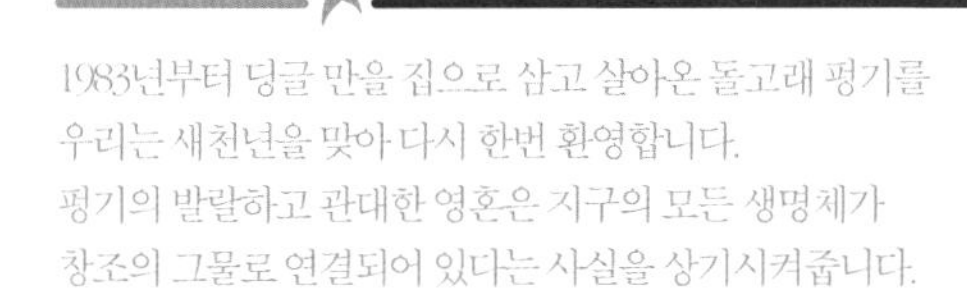

1983년부터 딩글 만을 집으로 삼고 살아온 돌고래 펑기를
우리는 새천년을 맞아 다시 한번 환영합니다.
펑기의 발랄하고 관대한 영혼은 지구의 모든 생명체가
창조의 그물로 연결되어 있다는 사실을 상기시켜줍니다.
우리가 이들을 보살피게 하소서.

– 2000년 1월 1일 캐롤 안 콜 목사, 아일랜드 딩글의 돌고래 '펑기' 동상에 새겨진 글

아일랜드 남부의 딩글은 인구 1900명의 작은 마을이다. 한 해 4만 명의 관광객으로 북적이는데, 이들을 끌어들이는 것은 돌고래다. 단 한 마리, 펑기라는 이름을 가진 돌고래.

2014년 여름, 딩글에 도착했을 때 나를 맞이한 건 금빛 돌고래 동상이었다. 펑기. 마을을 부흥시킨 돌고래. 돌고래보다 사람과 친한 돌고래. 수족관에서 재주를 부리는 쇼돌고래도 아니다. 펑기는 제 발로 사람을 찾아왔다.

더블린
아일랜드
딩글

유쾌한 녀석, 펑기[1]

비가 오는데도 작은 시골 마을 딩글은 관광객으로 북적였다. 한여름 휴가철이라서 펑기를 보러 가는 배는 30분마다 출발했다.

"요금은 배에 타서 내세요. 돌고래 못 보면 안 내셔도 돼요."

선착장 앞의 딩글돌핀투어 사무실에 가서 표를 끊으려고 하니까, 스무 살의 애띤 처녀가 관광객들을 선착장으로 되돌려 보내고 있었다. 딩글에서 태어난 올리비아 클라크Olivia Clark였다.

"내가 태어나기 전부터 펑기는 여기 살았어요. 나보다 나이가 많죠. 1983년 딩글에 왔을 때, 펑기가 열 살 정도였으니까, 지금은 마흔이 넘었겠네요."

펑기는 길이 4미터, 무게 227킬로그램의 큰돌고래다. 남방큰돌고래 제돌이의 사촌쯤 된다. 남방큰돌고래나 큰돌고래와 같은 돌고래는 일반적으로 무리를 이뤄 산다. 그런데 펑기는 돌고래 무리를 빠져나와 딩글 만 주변에서 혼자 산다. 펑기가 딩글에 찾아온 게 1983년이니, 벌써 30년이 넘었다.

레이디로라Lady Laura호에 관광객 40여 명이 올랐다. 요금 16유로(약 2만2000원)를 내려니까, 한자로 '극한건조'라고 써진 티셔츠를 입은 청년이 "내릴 때 내라"고 했다. 즉 펑기를 못 보면 '공짜'라는 얘기다. 망원경과 200밀리미터 망원렌즈로 무장하고 갑판 앞에 자리를 잡았다.

1 이 장은 2014년 8월 2일 〈한겨레〉에 실은 '돌고래 한 마리 떠나면 모두 실업자 된다고?'(남종영, 2014)를 수정·보완해 썼다.

▲아일랜드 남부의 딩글에는 한 해에도 수만 명의 관광객이 돌고래 펑기를 보러 찾아온다. 펑기 한 마리로 이 작은 마을은 부흥을 이루었다. 돌고래 펑기의 동상. 2014년 7월. ©남종영

딩글 앞바다는 육지로 둘러싸인 좁은 만이어서 파도가 잔잔했다.

5분 정도 흘렀을까. 좁은 만을 빠져나갈 즈음 멀리서 돌고래 한 마리가 뛰어오르는 게 보였다. 펑기! 돌고래는 사라졌다가 이내 배 좌우에서 뛰어올랐다. 청년은 이미 선실 지붕 위로 올라가 있었다. 청년이 펑기를 가리킨다. 여기! 저기! 그의 손가락이 가리키는 곳에서 검은 그림자 같은 물체가 하늘로 솟아올랐다. 돌고래 몸의 유연한 곡선, 힘찬 도약을 보며 관광객들이 소리 질렀다.

그런데 한두 번이 아니었다. 펑기는 배 주변으로 계속 나타났다. 한참 안 보일 때는 청년이 나서 이곳저곳을 찾기도 했지만, 검은 그림자는 소리 없이 배 옆에서 불쑥 떠올랐다. 망원렌즈를 가방 속에 집어넣었다.

평기, 평기, 평기. 꼬마들이 '짝짝짝' 박수를 치며 부르고, '통통통' 배 난간을 두드리면서 돌고래를 불렀다. 평기가 그 소리를 알아들었지는 모르겠지만, 어쨌든 평기는 열심히 선수타기를 했다.

어느새 평기 주변의 배는 세 척으로 늘어났다. 그중 두 척이 나란히 서서 경주를 하듯 속도를 내자, 평기도 두 배 가운데서 전력질주로 헤엄쳤다. 꼬마들은 배 난간에 매달려 하나, 둘 카운트다운을 했다. 셋이 될 때 평기가 솟구쳤다. 이 정도 되니, 이게 동물원인지 야생의 바다인지 헷갈렸다.

재미있는 점은 내가 탄 레이디로라호 주변에서 유난히 평기가 자주 나타났다는 점이다. 이상하게도 다른 업체에서 운영하는 배 주변에선 자주 목격되지 않았다. 나중에 올리비아에게 들은 말은 이랬다.

"올해 새로 사업을 시작한 업체인데, 거기는 (사업이) 잘 안돼요. 평기가 그 배로는 잘 안 가거든요."

"정말요?"

"응, 진짜예요. 평기도 우리가 오래 한 거 알고 있어요. 선장님이 평기가 내는 소리를 오래 들어서 아는데, 우리 주변에 있을 때와 그쪽 배 주변에 있을 때 평기가 내는 소리가 달라요. 평기가 우리 배 알아보고 우리랑 잘 노는 거예요."

그리고 그녀는 힘주어 말했다.

"돌고래는 진짜 영리한 동물이에요."

평기가 딩글에 찾아온 뒤, 어부들은 펍에서 밤을 새우며 평기에 대한 소문과 추측을 안주로 올렸다. 도대체 이 돌고래는 어디서 왔는가? 왜 다른 곳에 안 가고 여기에 혼자 머무는가? 당신도 봤소? 오늘도 평기가 우리 배를 따라왔다니까… 1991년 출판된 책《아일랜드의 친근한 돌고래》에 실린 어부들의 증언을 들어보면, 펑기가 처음 발견된 건 독일 수출시장이 막히자 팔지 못하고 남은 생선을 딩글의 어부들이 딩글 만 바다 한가운데에 내다 버릴 때였다. 어군탐지기에 잠수함 같은 물체가 깊은 수심에서 잡히는가 싶더니, 돌고래 한 마리가 바람을 가르며 바다 위로 뛰어올랐다는 것이다. 펑기는 죽은 생선을 허공에 던졌고 이 중에 몇 마리는 갑판 위에 떨어졌다. 야생 돌고래는 죽은 생선을 먹지 않는다. 그 뒤로 어부들의 펑기 목격담이 잇따랐다. "펑기가 훌쩍 뛰어서 나를 쳐다봤다." "30미터 앞에서 기다리다가 배가 도착하니 같이 갔다." 어부들은 점차 이 돌고래를 '유쾌한 녀석fun guy' 이라는 뜻의 펑기Fungi로 부르기 시작했다. 사람과 놀아대는 유쾌한 녀석에 대한 소문은 이내 바다 건너로 퍼졌고 영국 BBC와 일본 NHK에서 다큐멘터리를 찍어갔다. 딩글의 어부 7명은 1992년 자신들의 배로 펑기를 보러 나가는 '돌고래 관광' 을 시작했다(Mannion, 1991).

사람과 친한 외톨이 돌고래

2008년 네덜란드 에흐몬트안제이Egmond aan Zee에서는 외톨이 돌고래를 연구하는 전 세계 해양포유류학자들이 모여 워크숍을 열었다. 학자들은 자신이 발견한 '펑기들' 에 대해서 이야기하기 시작했다. 놀랍게도 펑기 같은 돌고래는 워크숍에서 취합된 것만 102마리나 됐다(European Cetacean Society, 2009).

'펑기 현상' 이 아주 드문 일은 아니었던 셈이다. 학계에서는 펑기처럼 알 수 없는 이유로 야생 무리에 속하지 않은 채 혼자 다니면서 사람과 곧잘 어울리는 야생 돌고래를 '사람과 친한 외톨이 돌고래solitary sociable dolphins'라고 부른다(Simmonds, 2011). 말하자면 동족이 아닌 사람을 친구로 택한 돌고래다. 그렇다고 사람들이 먹이를 줘서 유인하거나 일부러 특정 해역에 가둔 것도 아니다. 첫 접촉 이후 인간과의 상호작용이 영향을 끼쳤겠지만, 돌고래의 '자유의지'가 특별한 삶을 선택한 가장 큰 요인이다.

워크숍에서 취합된 사례를 보면 '사람과 친한 외톨이 돌고래'는 몇 가지 특징을 보였다. 이런 돌고래들은 사람들과 교감하다가도 몇 달이나 몇 년에 한 번씩 서식지를 옮기는 경향을 보였다. 이를테면 2001년 4월 아일랜드 서남부 던퀸 앞바다에서 발견된 큰돌고래 '도니'는 7월까지 관찰되다가 사라졌다. 그 뒤 도니는 1000킬로미터 떨어진 서부해안 프랑스 라로셸에서 목격됐다가 다시 600킬로미터를 여행해 영국 서남부 해안에 나타난 뒤 네덜란드 로테르담 앞바다로 이동했다(Simmonds, 2011).

왜 이런 현상이 나타날까? 정확한 이유는 알 수 없지만, 과학자들은 돌고래가 먹이가 풍부한 곳에서 혼자 머물고 싶어하거나 포식자의 공격을 피해 안전한 곳을 찾는 등 실용적인 이유, 혹은 친구나 짝을 잃거나 사회성 부족으로 무리에서 떨어져 나와 혼자 살기를 선택했을 것이라는 가설, 악천후 등으로 길을 잃었을 것이라는 추정 등을 내놓고 있다. 높은 사회성을 지닌 특성상 돌고래는 인간들과의 만남도 즐겼을 것이다.

다른 사람과 친한 외톨이 돌고래와 달리 펑기는 딩글에서 줄곧 머무르고 있다. 딩글돌핀투어의 배들과 어울려 놀면서 2013년엔 '펑기 30주년 행사'를 지켜봤다. 야생 큰돌고래 무리가 몇 차례 딩글 만에 방문했을 때도, 펑기는 그들과 섞여 헤엄치다가도 무리를 따라 떠나진 않았다. 올리비아도 그런 펑기를 어렸을 적부터 보아왔고, 할아버지·아버지에 이어 삼대째 딩글돌핀투어에서 일하고 있다.

"펑기가 어느 날 갑자기 떠나면요?"

"우리 일자리 다 잃는 거죠, 뭐. 펑기가 다른 데로 가도 문제지만, 무엇보다 다쳐선 안 돼요. 어떤 사람들은 펑기가 떠나면 비슷한 돌고래를 찾아오면 된다고 얘기들을 하지만…."

인간이 돌고래를 길들인 걸까, 돌고래가 인간을 길들인 걸까. 그는 야

▲1983년 아일랜드 딩글에 찾아온 돌고래 '펑기'는 30년 넘게 이곳을 떠나지 않고 인간과 어울리고 있다. 먹이를 준 것도 아니었다. 펑기는 묻고 있다. 인간이 돌고래를 길들인 것인가, 돌고래가 인간을 길들인 것인가. 2014년 7월. ©남종영

생동물일까, 아닐까. '야생동물' 펑기는 자유의지로 사람들에게 다가왔다. 그리고 그는 언제든지 떠날 수 있다. 펑기는 야생동물과 인간이 만나는 관계의 복잡성을 보여준다. 여기서 분명한 사실은 적어도 딩글 지역 경제의 상당 부분이 펑기라는 돌고래 한 마리에게 달렸다는 점이다.

오포

사람과 친한 외톨이 돌고래는 '알 수 없는 이유로 기존 무리를 떠나 혼자 살면서 인간에 익숙해지는 과정을 거쳐 사회화된 동물'로 정의된다(Simmonds, 2011). 최근에서야 학문적으로 정의됐지만 예전부터 외톨이 돌고래는 있어왔고 인간 사회에 크나큰 영향을 미쳐왔다.

펑기가 아일랜드 서부의 시골 마을로 찾아오기 약 30년 전인 1955년 3월, 뉴질랜드 북부 해안의 오지 마을 오포노니Opononi에도 큰돌고래 한 마리가 찾아온다. 일설에는 돌고래 세 마리가 나타났는데, 등지느러미를 보고 상어로 착각한 어부가 두 마리를 쏘았고, 나머지 한 마리가 오포노니 앞바다에 남겨져 사람들에게 나가왔다는 이야기도 있다(Lee-Johnson and Lee-Johnson, 1994). 어쨌든 이 돌고래는 펑기처럼 보트를 따라다녔고 선착장까지 따라오고는 했다. 노로 자신의 몸을 긁어주는 걸 좋아했다. 어부들은 그를 '오포노니 잭Opononi Jack'이라고 불렀지만, 나중에 암컷이라는 게 밝혀지면서 '오포'라고 더 많이 불렸다(McLintock, 1966).

오포는 사람들과 친해졌다. 해안가에 머물면서 아이들과 어울렸다. 아이들은 톡톡 치고 쓰다듬고 만졌고 오포는 아이들의 이런 행동을 받아들였다. 오포는 공놀이를 즐기는 것처럼 보였다. 뒤로 누운 오포가 고무공을 배 위에 올려놓고 꼬리로 치면, 고무공을 가져다주기 위해 헤엄치는 아이들의 물장구 소리가 이 작은 마을의 유일한 소음이었다. 오포는 어린이들과 특별한 관계를 맺은 것처럼 보였다. 소문은 삽시간에 퍼졌고 엄마아빠의 손을 잡은 어린이들이 전국에서 몰려들었다. 오포가 자주 나타나는 오포노니의 호키앙가Hokianga 부두는 인산인해를 이뤘다.

인간과 동물이 공존하는 환상은 불안으로 번졌다. 신이 준 귀중한 선물에 이기적인 인간들이 해를 가할까 봐 불안해하는 목소리가 이어졌다. 지역 주민들을 중심으로 구성된 오포보호위원회가 오포의 보호 조처를 취해달라는 요구를 하고 있을 때, 사건이 벌어졌다. 한 레슬링 선수와 그의 친구들이 오포를 포획하려고 한 게 들통난 것이다. 여론은 들끓었고 오포를 보호하는 법률이 제정된다. 호키앙가 주변에서 돌고래를 포획하거나 해를 가하면 50파운드 벌금에 처한다는 내용이었다(Lee-Johnson and Lee-Johnson, 1994).

비현실적인 평화는 오래가지 않았다. 1956년 3월 9일 낮. 이 법률이 발효된 지 수십 시간이 지나서였다. 오포는 마을 변두리 해안가 암석 틈에서 숨진 채 발견된다. 뉴질랜드는 슬픔에 빠졌다. 누군가 고의로 설치한 고성능 니트로글리세린 폭약에 숨졌을 것이라는 이야기가 나왔지만, 오포가 황망하게 떠난 이유는 끝내 규명되지 않았다.

경제와 이데올로기만큼이나 역사는 집단적 감정에 의해 움직인다. 한 시대를 풍미한 센티멘털리즘(낭만주의)은 역사에 강력한 자취를 남긴다. 필립 암스트롱은 뉴질랜드 역사에서 1955년과 1956년의 여름은 '순수의 시대'이자 '비극적 센티멘털리즘의 시간'이었다고 말한다(Armstrong, 2011). 어린이와 돌고래는 감정적으로 일체화됐고, 능력이

▲1955~1956년 뉴질랜드는 비일상적인 인간과 돌고래의 공존을 경험했다. 오포와 같은 돌고래는 훗날 여럿 발견되어 '사람과 친한 외톨이 돌고래'로 불리며 연구 대상이 되었다. ©뉴질랜드 아카이브

나 성격 등 인간의 기준이 돌고래에게 확대됐으며, 인간이 동물에게 가하는 잔혹한 지배의 역사에서 일종의 유예기간이 되었다. 이런 변화는 인간에게 짧게 휘몰아치다가 잠시 멈췄지만, 모두 돌고래 오포가 몰고 온 것이었다. 오포노니의 바다에서 아이들과 놀고자 했던 어린 돌고래의 자유의지가 아니고 무엇인가.

타티아나의 복수

미국 샌프란시스코 동물원에서 일어난 '호랑이 습격 사건'은 동물 습격 사고 중 가장 미스터리한 사례로 꼽힌다. 호랑이는 우리에서 아무 도움 없이 탈출했고, 한 명이 숨지고 두 명이 부상을 입었다.

2007년 크리스마스 오후였다. 갑자기 호랑이 한 마리가 번쩍 뛰어올라 우리에서 탈출했다. '타티아나Tatiana'라는 이름의 암컷 시베리아호랑이였다. 타티아나는 세 명의 10대 소년을 뒤쫓고 있었다. 911 신고로 소방서 당국과 동물원 관리팀이 출동했을 때, 열일곱 살 카를로스 에두아르도 소사Carlos Eduardo Sousa는 우리 가까운 곳에서 목이 뜯겨 숨진 채 발견됐고 타티아나는 또 다른 소년을 공격하려고 하고 있었다. 관리팀은 타티아나의 관심을 돌려 자신들에게 달려들게 했다. 비로소 타티아나는 관리팀의 총탄에 쓰러졌고 상황은 종료됐다.

이상한 점은 두 가지였다. 첫째, 타티아나는 울타리를 훌쩍 뛰어넘을 줄 알면서도 왜 진즉에 탈출하지 않았는가. 호랑이 해자의 울타리 높이가 미국동물원수족관협회AZA 기준(4.7미터)보다 모자라는 3.8미터인 사실이 나중에 밝혀졌지만(Fagan et al., 2007), 이 사건이 제기하는 질문은 다른 데 있었다. 타티아나가 샌프란시스코 동물원에 온 건 2005년이었다. 탈출 능력이 있었음에도 타티아나는 왜 2년 동안 울타리를 뛰어넘어 탈출하지 않았는가. 굳이 그제서야 자신을 가둔 우리에서 나가 사람을 쫓아가 죽인 이유는 뭔가. 두 번째 의문점은 탈출 직후 타티아나의 행동이다. 호랑이가 탈출한 동물원 구역에는 다른 관람객과 직원들도 있었다. 타티아나는 그들을 공격할 수 있었고, 사람이 보이지 않는 곳으로 도망갈 수도 있었다. 그런데 굳이 세 소년을 추격한 이유는 무엇이었는가.

사건이 있기 직전, 세 소년은 울타리 밖에서 손을 흔들고 큰 소리로 약을 올리면서 타티아나를 괴롭혔다(Derbeken, 2008). 타티아나는 해자와 울타리를 번쩍 뛰어넘어 관람객 구역으로 나갔다. 이는 그에게 해자를 넘을 수 있는 능력이 원래부터 있었음을 보여준다. 그러나 그는 2년 동안 그러지 않았다. 타티아나는 이미 동물원에서의 사회적 규범을 체득하고 있지 않았을까? 울타리를 넘는 것은 사회적 규범의 일탈이자 그 결과는 자신에게 치명적인 위해로 돌아올 것임을 인식하고 있지 않았을까? 게다가 그에게는 하얀 접시 위의 생선을 소매치기하는 시월드 올랜도의 돌고래처럼 인간의 손이 잘 미치지 않는 '풀장'이라는 신체 규율의 완충지대가 없었다. 그래서 돌고래만큼 자주 '저항'할 수 없다. 그러나 타티아나는 어느 순간 감정이 폭발해 울타리를 뛰어넘었다. 샌프란시스코 동물원 관계자는 사건 초기 언론에 "호랑이가 문을 통해 나갈 수 있는 방법은 없다. 울타리를 기어올랐거나 뛰어넘었을 것으로 보인다"고 말했다(BBC, 2007).

미국의 생태사학자 제이슨 라이벌은 이 사건을 동물의 '저항'으로 본다(Hribal, 2010). 그와 몇 차례 이메일을 주고받으며 이 사건에 대해 이야기한 적이 있었다. 그는 "타티아나는 특정 인물을 겨냥해 쫓았고 공격했다. 일종의 복수였다"고 말했다.

"이게 왜 저항이라는 거죠?"

"우리는 동물과의 관계를 일방적으로만 바라보는 경향이 있습니다. 그러나 모든 관계는 상호적입니다. 그리고 인간과 동물 사이에는 항상 '밀고 당기기'가 발생합니다. 이를테면 수족관돌고래는 돌고래쇼 동작을 배우기 위해 수년 동안 훈련과 재훈련을 거듭합니다. 하지만 돌고래들이 항상 연습한 대로 쇼를 하는 건 아닙니다. 이를테면 (원래 주지 않을) 여분의 생선까지 먹기 위해 돌고래들은 의도적으로 돌고래쇼 진행을 늦춥니다(돌고래쇼에서는 한 동작을 완수할 때마다 보상용으로 생선을 준다). 어떤 경우에는 쇼를 빨리 마치기 위해 계획된 순서 중 일부를 빠뜨리기도 합니다. 그래야 좀 쉴 수 있기 때문이죠. 그런 행동을 이끄는 돌고래 리더가 있습니다. 자신의 임무가 무엇인지, 사람들이 자기들에게 무엇을 기대하는지 돌고래들은 잘 아는 거죠. 보상과 벌에 대해 알면서도 조련사 반대편에서 그런 행동을 벌이는 것입니다. 이것이 저항이 아니고 무엇입니까?"(남종영, 2015b)

그가 말하는 타티아나의 저항은 서울대공원의 '토라진 돌고래', 시월드 돌고래의 '소매치기'와 일맥상통한다. 이들은 동물원 공간을 지배하는 사회적 규범에서 일탈했고 동물원 프로그램의 안정적 운영과 이윤 창출이라는 공간의 목적을 위반했다. 저항의 사전적 의미는 '밖으로부터 가해지는 힘에 굴복하여 따르지 않고 거역하거나 버팀'(다음, 2015)이다. 우리는 왜 동물 따위는 저항할 수 없다고 단정하는 걸까? 저항은 고결하고 순수한 행위이기 때문에? 복잡한 사고와 의식을 지닌 인간만이 할 수 있는 행위여서? 그러나 라이벌이 예로 든 타티아나 같은 동물의 행동은 저항의 사전적 의미를 충족한다.

현대 동물지리학자들도 이 같은 동물들의 권력에 대해서 탐구해왔다. 이들은 미셸 푸코의 생명정치biopolitics나 라투르의 행위자네트워크 이론을 이용해 동물들이 정치에 개입해오고 있다는 사실을 논증한다. 핵심 개념은 행위자들의 '행위능력' 혹은 '행위주체성'이다.[2]

인간 및 비인간 행위자들이 네트워크를 이루고, 네트워크는 작동하

2 자세한 내용은 10장 '야생의 몸에서 수족관의 몸으로'를 참고하라.

고, 세상만사는 흘러간다. 행위의 의도를 따지기보다는 동물이 포함된 네트워크가 벌이는 행위의 효과를 본다(어차피 동물에게 의도를 물어볼 수 없으니까). 네트워크의 연결망 속에서 동물에게도 행위주체성이 있다.

제이슨 라이벌은 동물이 노동계급이라고 주장하며 동물의 저항을 이야기해 역사학계에 논란을 불러일으켰다. 노동계급이 없었다면 자본주의는 태동하지 못했다. 마찬가지로 노동하는 동물이 없었다면 근대문명은 요원했을 것이다. 아직 그의 주장은 학계에서 이단아 취급을 받고 있지만, '인간-인간' 뿐만 아니라 '인간-동물'의 지배와 상호작용도 정치로 사유하는 동물지리학계에서는 낯설지 않은 주장이다. 오히려 그는 동물의 정치가 '이론의 영역'에서만 토론되고 있다며, 역사 속에서 동물의 행위주체성을 발견해야 한다고 주장한다(Hribal, 2007).

정치는 인간의 전유물인가

정치는 인간이 인간을 대상으로 하는 것이라고 착각하기 쉽다. 인간이 인간을 지배하거나 이에 저항하고 이와 관련해 복잡한 관계를 맺는 상호작용에 관한 것이 정치라고 그동안 생각되어왔다. 국어사전 또한 정치를 국가라는 테두리 안에서 벌어지는 직업적인 정치로 가두는 데 일조했다. 이를테면 한 사전은 정치를 '통치자나 정치가가 사회 구성원들의 다양한 이해관계를 조정하거나 통제하고 국가의 정책과 목적을 실현시키는 일'로 정의한다. 그러나 정치는 피선거권자와 선거권자의 관계는 물론 인간들끼리만의 관계를 넘어선다. 세상을 지배하려면, 비(非)인간들에 대한 지배와 도움 혹은 협조가 필요하기 때문이다. 정치경제학적 시각에서 인간-동물 관계를 추적하고 있는 생태사학자 제이슨 라이벌은 다음과 같은 명제를 던짐으로써 우리의 선입견에 도전장을 던진다.

"산업혁명은 석탄으로 이뤄진 게 아니라 고래로부터 일어났다."

18~19세기 산업혁명과 자본주의 발전의 견인차는 늦은 밤 공장과 가정, 거리의 등불을 밝히던 고래기름 덕분이었다. 북극과 태평양 등 전 세계 바다에서 벌어진 고래 학살, 광기에 찬 에이헙 선장과 줄달음치는 모비딕이 산업혁명을 일구었다. 근대 모직산업은 양이 없었으면 성장하지 못했고, 소와 닭은 근대 공장식 축산을 축조한 노동자였다. 현대 테마파크의 수익원은 노동하는 돌고래다.

20세기 초반 미국의 주요 도시에서는 약 3500만 마리의 말과 노새가 노동했던 것으로 추정된다. 약 100년 전보다 6배나 늘어난 수였다. 노동하는 동물은 산업사회의 인력과 자원을 실어 나르는 실핏줄이었다. 개인 마차와 중·단거리 승객을 실어 나르는 대중 마차, 말이 트레드밀을 돌리면 배가 앞으로 나아가는 마력 페리 등 말은 교통수단의 핵심이었다. 말은 일주일에 6~7일 일하며 혹사당했고 잘해봐야 3~4년 노동 뒤 퇴역했다.

제이슨 라이벌이 잘 정리했듯, 인간은 압제와 보살핌 그리고 협상(밀고 당기기) 등 세 가지 기술로 동물을 통치했다(Hribal, 2007). 먹이를 주고 잠자리를 제공하는 등 동물의 기본적 요구를 해결해주는 게 '보살핌'이다. 그러나 이런 마부의 기본적 보살핌 외에도 정부 차원에서 질병을 관리할 필요성도 제기됐다. 1872년에는 토론토에서 뉴욕까지 동부 도시의 수송용 말들에게 역병이 돌았고 수십 일 동안 도로가 멈추기도 했다(Hribal, 2007).

물론 동물을 통치하는 전통적인 방식은 지시에 복종할 때까지 굶기고 가두고 채찍질을 하는 '압제'였다. 이런 강압적 동물 통치는 단기적 효과는 있었지만 지속가능성에서 현저히 떨어졌다. 말이 지시를 잘 따르지 않는다거나 난동을 부리는 식으로 저항할 수 있으므로 인간은 말과의 관계를 잘 유지해야 했다. 그러지 않으면 마부는 돈을 잃고 도시는 산업을 잃었다. 국가의 실핏줄은 동맥경화를 일으켰다. 돌고래쇼의 원활한 운영을 위해 서울대공원의 사육사와 제돌이가 그러했듯 감정적 교류도 필요했다. 기본적인 보살핌 말고도 긴 휴식과 특식, 감정적 교류 등의 당근이 주어졌다. 이런 '밀당'을 통해 동물의 저항을 관리했다.

그래도 동물들은 저항했다. 1850년대 미국 정부가 군용 낙타 75마리를 시범 도입한 적이 있었다. 주요 임무는 물자와 인력 수송이었다. 낙타는 명령을 거부하고 요동치거나 병사를 공격했고, 결국 미군은 낙타 도입을 철회하고 말과 노새로 돌아가야 했다(Hribal, 2007).

지금도 동물은 정치를 한다. 당신의 반려견이, 테마파크의 토라진 돌고래가, 채찍질을 견디며 더는 마차를 끌지 않겠다고 주저앉은 축제장의 말이 정치를 한다. 인간과 동물 사이에 정치가 발생하고 권력관계가 재조정된다. 저항을 통해 동물들은 사소한 무언가를 얻기도 하지만(반려견은 적잖이 성공할 것이다) 대부분 수포로 돌아가고 만다. 공장식 축사, 동물실험실, 테마파크와 돌고래수족관 등 인간의 지배가 절대적이고 압제의 방식이 일반화된 공간일수록 동물의 자율적 행동은 봉쇄된다. 집에서 인간과 함께 살며 교감하는 강아지보다 공장식 축사에서 집단 사육되는 돼지의 저항이 성공하기 힘들다. 돼지들에게는 인간과 입체적으로 만나는 감정의 영역, 즉 밀당이 활성화된 공간이 거의 없기 때문이다. 인간과 교감하지 못하는 돼지는 기계에 가까워진다.

생명정치의 탄생

정치와 함께 권력에 대해 생각해보자. 권력이란 무엇인가? 우리는 거대한 착각을 하곤 하는데, 권력을 누군가에 의해 소유되거나 탈취될 수 있는 소유물쯤으로 여긴다는 것이다. 군주나 특정 계급, 정당이 권력을 획득하고 소유해 전적으로 행사할 수 있다고 생각한다. 시민과 학생이 민주화시위를 벌이고 선거를 통해 군사정권을 몰아냈더니 새로운 시대가 펼쳐졌는가? 노동자정당이 혁명에 성공해 프롤레타리아정권을 수립했더니 이상사회가 도래했는가? 과연 그렇게 됐는가? 아직도 우리는 5년에 한 번씩 대통령이 바뀌면 세상이 달라질 거라는 감언이설에 속지만, 정권이 바뀐다고 세상은 그리 크게 달라지지 않는다. 왜 그럴까? 권력은 누군가에 의해 독점적으로 소유되어 행사되는 것이라기보다는 복잡한 그물망을 타고 다니는 무형의 힘에 가깝기 때문이다. 정권이 바뀌어도 권력의 그물망이 약간 변형되거나 역학관계가 재조정될 뿐이다.

이런 권력의 속성을 알아차린 이가 프랑스 철학자 미셸 푸코였다. 과거 권력은 소유물로 여겨졌다. 그러나 푸코는 권력이 사회적 행위자들의 관계망 속에서 유동하는 것으로 봤다. 푸코가 특히 주목한 것은 몸과 지식이다. 그는 권력이 개체의 행위와 훈육을 통해 몸에 작동하고, 생물학·사회학·정신분석학 등 지식을 기반으로 운영된다고 파악했다(Foucault, 1995). 지배와 통치는 몸과 지식을 빼놓고 생각할 수 없다. 이를테면 18세기 후반 광인이 '질병을 가진 사람'으로 병리학이라는 근대지식을 통해 정의되면서 그의 몸은 합법적으로 정신병원에 격리됐다.

우리의 몸에 작동해 생명을 지배하는 권력이 바로 생명권력biopower이다. 그리고 그런 정치가 생명정치biopolitics다. 생명정치는 개체의 몸을 지배하는 동시에 집단의 몸을 관리한다(Foucault, 1978). 여기서 몸은 이분법적으로 나뉘어진 정신과 육체에서의 육체가 아니라 둘을 아우르는 개념이다. 고로 권력은 생명권력의 다른 이름이다. 옛날부터 권력은 우리의 몸에 작동하는 생명권력이었다.

그러나 근대사회 들어 특이할 만한 변화가 생긴다. 근대 이전 '칼의 정치' 시대의 생명권력은 '죽이거나 살게 놔두는to take life or let live' 방식으로 통치했다. 군주는 자신에게 도전하거나 대역죄를 지었을 때 참수를 하거나 감옥에 가뒀고to take life, 대중의 일상은 세세히 규율하려 들지 않았다. 아니, 그럴 능력도 없었다. 사람들은 자신의 몸을 스스로 건사했다let live. 그러나 근대에 들어서면서 생명권력은 '삶(생명)을 부양하거나 방치하는to foster life or disallow it' 방식으로 통치하기 시작했다(Foucault, 1978). 근대 이전의 사람들은 알아서 살아남아야 했다. 그러나 지금의 권력은 개개인의 몸과 삶, 즉 생명을 관리하고 부양한다. 최저생계비를 보장해 아사를 막고, 삶의 모범과 전형을 제시하고, 시간 활용과 건강관리에 대해서도 설교한다. 근대 생명정치의 특징은 개인뿐만 아니라 집단의 삶도 관리한다는 점에 있다. 정부가 나서서 인구센서스를 하고 가족계획 캠페인을 하고 전 국민 건강검진을 실시한다. '아침형 인간'과 '일일일식'을 홍보하는 책과 방송이 넘쳐난다. 정부와 미디어, 기업이 우리의 일상을 관리한다. 2000년대 후반 한국 사회가 신종플루의 공포에 떨고 있을 때, 정부와 과학자들은 손을 자주 씻으라고 계도했고, 대형마트에서는 손 세정제가 불티나게 팔렸다. 생명정치라는 끈으로 정부-자본-시민의 맺어진 커넥션이다.

네 가지 동물정치 체제

동물도 생명정치로 통치된다. 인간은 동물의 몸을 인간의 목적에 맞게 관리해 이용한다는 것이다. 여기서도 키워드는 몸과 지식이다. 나치가 유대인의 육체를 규율한 아우슈비츠의 수용소처럼, 공장식 축산농장은 동물에게 가장 잔인한 생명정치의 공간일 것이다. 고기를 생산하는 것은 돼지의 몸을 관리하는 것이다. 돼지들은 좁은 우리에 밀집해 사육되고 주기적으로 항생제와 주사를 맞다가 시간이 되면 이산화탄소 가스를 흡입하고 죽는다. 단시간 내에 살이 찌고 병이 들지 않도록 농장의 환경이 조정된다. 아우슈비츠의 학살이 당시 유행하던 우생학을 기반으로 했던 것처럼 생물학과 생명공학, 영양학 그리고 사육 및 방육 기술, 위생제도 등 지식의 총체가 돼지의 몸을 관리하는 데 사용된다.

근대의 동물은 인간이 이용하는 목적에 따라 농장동물, 반려동물, 야생동물, 실험동물 등 네 가지로 나뉜다. 농장동물은 인간이 고기나 모피 등 부산물을 얻기 위해 사육하는 동물이다. 과거에는 집과 마을 주변에서 키우는 가축이었지만 지금은 먹이 및 식수 급여, 온도 조절, 광원 조절 등이 자동으로 이뤄지는 공장식 농장에서 길러지는 경우가 많다. 반려동물은 인간과 교감하도록 진화된 개, 고양이 같은 동물이다. 실험동물은 근대 이후 탄생한 동물들이다. 화장품 등 신제품 개발이나 약물 등 의학 실험 목적으로 이용되는 동물이다. 호랑이, 늑대 같은 야생동물은 예전부터 있어왔으나, 야생동물에 대한 보전관념은 근대 이후 생겼다. 전통적인 동물의 분류 네 가지에 '동물원 동물'(전시동물)을 추가할

〈동물에 따른 인간의 대우〉

구분	인간의 목적	주요 공간	방식	제도
농장동물	이윤	공장식 농장	도축 기준, 전염병 관리, 예방적 살처분	동물복지 기준 (법적 사육밀도, 돼지 장난감 등)
반려동물	교감	가정	(유사) 인격적 가치	반려견 호텔, 장례식장, Dog TV 등
실험동물	지식	공장과 실험실	생명의 대량 '생산'	실험윤리 (3R–Replacement, Reduction, Refinement)
야생동물	보전	야생	보전과 모니터링	야생생물보호법 (포획하면 위법, 솎아내기culling)

수도 있다. 야생에서 잡혀왔거나 동물원에서 태어나 인간의 교육, 여가 목적으로 이용되는 동물이다.

어떤 동물이든 하나밖에 없는 소중한 생명이다. 그러나 네 가지 분류법에 따라 동물들은 각기 다른 대우를 받는다. 이를테면 야생동물은 네 가지 동물의 위계에서 가장 상위에 서 있다. 야생동물을 불법포획한 사람은 법에 의해 처벌받지만, 죽기 위해 태어난 농장동물은 합법적으로 도살된다. 전화 한 통에 배달되는 후라이드 치킨은 단 한 번도 햇볕을 보지 못하고 무창계사(창문 없는 전자동 양계장)에서 35일 살다가 자동설비에 의해 목숨이 끊긴 생명이다. 닭과 관련하여 인간이 처벌받는 경우는 위생 관리가 부실했을 때다.

그러나 최근에는 농장동물이 살아 있을 때나마 최소한의 삶의 질을 누릴 수 있도록 동물복지 기준을 정해놓고 대우하기도 한다. 이를테면, 법으로 규정한 공간을 돼지 한 마리에게 주지 않으면 처벌된다. 실험동물은 인간의 필요에 의해 대량생산되었다가 필요가 달성되면 폐기된다. 인공 배양된 암세포를 달고 살다가 죽는 게 삶의 전부다. 실험동물의 고통을 줄이기 위해 3R이라는 원칙이 적용된다. 될 수 있으면 동물실험이 아닌 세포실험이나 수학모델 등 다른 방식을 사용하고Replacement, 동물실험 개체 수를 줄이고Reduction, 실험을 하더라도 마취제 등을 통해 고통을 줄임으로써Refinement 동물실험으로 가해지는 전체 고통의 양을 줄이는 것이다.

영국 옥스포드대학의 동물지리학자 제이미 로리머Jamie Lorimer는 네덜란드에 야생방사된 야생 헤크 소Heck cattle를 관찰하면서 동물 통치 기제를 분석한 적이 있다(Lorimer and Driessen, 2013). 헤크 소에게는 농업, 방역, 동물복지, 보전 등 네 가지의 통치 기제가 적용되고 있었다. 다른 동물들도 이 네 가지로 통치된다고 봐도 문제가 없다. 이를테면 야생동물은 보전의 큰 틀 안에서 통치된다. 이들은 종 다양성에 복무하기 위해 법적으로 보호받는다. 인간이 개입해선 안 되는 불가촉 동물이다. 그렇다고 인간이 이들을 지배하지 않는 건 아니다. 인간은 야생동물 개체 수 모니터링을 하고 멸종위기종으로 지정해 보호한다. 야생동물은 '보전하기 위해 지배한다'.

즉, 우리는 동물을 이용 목적에 따라 다르게 통치하고 있는 것이다. 어떤 동물은 보전하고 어떤 동물은 농업의 생산품이 된다. '동물복지'의 통치 기제는 농장동물, 실험동물, 반려동물에 공히 적용된다. 조류독감이나 구제역 등 인간 건강과 경제적 피해를 막기 위해 취해지는 '방역'도 거의 모든 동물에게 취해지는 통치 기제다. 이렇게 우리는 동물

〈네 가지 동물 통치 기제〉

구분	대상	목적	방식
농업 Agriculture	농장동물, 실험동물	최대의 이윤	품종 교배, 유전자 조작
방역 Biosecurity	농장동물, 실험동물, 동물원동물	가축질병 및 인수공통전염병 예방, 억제	검역, 방역
동물복지 Welfare	농장동물, 실험동물, 반려동물	개체의 삶의 질 증진	3R(Replacement, Reduction, Refinement), 각종 보조 도구
보전 Conservation	야생동물	종 보전	인간의 불개입 (멸종위기종의 경우 인위적 번식)

에 따라 각각 다른 대우를 하고 있는 것이다. 각각 다른 정치 체제 속에서 다른 정치를 한다. 돼지와 닭은 아우슈비츠의 유대인처럼, 반려동물은 북유럽의 복지국가 시민들처럼 통치한다. 동물로 태어나려면 야생동물이나 반려동물로 태어나야 비교적 행복한 삶을 살 수 있을 것이다.

동물들도 정치를 한다. 동물들의 정치는 인간의 통치 기제를 교란하고 수정시킨다. 멧돼지는 도시의 거리로 튀어나와 난장판을 만들고, 고라니는 숲에서 뛰쳐나와 농토를 헤집는다. 제주에 사는 노루는 상반된 두 통치 기제를 겪은 동물이다. 1980년대 노루를 방생하고 먹이를 주는 대대적인 자연보호운동이 있었다. 2000년대 들어 개체 수가 많아지고 농작물 피해가 발생하자 인간은 노루를 '유해조수'로 지정하고 솎아내기에 착수한다(전지혜, 2013; 남종영, 2013). 야생동물에 대한 '보전' 이데올로기가 흔들리기 시작한다.

아일랜드의 돌고래 펑기는 인간들과 어울리고 딩글의 시골뜨기들은 펑기를 보호하며 매출액을 올린다. 시민단체는 북극곰을 조명하고 기후변화 정치에서 영향력을 과시한다. 동물은 인간에게 위협을 가하기도 하고, 인간의 주장을 합리화하는 데 이용되기도 하고, 인간을 먹고살게 해주는 귀한 존재가 되기도 한다.

전통적인 근대 동물의 분류법의 경계에 선 동물들도 있다. 제돌이는 야생동물에서 인간의 세계로 깊숙이 들어왔다. 동물원 동물이 된 제돌이는 인간과 다른 정치적 관계를 맺게 되었다. 그리고 그는 또다시 야생방사를 통해 야생동물로 돌아감으로써 특권계급이 되었다. 그렇다면 인간을 쫓아다니며 놀아대는 돌고래 펑기는 야생동물인가, 반려동물인가? 펑기는 인간이 구분해놓은 동물 지배 체제를 가로지른다. 그래서 여행정보 사이트 '트립어드바이저' 같은 곳에 들어가면, 이런 펑기를 지켜보고 당황해하는 관광객들의 반응을 접할 수 있다. 대부분은 친환경적인 사람들인데, 펑기 관광이 '동물 서커스'와 다름없다고 딩글 마을을 비난한다. 과연 그런가? 펑기는 '자유의지'로 인간을 찾아왔다. 인간에 의해 포획돼 쇼 무대에 세워진 제돌이와 다르다. 아마도 그들은 머릿속에서 '자연'에 대한 전통적인 관념이 도전받은 뒤, '야생동물이 저래도 되는 것일까'라는 불편함을 처리하지 못했을 가능성이 크다. 야생동물을 (인간과 교감하지 말아야 하는) 신성한 요새에 사는 거주자로 알았기 때문이다. 펑기는 근대적인 자연 관념에 도전했다. 인간으로부터 아무런 영향을 받지 않는 '순수로서의 자연'. 그런데 펑기는 자신의 뜻대로 순수로서의 자연을 떠나온 것이다.

평기는 자유의지로 사람들에게 다가왔고 또한 언제든지 떠날 수 있다. 그런데 딩글 지역 경제의 상당 부분은 펑기라는 돌고래 한 마리에게 달려 있다. 인간과 동물의 관계 속에서 펑기가 정치의 주도권을 갖고 있다는 얘기다.

12장 

마지막 쇼

"그러니까 너희의 창조에 관한 기술은
'그리고 마침내 인간이 출현했다'로 끝나…
창조의 목적이 달성되었으니까.
창조할 게 아무것도 없는 거야."

– 다니엘 퀸, 《고릴라 이스마엘》 중에서

"제돌아! 사랑해. 바다에서 만나자."

돌고래들이 돌고래쇼를 마치고 공연용 풀장에서 나가자, 아이들이 작별인사를 외치며 손을 흔들었다. 쌀쌀한 날씨에도 서울대공원 해양관의 관람석은 가득 찼고 수십 대의 카메라가 도열해 있었다. 금등이와 대포 사이에서 제돌이는 배를 뒤집고 사육사와 함께 헤엄을 치고 마지막 볼 터치도 성공적으로 마쳤다. 관람석 구석에서 지켜보던 박창희 사육사가 "오늘 잘하네"라고 말했다. 2012년 3월 18일 오후 6시, 제돌이는 마지막 공연을 마쳤다.

바다가 그리워

"바다가 그리운 나는 돌고래 집으로 가고 싶어. 어느 날 갑자기 그물에 걸려서 이곳에 갇혀버렸네. 나를 집으로, 바다로, 뛰어놀던 그곳으로 보내주세요."[1]

놀고래 공연이 끝나자 서울 상원초등학교 4학년 6반 아이들이 해양관 앞에서 노래를 불렀다. 핫핑크돌핀스의 황현진과 조약골이 작사, 작곡한 〈바다가 그리운 돌고래〉가 이른 봄의 동물원을 울렸다.

담임교사인 혜원 씨는 평화운동을 하면서 황현진과 알게 된 사이였다. 노래 부르는 아이들을 향해 터지던 플래시 불빛이 잦아들자, 마이크를 들고 있던 기자가 혜원 씨에게 물었다.

"선생님, 아이들이 제돌이가 방사되는 것에 찬성하는 입장인가요?"

혜원 씨는 큰 소리로 웃었다. 다시 기자가 물었다.

"돌고래쇼를 더 이상 볼 수 없는데도요?

"얘들아, 돌고래쇼를 더 이상 못 봐도 제돌이가 바다에 돌아가는 게 좋니?"

아이들이 크게 소리쳤다.

"네!"

기자가 물었다.

"왜 그렇게 생각하나요?"

아이들이 하나둘씩 대답했다.

"자연이니까요." "불쌍하니까요."

혜원 씨가 기자들의 질문을 막고 말했다.

1 핫핑크돌핀스는 고래보호운동을 하면서 동시에 밴드로 활동했다. '신짜꽃밴'과 '핫핑크돌핀스'라는 이름으로 제주 강정 해군기지와 그곳에 사는 뭇 생명들, 남방큰돌고래에 관한 노래를 주로 불렀다.

▲2012년 3월 18일, 제돌이는 마지막 공연을 마쳤다. 서울 상원초등학교 학생들이 와서 제돌이의 바다 가는 길이 평화롭기를 기원했다. ©남종영

"여러분, 솔직히 어떤 질문할지 뻔히 보이거든요. 그리고 이 자리에 소선, 중앙, 동아 없죠? 얘들아, 다시 한번 얘기하지만 너희들이 나오고 싶지 않으면 절대 여기 있어서는 안 돼, 알지?"

서울대공원을 나서며 혜원 씨와 이야기를 나눴다.

"금요일에 아이들과 같이 한 시간 반 정도 이야기했어요. 그리고 제돌이의 마지막 돌고래쇼를 보러 가자고 했지요. 어머니들한테 가정통신문을 보내드렸어요. 혹시 교사가 동원했다는 소리가 나올 수도 있어서. 다 오고 싶어 했는데, 21명 중 16명 왔어요."

한 아이가 어디서 꺾었는지 회초리 같은 나뭇가지를 들고 다녔다.

"철수, 너 이리 와. 이걸로 때렸어? 다른 아이들 때리면 안 돼!"

"선생님, 풍선 사면 안 돼요?"

"풍선 사면 지하철 탈 수가 없어."

"선생님, 솜사탕 사면 안 돼요?"

결국 선생님이 소리쳤다.

"규칙 1, 선생님한테 뭐 사도 되느냐고 물어보지 말 것! 규칙 2, 선생님한테 뭐 먹어도 되느냐고 물어보지 말 것!"

첫 회의

떠들썩한 사회의 관심은 잦아들었고 제돌이는 뇌리에서 천천히 잊혀졌다. 마지막 공연을 마친 제돌이는 무대에서 떠났다.

이제 제돌이에게 주어진 도전 과제는 얼마나 볼 터치를 잘하느냐에서 얼마나 고향 앞바다로 잘 돌아가느냐로 바뀌었다. '야생의 몸'에서 '수족관의 몸'으로 개조된 육체의 잠금장치를 풀어야 했다.

돌고래 야생방사의 관건은 수족관의 몸을 얼마나 성공적으로 해체하느냐에 달려 있다. 앞서 말했듯이 돌고래 몸의 개조에서 가장 중요한 세 가지는 '먹이 지배'와 '긍정적 강화'라는 심리적이고도 물질적인 기술 그리고 '사육사와 교감'이라는 감정적인 연대다(Nam, 2014). 돌고래가 야생에 돌아가 잘 살기 위해서는 자신의 몸에 투과된 인간의 흔적을 지워야 한다. 세 가지 요소가 투과된 수족관의 몸을 야생의 몸으로 되돌려, 다시 야생에서의 적극적인 사냥 주체로 부활시켜야 한다.

그러기 위해서는 몇 가지가 필요하다. 첫째, 인간과의 접촉을 차단해야 한다. 수족관돌고래는 사람이 다가가면 물가로 다가오는 '스테이셔닝'을 하도록 습관화habituation되어 있다. 인간에게 의지하도록 하는 스테이셔닝부터 없애야 했다. 그리고 돌고래쇼 참여도 중단시켜야 한다. 종국의 목적은 인간과의 감정적 연대를 해체시키는 것이다. 둘째, 돌고래는 먹이를 받아먹는 습관도 버리고 스스로 활어를 사냥할 수 있는 능력을 회복해야 한다. 퍼석퍼석한 냉동생선에 익숙해진 입맛을 팔딱팔딱한 활어를 욕망하도록 되돌려야 한다. 그래야 야생에 나가서도 생존할 수 있다(Nam, 2014).

4월 17일 제돌이시민위원회의 첫 회의가 서울대공원에서 열렸다. 제돌이시민위원으로 다양하고 이질적인 인사 16명이 선임되었다(서울시, 2012c). 시민위 선정 과정에서도 몇 가지 해프닝이 있었다. 박원순 시장이나 서울시 인맥은 동물보호단체와 긴밀히 연결돼 있지 않았다. 서울시는 부랴부랴 시민위 위원을 모집했고 정작 야생방사를 제기했던 동물자유연대나 핫핑크돌핀스는 연락조차 받지 못했다. 반면 돌고래에 대해 잘 모르는 단체에 먼저 연락이 가기도 했다. 이것이 의도된 일 처리였는지, 아니면 서두르나 보니 발생한 해프닝인지 알 수는 없지만 이런저런 협의 끝에 동물자유연대의 조희경 대표와 핫핑크돌핀스의 황현진 대표도 위원에 선임됐다. 초기부터 관련 성명을 내는 등 관심을 놓지 않았던, 한국 고래보호운동의 원조 격인 환경운동연합 바다위원회의 부위원장 최예용도 합류했다.

위원회에서 가장 중량감 있는 인사는 최재천 이화여대 에코과학부 석좌교수였다. 최 교수의 인맥으로 같은 이화여대 에코과학부에서 수원청개구리를 연구하는 장이권 교수도 합류했다. 국내 과학자로서는 처음으로 남방큰돌고래의 야생방사를 제기한 고래연구소의 김현우와 제주도에서 꾸준히 좌초한 남방큰돌고래를 구조하며 연구를 해온 김병엽 한국수산자원관리공단 연구원도 위원에 선임됐다. 설악산에서 산양의 야생방사를 성공시킨 국립공원관리공단의 이배근 박사, 김사홍 해양생물다양성연구소장도 과학자 그룹으로 참가했다. 시민단체에서는 임순례 대표(동물보호단체 카라, 영화감독), 정남순 변호사(환경운동연합 환경법률센터 부소장), 하지원 대표(에코맘코리아)가 원래 야생방사를 주장해왔던 3인방(황현진, 조희경, 최예용)과 함께 이름을 올렸고, 서울시의회 환경수자원위원회의 서영갑, 김제리 의원 그리고 제주특별자치도의 박태희 수산정책과장, 모의원 서울동물원장이 관료로서 이름을 올렸다(서울시, 2012c).

제돌이시민위는 NGO 그룹이 주도권을 쥘 수 있는 구도였고, 야생방사의 실질적 내용을 좌지우지할 수 있는 과학자 그룹은 이화여대 쪽의 헤게모니가 작용하는 진용이었다. 오후 3시 회의가 시작되자 하지원 대표가 최재천 교수를 위원장으로 제청했다. 최 교수는 위원장 직위를 수락하고 조희경 대표와 김사홍 원장을 부위원장으로 지명했다. 위원장이 된 최재천 교수가 말했다.

"오래전부터 돌고래와 인연이 있었습니다. 미국에서 돌고래 사회행동 연구가 시작되던 때 연구자 4인방이 있었는데 친하게 지냈지요.[2] 제가 미국에서 돌아와 많은 학생이 돌고래 연구를 하겠다고 찾아왔습니다. 학생들을 다 돌려보냈는데, 이제 돌고래 연구를 하고 싶습니다. 이번에 제돌이를 고향으로 돌려보내는 일을 하게 돼서 개인적으로 저는 흥분됩니다. 이게 억지로 되는 일은 아니잖아요. 자연 상태로 돌려보냈는데, 잘못되면 안 되니 서두를 일도 아니고, 정말 잘해야 할 일입니다."

김병엽 연구원과 김현우 연구원이 나란히 발표했다. 김병엽 연구원은 고래연구소와 오랜 협업을 통해 단련된 감과 지식으로 남방큰돌고래에 관해서는 누구보다도 필드에서 강한 전문가였다.[3] 그는 야생방사 결정 직후 한겨레TV에서 주최한 박원순 서울시장과 토론회에서 자신

2 리처드 코너, 레이철 스모커 등이 '4인방'이었는데, 이들은 호주 샤크베이에서 돌고래의 도구 이용 등을 발견하는 등 큰 족적을 남겼다.

▼

3 김병엽이야말로 제주 돌고래를 초기에 발견하고 천착해온 전문가였다. 수산공학이 전공인 그는 수중음향을 공부하면서 돌고래를 만났고, 2005년 제주 돌고래를 처음으로 다룬 대중적 콘텐츠인 다큐멘터리 〈마을로 온 돌고래〉(이광록 연출, 한국방송 제작)를 만드는 데 함께했다. 제주 토박이인 그는 향후 야생방사 과정에서 제주 주민을 연결해 실무를 총괄하는 핵심적인 역할을 한다. 야생방사 사업이 진행 중이던 2012년 9월 제주대 해양과학대 교수로 임용된다.

의 야생방사 아이디어를 설명한 바 있었다(이경주, 2012).[4] 그가 이날 가져온 야생방사 구상은 그때보다 구체적으로 발전되어 있었다. 요약하자면 이랬다. 첫째, 야생방사 적지는 제주 북동부 해안이 적당하다. 구좌읍 종달리 등이 남방큰돌고래가 가장 자주 출몰하는 지역이기 때문이다. 둘째, 출현 빈도가 높은 5~8월에 야생방사를 하되, 태풍을 피하려면 일찍 할수록 좋다. 셋째, 제돌이가 서울대공원에서 활어사냥 훈련을 마치고 제주 앞바다에서 최종적으로 머물 때는 기존의 가두리를 활용하면 된다. 활어는 가까운 정치망에서 공급한다.

김현우 연구원은 제주 남방큰돌고래의 생태를 설명하면서, 이들이 하나의 계군(무리)으로는 국내에서 절멸 위기에 처했다고 언급했다. 이를 막기 위해서는 야생방사를 통해 한 마리라도 기존 무리에 재도입시켜야 한다는 평소의 소신을 이야기했다. 장이권 교수가 물었다.

"제돌이는 포획된 지 2년이 지난 것 같은데요. 만약 3년이 지나서 바다로 돌아갈 경우 기존 무리가 제돌이를 다시 받아들일 수 있을까요?"

"그 부분이 가장 중요합니다. 이제 만 3년이 다 되어가는데요, 방사까지 시간이 길어질수록 실패 확률이 높아집니다. 남방큰돌고래의 개체

▼

4 한겨레신문사가 주최해 2012년 4월 3일 오후 인터넷으로 생중계된 토론회 '돌고래쇼! 여러분의 생각은?'(이경주, 2012)은 돌고래 야생방사에 관해 갑론을박을 벌인 최초의 공론장이었다. 당시 서울시는 자체 채널을 이용해 토론회를 진행하려고 했으나, 선거법 위반 소지가 있어 한겨레신문사에 기획을 맡겼다. 박원순 서울시장과 최예용 부위원장, 김병엽 연구원, 문대연 해양생물자원관 추진기획단 과장(전 고래연구소장)이 4자 토론을 벌였다. 제주 화순에 새로 생긴 돌고래 체험 업체인 '마린파크'를 운영하던 대표와 서울대공원 사육사들도 청중으로 참가해 날 선 토론이 이어지기도 했다.

수 증가를 위해 방사를 한다면, 야생적응 과정을 되도록 짧게 가져가고, 1년 이내에 방사 시점을 잡아야 한다는 게 고래연구소의 생각입니다."

조희경 대표가 말했다.

"휴메인소사이어티의 나오미 로즈 박사와 접촉했는데, 그분이 걱정하는 게 한 마리만 방사하는 것은 성공률이 낮다는 겁니다. 여러 마리를 훈련해 함께 방사해야 한다고 제일 먼저 이야기했습니다. 현재 재판이 진행 중인 제주 퍼시픽랜드의 다섯 마리를 몰수해서 같이 방사하는 것이 제돌이의 성공적인 방사를 위해서 필요합니다."

임순례 대표가 말했다.

"최대한 방사를 앞당겼으면 좋겠습니다."

조희경 대표와 최예용 위원장도 야생방사 시기를 최대한 빨리해야 한다는 데 동감했다. 문제는 태풍이었다. 태풍이 6월부터 한반도에 찾아오니, 올해 안에 야생방사를 하기란 불가능한 것처럼 보였다.

첫 회의는 잠재된 갈등을 보여주고 있었다. NGO 그룹에서는 제돌이를 '될 수 있으면 빨리', '다른 돌고래와 함께' 방사하기를 원했다. 제주 퍼시픽랜드에서는 제주지법이 몰수 대상으로 지목해 재판이 진행 중인 춘삼, 삼팔, 태산, 복순, 해순이가 공연을 벌이고 있었다.

반면 행정가 그룹과 과학자 그룹은 신중한 태도를 취했다. 행정가 그룹은 제돌이 야생방사가 만약 다른 요인에 의해 실패한다면 정치적 효과가 반감될 수 있다는 점을 염려했다. 과학자 그룹은 시간이 걸리더라도 절차를 밟아서 행동 관찰과 연구 시간을 벌기를 원했다. 이해관계는 미묘하게 엇갈렸다. NGO 그룹은 제돌이의 방사가 중요했고, 행정가 그룹은 실패를 최소화시켜야 했으며, 과학자 그룹은 학술적 성과를 얻어 내길 바랐다.

어쨌든 가장 중요한 것은 제돌이였다. 수족관의 몸으로 굳어진 제돌이의 근육을 야생의 너른 바다에 맞게 펴야 했다. 제돌이가 따라주지 않으면 인간의 욕망도 산산이 부서질 수밖에 없었다.

고향의 음식

2012년 5월 23일, 서울대공원 해양관 내실에 모인 제돌이시민위원회 사람들의 얼굴에는 긴장된 표정이 역력했다. 사육사들이 가져온 양동이에서 활어가 찰싹찰싹 물을 튀기고 있었다. 제돌이에게 주는 첫 활어 급여였다.

사육사가 오징어 한 마리를 집어들고 제돌이가 맴돌고 있는 내실 수조에 던졌다. 물속에서 꼬무락거리는 오징어를 맴돌며 제돌이는 좁은 수조를 휘휘 돌았다. 돌고래와 오징어가 교차할 즈음, 오징어에서 먹물이 튀어나왔다. 박창희(인터뷰, 2014) 사육사는 나중에 이렇게 회상했다.

"제돌이가 처음에는 놀라더라고요. 오징어 먹물을 맞고 깜짝 놀라서 우두커니 있었던 거죠."

그러나 멈칫거림은 오래가지 않았다. 넙치를 던졌을 때, 제돌이는 멈칫거리더니 곧장 쫓기 시작했다. S자로 휘몰더니 재빨리 낚아챘다. 그것은 꼬맹이 시절 배운 자전거 타는 기술이 몸에서 빠져나가지 않는 것과 비슷했다. 오징어 먹물에 잠깐 멈칫했으나, 제돌이는 자전거를 타고 노련하게 주행하기 시작했다.

사육사들은 제주도 바다에 산다는 고등어와 넙치를 가져다 풀었다.

제돌이가 여유 있게 낚아채 물고 다녔다. 야생방사 때까지 10회 정도 활어 급여를 계획하면서, 이 정도로는 부족하지 않을까 하던 과학자들의 걱정이 기우로 바뀐 순간이었다. 이 정도라면 활어 급여 훈련이 필요 없을 정도였다.

제돌이는 인간의 머리 위에 있었다. 일부 보수언론은 활어를 어떻게 잡아먹겠느냐고 의심했다. 다른 나라에서 보내준 야생방사 프로토콜도 지속적인 활어 급여를 통해 사냥하는 방법을 다시 배워야 한다고 했다. 그런데 제돌이는 불과 한두 번 만에 그걸 해냈다. 돌고래의 역능은 과학지식 위에 있었다. 어쩌면 야생방사를 위한 먹이 훈련은 없어도 될지도 몰랐다.

▲잘할 수 있을까 하는 걱정과 달리 제돌이는 첫 활어 급여 때부터 산 생선을 재빨리 낚아채 먹었다. 야생 본능은 사라질 수 있는 게 아니었다. 제돌이는 일주일에 한두 차례 활어를 먹었다. 2012년 9월. ©서울대공원

오히려 야생방사의 성공은 돌고래의 야생적응 능력보다는 인간의 행정적 절차가 얼마나 빨리 진행되느냐에 달린 것처럼 보였다. 제돌이는 첫 활어 공급 때부터 자유롭게 사냥을 할 수 있었으므로, 하루빨리 바다의 가두리에 가서 수온 적응을 하는 단계로 넘어가야 했다. 좁은 수족관에 머무를 필요가 없었다.

그러나 동물원 밖은 여전히 시끄러웠고, 겹겹의 관문과 절차가 기다리고 있었다. 제돌이 야생방사에 관한 연구용역을 선정해 연구를 진행해야 했으며, 동시에 야생방사를 위한 가두리를 구해야 했다. 과학자들이 제돌이의 행동을 기록한 뒤 '이제 나가도 좋다'고 '오케이'를 해야 했고, 가두리를 구하기 위해서 어민들을 설득해 '당신들의 앞바다를 쓰겠노라'고 이야기해야 했고, 이런 일을 할 때마다 시민위원회 위원들의 의견을 듣고 결정해야 했다. 시민위원회 위원들이 한번 모이는 것도 많은 협상과 조정이 필요했다. 제돌이는 인간이 만들어놓은 각종 기준과 제도의 정치를 통과해야 바다로 돌아갈 수 있었다.

제돌이시민위에서 발생한 첫 번째 갈등은 바로 절차에 관한 견해차 때문이었다. 시민위에 참여한 동물·환경단체는 이런 번거로운 절차들이 야생방사의 시기를 늦춤으로써 실패의 가능성을 높일까 노심초사했다. 동물의 관점에서 볼 때, 사실 이런 절차는 허례허식에 지나지 않았다. 더욱이 야생방사 결정 직후만 해도 일부 보수언론이 수족관 감금 기간이 길다는 것을 가지고 물고 늘어졌기 때문에 '인간적 절차'로 인해 감금 기간이 한없이 늘어지는 것에 대해 동물·환경단체는 안절부절 못했다. 시간이 흐를수록 성공률이 떨어지는 것은 분명했지만, 그렇다고 정확한 통계가 있는 것은 아니었다. 앞서 말했듯이 과학적으로 기록된 것은 단 두 건의 야생방사뿐이었다. 오히려 이 사건은 본질적인 질문을 제기하고 있었다. 야생방사는 제돌이를 위한 것인가? 정치인을 위한 것인가? 과학자를 위한 것인가? 혹은 NGO의 성과를 위한 것인가? 야생방사 적응 훈련을 받는 제돌이의 몸을 통해 인간들의 다양한 욕망이 투과되고 있었다.

제돌이 야생방사는 크게 세 축으로 진행되었다. 과학자 그룹이 야생방사 프로그램을 디자인하면, 서울시 직원과 서울대공원 사육사 등 행정가 그룹이 야생방사 실무를 추진하고, 동물·환경단체가 제돌이 야생방사를 통한 대중적인 인식을 제고했다.

제돌이 야생방사의 방법 결정은 과학자 그룹이 주도했다. 야생방사를 진행하기 위해서는 몇 가지 근거가 있어야 했다. 돌고래를 무작정 바다에 떨구고 오면 되는 게 아니었다. 방사라는 명목으로 사실상 야생에 돌고래를 '투기' 한 퍼시픽랜드의 사례를 반복해선 안 되었다.[5] 첫째, 제돌이의 몸을 어떻게 야생의 몸에 가깝게 만드느냐. 둘째, 언제 어디에 방사해야 하는가. 셋째, 방사 뒤에 어떻게 제돌이의 무사 여부를 확인할 것인가. 이 모두는 과학에 기여하는 것이었다. 돌고래 지식의 제단에 아주 중요한 돌을 쌓아 올리는 것임을 믿어 의심치 않았다.

그러나 누가 그 과학적 성과를 가져가느냐는 또 하나의 문제로 남았다. 말하자면 제돌이의 야생방사는 성공하기만 하면(설사 실패한다고 하더라도) 이 분야의 최고 학술지인 〈해양포유류과학〉에도 실을 수 있는

▼
5 자세한 내용은 7장 '야생방사는 가능하다'의 '추락 사고'를 참고하라.

주제였다. 야생방사 전 단계에서부터 연구 조건을 설계하고 방사 뒤 모니터링까지 할 수 있는 기회는 흔치 않았다. 게다가 제돌이는 돌고래쇼를 했으니, 과학적 작업이 사회적 이슈와 연결되는 소재이기도 했다. 과학자로서는 흔치 않은 기회였다. 바로 그곳에서 갈등이 불거졌다.

제돌이시민위에 참여한 과학자는 크게 세 그룹 출신이었다. 첫째, 고래연구소의 김현우 연구원이었다. 그는 야생방사를 최초로 제기한 사람 중 하나였으며 남방큰돌고래 전문가였다. 둘째는 나중에 제주대 교수로 임용된 김병엽 연구원이었다. 수산공학을 전공으로 하면서 돌고래를 공부한 그는 제주 지역 주민과의 네트워크 및 남방큰돌고래 관찰, 구조 등 현장 경험이 풍부했다. 셋째는 이화여대 그룹이었다. 최재천 교수를 중심으로 장이권 교수가 위원회에 들어왔다. 이화여대 에코과학부는 국내에서 최고 수준의 동물행동학 연구기지였지만, 돌고래를 연구하는 학자는 없었다.

위원장은 최재천이었다. 고래연구소는 위원회에서 소수였다. 어차피 시민위원회 구성상 판은 그렇게 짜일 수밖에 없었다. 이해관계가 엇갈릴 수밖에 없었다. 고래연구소는 과학 용역을 연구소 중심으로 하고 싶어 했다. 그들 입장에서 이화여대는 초보로 느껴졌다. 반면 이화여대는 여러 과학자가 위원회에 참가했으므로 공동연구가 당연하다고 생각했다. 동물행동학은 어떤 종이든 비슷한 방법론을 사용한다. 특정 종만 파헤치는 전문가도 있지만, 종을 횡단하며 연구하는 대가도 많다. 이화여대는 박사과정인 장수진 씨에게 연구를 맡긴다. 두 기관의 긴장은 결국 최종 야생방사 직전 파열음을 내게 된다.

해순이의 죽음

제돌이가 야생방사의 행정적 절차를 지루하게 기다려야 했다면, 춘삼이, 삼팔이, 태산이, 복순이, 해순이 등 검찰이 몰수 대상으로 지목한 돌고래 다섯 마리[6]는 한없이 미뤄지는 법원 최종 판결을 기다려야 했다. 재판에 부쳐진 인간들은 기껏해야 집행유예로 빨간 줄 하나 긋고 재판정을 나오면 되는 사건이었지만, 고향에서 잡혀온 다섯 마리의 돌고래들에게는 기사회생의 운명이 달려 있었다. 퍼시픽랜드와 임원들의 '수산업법 위반' 혐의는 논쟁의 필요 없이 유죄가 확정적이었다. 사실상 법정에서 쟁점이 된 것은 돌고래를 몰수하느냐, 마느냐였다. 재판이 진행되는 1년 남짓 돌고래들은 여전히 퍼시픽랜드에서 공중제비를 돌고 꼬리를 들고 관광객과 사진을 찍었다.

재판은 야생방사 행정적 절차보다도 더 지루하게 이어졌다. 퍼시픽랜드는 '시간 끌기'로 맞섰다. 재판 일정이 지연될수록 수족관 감금 기간은 길어졌다. 퍼시픽랜드로서는 야생방사의 성공 가능성이 줄어든다는 논리를 펴기에 좋았다. '자, 보라구. 돌고래들이 이만큼 오랜 기간 인간들에게 길들어 있어. 지금 보내봐서 뭐하겠니?' 뭐 이런 전략이었다.

2012년 4월 4일, 제주지방법원에서 기다리던 1심 판결이 내려졌다. 2011년 7월 해양경찰청이 수사 결과를 발표한 지 9개월 만이었다. 재판부는 퍼시픽랜드 허옥석 대표, 고정학 이사에게 각각 징역 8개월에 집

▼

6 제돌이도 돌고래 재판의 몰수 대상이었다고 많은 언론이 보도했지만, 오보다. 제돌이는 2009년 5월 1일 복순이와 함께 불법포획됐다. 검찰은 제돌이가 상업적 거래에 따라 퍼시픽랜드에서 서울대공원으로 넘겨졌기 때문에 몰수할 수 없다고 봤다.

행유예를 선고했고 법인인 퍼시픽랜드에는 벌금 1000만 원을 선고했다. 돌고래 다섯 마리에 대해서는 몰수형을 내렸다. 재판부는 "(퍼시픽랜드의 대표인) 허씨 등이 수산업법 등을 위반해 갖고 있는 돌고래 다섯 마리를 몰수하지 않으면 계속해서 공연 등 관광사업에 이용해 수익을 창출할 것으로 보이며, 이는 불법적인 상태를 그대로 유지하게 되는 것"(제주지법, 2012a)이라고 몰수 이유를 밝혔다.

역사의 강물은 정의의 편으로 흐르는 것처럼 보였다. 돌고래가 고향 바다에 한층 가까워진 것은 분명했지만, 전선은 강물의 속도를 지체시키려는 편과 흐르게 하려는 편이 맞서는 지점에서 형성됐다. 퍼시픽랜드는 즉각 항소했고 돌고래에 대한 몰수형은 집행이 보류됐다. 예상대로였다. 집행 주체인 검찰도 퍼시픽랜드가 당연히 항소할 것이라 보고 돌고래 몰수 이후의 사육기관이나 야생방사 절차도 알아보지 않았다. 퍼시픽랜드에서 돌고래들을 가져오는 것은 항소심을 거쳐 대법원 판결이 나야 가능할 것처럼 보였다. 1년 아니면 1년 반이 더 걸릴지 몰랐다.

1심에 비해 2심인 항소심은 유난히 절차가 느렸다. 조희경과 황현진은 그사이 퍼시픽랜드가 돌고래를 마구잡이로 부릴까 우려했다. 어차피 몰수될 것, 함부로 대하지 말란 법이 없었다. 불안한 예감이 현실이 된 걸까. 수화기 저편에서 조희경의 다급한 목소리가 전해졌다.

"돌고래 한 마리가 폐사했대요."

최종 판결을 보지 못하고 수족관에서 죽어간 돌고래는 해순이였다. 1심 판결이 나고 넉 달 반이 흐른 2012년 7월 27일이었다. 열 살이 채 안 된, 이제 막 성년이 된 암컷이었다. 해순이가 잡혀온 건 2009년 6월 24

일 제주 한림 앞바다에서였다. 해순이는 태산이와 놀다가 함께 그물에 걸렸고, 퍼시픽랜드에서 묘기를 부린 지 3년 만에 저세상으로 갔다.

시민단체는 다급해졌다. 돌고래들을 우선 '구출' 해야 한다고 생각했다. 동물자유연대와 국회 환경노동위원회의 장하나 의원은 '돌고래 공연금지 가처분 신청' 을 냈다. 몰수 대상 돌고래를 이용해 퍼시픽랜드가 이득을 얻고 있고, 돌고래가 계속 폐사하는 만큼 돌고래쇼를 일단 중단시켜야 한다는 것이었다. 이 재판이 진행되는 가운데 12월 13일 항소심(제주지법, 2012b)은 일부의 법리 오해만을 지적하며 적용 법률만 바꾸고 종전과 똑같은 형을 내렸다. 돌고래 네 마리와 폐사 돌고래 한 마리에 대해서도 몰수형이 선고됐다.

그렇게 1년이 흘렀다. 2013년 새해가 밝았다. 제돌이는 활어 훈련을 10여 차례 하고 그냥 수족관 내실에서 물장구를 치고 있을 뿐이었다. 말년 병장처럼 4~5월로 예정된 '귀향일' 을 기다리고 있었다.

13장

돌고래 재판-사건 2012도16383

남방큰돌고래 이제 이곳을 떠난대
친구들과 뛰어놀던 바다로 가 헤엄치고파
축하해 축하해 이제 집으로 가요
남방큰돌고래 구럼비와 한라산이 있는 제주 앞바다로 돌아갈 테야
붉은발말똥게와 연산호가 있는 따개비와 거북손이 살아 숨을 쉬는 곳
사랑해 사랑해 바다에서 만나요

– 핫핑크돌핀스의 노래 〈바다에서 만나요〉 중에서

2013년 3월 28일 오후 1시 30분 서울 서초구 서초동 대법원. 네 마리의 돌고래들에게 드디어 운명의 날이 다가왔다. 3월 중순인데도 을씨년스러웠다.

핫핑크돌핀스와 동물자유연대 활동가들이 대법원 법정 2호실에 앉아 있었다. 피고 허옥석, 고정학, 퍼시픽랜드 주식회사, 수산업법 위반 2012도16383 사건. 남방큰돌고래 네 마리의 운명을 결정짓는 재판은 수십 건의 민사 사건에 이어 형사 사건 다섯 번째로 순서를 기다리고 있었다.

민사 선고가 시작됐고 4명의 대법관은 일렬로 앉아 산더미 같은 판결문의 결론만 읽어 내려갔다. '원심을 확정한다' 사이에 간간이 '원심을 파기 환송한다'가 끼어 발표됐다. 한 사건의 결론을 읽는 데는 20초도 걸리지 않았다. 재판 결과를 들은 사람들은 표정이 어두워져 나갔고 한

산해진 법정에는 몇몇 기자들과 시민단체 회원들밖에 없었다.

대법원 정문 앞에서도 다른 활동가들이 긴장된 표정으로 판결 결과를 기다리고 있었다. 접힌 펼침막에는 "퍼시픽랜드 남방큰돌고래 몰수 판결 환영-불법 억류된 남방큰돌고래 제주 바다로 돌아가다!"라는 글자가 선명했다. 방송사 카메라 역시 일렬로 서서 이들에게 초점을 맞추고 을씨년스러운 날을 보냈다. 재판이 시작된 지 40분이 지났다. 법정 2호실에서 판사가 잠시 숨을 가다듬었다.

마지막 재판

"2012도16383 사건."

판사는 사건번호를 부르고 잠깐 방청객을 응시한 뒤 숨을 골라 쉬었다.

"피고 허옥석, 고정학, 퍼시픽랜드 주식회사의 수산업법 위반 사건은 피고의 상고를 모두 기각한다."

야생방사가 확정되는 순간이었다. 활동가들이 재판정을 뛰쳐나갔다.

기자회견이 열렸다. 동물자유연대 회원들은 '태산이', '춘삼이', '복순이', '삼팔이'의 팻말을 들었다. 황현진과 조약골이 〈바다가 그리운 돌고래〉 노래를 마지막으로 부르자 카메라들은 후다닥 빠져나갔다. 돌고래 모자, 팻말을 회원들이 주섬주섬 챙겼다. 동물자유연대 이기순 정책국장, 황현진 대표는 서로 수고했다며 인사를 했다. 누군가 이제부터 시작이라는 말을 했다. 이로써 적어도 법적인 단계는 끝났다. 1막이 끝났다. 그때 제주에서는 조희경 대표와 서울대공원 수의사, 김병엽 교수가 퍼시픽랜드로 향하고 있었다.

검찰이 보도자료를 냈다. 대법원 선고 당일 뿌린 이 보도자료의 제목은 '불법포획 돌고래 자연의 품으로 돌아가다' 였다. 퍼시픽랜드와 대표이사 능에 대해 수산업법 위반 등 유죄가 선고되고 돌고래 다섯 마리에 대해 몰수형이 선고됨으로써 검찰이 몰수형을 집행하겠다는 내용이었다. 검찰은 춘삼, D-38, 복순, 태산 등 네 마리를 퍼시픽랜드에서 몰수해 서울대공원에 인계한 뒤 야생방사를 추진하고, 죽은 해순이의 사체를 고래연구소에 보내겠다고 밝혔다(제주지검, 2013).

> 몰수 돌고래가 생물인 점, 수산업법상 보호대상이며 거래가 금지된다는 점 등을 고려할 때, 공매 처분이나 폐기 처분은 곤란하며 자연으로 방류하는 것이 국민 정서에 부합된다는 점을 특히 감안하여, 검찰압수물사무규칙 제36조에 의한 '특별처분' 을 하게 되었음. 특별처분은 위 돌고래를 관리할 수 있는 기관에 인계하는 방식으로 집행하고, 가장 적합한 대상기관으로 서울대공원을 선정하였음.(제주지검, 2013)

사실 대법원이 원심대로 몰수형을 선고하리라는 것은 예상된 일이었다. 그러나 집행기관은 검찰이었기 때문에 몰수 대상 돌고래의 운명은 어디까지나 검찰에 의해 결정되었다. 진즉에 야생방사가 결정된 제돌이는 1년째 말년 병장이 되어 바다에 나가기를 기다리고 있었고, 네 마리의 돌고래가 제돌이의 고향행에 합류할 수 있느냐가 최대 관심사였다. NGO 그룹은 제돌이시민위 첫 회의 때부터 '공동 방사' 를 주장했다. 서울시와 서울대공원은 신중한 입장을 보일 수밖에 없었다. 자칫 새로 합류한 친구들이 야생방사에 실패할 경우 기껏 이루었던 정치적 효과가 반감되기 때문이다. 그러나 최재천 위원장을 중심으로 한 위원회에서는 '순리'를 택하자는 여론이 커져갔다. 가능한 한 다른 돌고래를 함께 방류하자는 것. 그것이 제돌이의 야생방사 성공 가능성을 높인다는 전문가들의 의견이 존중된 것이다. 서울시와 서울대공원도 제돌이시민위에 전권을 맡겼기 때문에 시민위의 중론이 그렇게 흘러가자 보조를 맞추어 협력했다.

고래연구소는 좀 애매한 위치에 서 있었다. 국내 최고의 '해양포유류 연구기관'임을 자처하던 고래연구소는 이화여대 연구진이 끼어있는 위원회가 불편할 수밖에 없었다. 고래연구소 입장에서 이화여대는 고래의 '고'자도 모르는 초짜로밖에 보이지 않았다. 제돌이시민위원회 위원장인 최재천 교수와 위원인 장이권 교수가 소속된 이화여대 에코과학부 행동생태연구실이 국내 최고의 동물행동학 연구기지라는 데 아무도 토를 달지 않았지만, 고래나 돌고래에 대해서 경험이 있는 연구자는 한 명도 없었다. 반면 〈한겨레〉 보도를 통해 남방큰돌고래의 야생방사를 소신 있게 주장한 이는 다름 아닌 고래연구소의 김현우 연구원이었고, 외국 학술지에 실린 제주 남방큰돌고래에 대한 유일한 논문도 고래연구소 연구원들이 출판한 것이었다. 고래연구소는 자신들이 제돌이 야생방사의 학술적 주무를 맡는 것을 당연하게 여겼다. 세계적인 야생방사 프로젝트를 주도함으로써 고래연구소가 세계적인 연구기관으로 발돋움하는 데 기여할 터였다. 그러나 정치 구도상 고래연구소는 제돌이시민위에서 소수파였다. 위원회에서 고래연구소 소속 위원은 30대의 김현우 한 명밖에 없었다.

보이지 않는 곳에서 몰수 돌고래를 둘러싼 암투가 벌어졌다. 현실적으로 몰수형이 선고된 돌고래 네 마리 모두 제돌이의 가두리에 넣어 함께 내보내는 건 어려워 보였다. 네 마리 중 많아야 두 마리 정도가 가능할 텐데, 바다로 나가지 못하는 돌고래는 누가 가져갈 것인가?

수족관 입장에서는 일본 다이지에서 최소 1억 원을 주고 돌고래를 사와야 하는데, 몰수된 돌고래를 '공짜로' 위탁받아 전시하면 이득이었다. 해양수산부와 고래연구소, 울산의 고래생태체험관 그리고 맞은편에서 제돌이시민위, 서울시와 서울대공원의 인사들이 고공플레이를 벌였다. 맨 처음에는 고래연구소가 앞선 듯 보였다. 당장에 네 마리 모두 야생방사를 하지 못한다면 태산이와 복순이를 울산의 고래생태체험관으로 이송하자는 논의가 진행됐다. 울산 남구가 운영하는 이 수족관은 고래연구소 바로 옆에 있었으며, 고래연구소와 협력하는 사이였다. 울산 남구는 줄곧 일본 다이지에서 큰돌고래를 수입해 전시하고 있는 처지였다. 고래생태체험관 길 건너에 있는 고래연구소는 나중에 이 돌고래들을 연구용으로 활용할 수 있었다.

조희경, 황현진 등 NGO 그룹은 고래연구소를 마뜩잖아했다. 명시적으로 포경에 대한 견해를 표명한 적은 없지만, 고래연구소는 불법포경을 사실상 묵인하는 정부와 울산 지역의 이해관계자들과 관련 사업에 엮이면서 포경이나 전시공연에 온정적이라는 이미지가 있었다. 만약 몰수된 돌고래의 처소가 고래생태체험관으로 정해진다면 그들은 영원히 수족관을 벗어나지 못할 것이라는 두려움이 NGO 그룹에는 있었다.[1]

▼

1 물론 이런 선입견이 오롯이 사실을 반영하는 것은 아니다. 고래연구소는 제돌이 프로젝트 이후 SEA LIFE 부산 아쿠아리움과 함께 상괭이 야생방사를 꾸준하게 추진해왔다. 야생에서 구조된 상괭이를 일정 기간 전시한 뒤 야생방사하는 방식이라 동물환경단체에서는 꼼수라고 생각해 역시 부정적으로 봤다.

대법원 판결이 있기 며칠 전 막판에 역전극이 벌어졌다. 순전히 고공 플레이에 의해서였다. 검찰은 방향을 돌려 돌고래 네 마리 모두를 서울대공원에 인계하기로 했다. 네 마리의 야생방사 여부와 수용 공간은 서울대공원(실제로는 제돌이시민위)이 결정하기로 했다. 해양수산부 쪽은 검찰이 보도자료를 배포하기 직전까지도 돌고래가 울산 쪽으로 가는 줄 알았다. 나중에 들은 말이지만 해양수산부 담당자는 서울대공원과 협약식을 하는 줄도 몰랐다고 말했다.

3월 28일 제주지방검찰청에서는 제주지검과 서울대공원 관계자가 모여 '몰수 대상 돌고래 인계·인수를 위한 협약식'이 열렸다. 해양경찰청이 남방큰돌고래 불법포획 수사 결과를 발표한 지 1년 반이 훨씬 넘었다. 춘삼, D-38, 태산, 복순이에게도 새로운 운명이 기다리고 있었다.

선택과 배제

춘삼이, 삼팔이, 태산이, 복순이. 네 마리 중 어떤 돌고래가 제돌이와 동행해 고향으로 돌아갈 수 있을 것인가. 대법원 판결을 기다리고 있을 즈음, 조희경 대표로부터 전화가 걸려왔다.

"돌고래 두 마리가 상태가 심각해요. 다른 돌고래들은 밖(주 공연장)에라도 나갔다 오지만 얘네들은 계속 안의 작은 수조에 갇혀 있었던 애들이에요. 조금만 스트레스를 받으면 먹이도 받아먹지 않는다고 합니다. 복순이가 안 먹으면 태산이도 따라서 안 먹는다고 해요. 과학자들은 이들을 나머지 두 마리와 한 가두리에 넣을 수 없다고들 합니다."

제돌이시민위 위원으로 제주에 직장을 두고 있는 김병엽 제주대 교수는 이미 퍼시픽랜드에 가서 몰수 대상 돌고래를 간략하게나마 확인

해두었다. 소식은 그다지 좋지 않았다. 돌고래쇼에 나가는 춘삼이와 삼팔이는 건상한 것처럼 보였지만, 쇼에 투입되지 않는 태산이와 복순이가 미심쩍었다. 둘은 욕탕 같은 좁은 수조에서 벗어나지 못한 지 오래되어 있었다. 최근 몇 년 동안 움직여보지 못한 돌고래가 건강할 수 있을까? 야생에 나가서도 먹이활동을 할 수 있을지 걱정되었다. 게다가 복순이의 입은 비뚤어져 있었다. 역설적이지만 돌고래쇼에서 활달하게 점프하고 훌라후프를 돌리는 돌고래가 건강하게 보였고 야생에도 잘 적응할 것처럼 보였다.

네 마리 중 두 마리가 건강치 않아 보인다는 사실은 역설적이지만 일부 시민위원들에게 안도감을 주었다. 아무도 대놓고 말하지는 않았지만, 현실적으로 제돌이와 함께 네 마리의 돌고래 모두를 바다로 돌려보내기는 불가능한 것처럼 보였기 때문이다. 김병엽 교수가 이리저리 수소문해 소개받은 제주 성산항의 가두리는 지름이 30미터짜리였다. 제돌이를 포함해 퍼시픽랜드의 돌고래 네 마리까지 모두 다섯 마리가 들어가기에는 비좁아 보였다(그래도 퍼시픽랜드의 욕탕 같은 내실 수조에서보다는 더 자유롭게 움직일 것이다). 제주 현지에서 야생방사에 필요한 시설을 준비하고 있던 김병엽 교수는 관리상의 문제가 불거질 경우 혼란 속에 빠질 것이라는 점을 잘 알고 있었다. 태산이와 복순이는 돌고래쇼를 하지 않았기 때문에 사육사의 지시에 따라 움직일 줄 몰랐다. 이들이 다른 돌고래와 섞여 있으면 급박한 상황에서 격리할 수 없는 등 예기치 않은 문제가 발생할 수 있다고 몇몇 위원들은 우려했다(조희경, 2014b). 아무래도 다섯 마리를 보내는 것은 부담이었다. 태산이, 복순이를 뺀 세 마리(제돌이, 춘삼이, 삼팔이) 정도는 해볼 만했다.

동물자유연대와 핫핑크돌핀스 사이에도 미묘한 긴장이 흐르기 시작했다. 동물자유연대가 국내 최대의 동물보호단체였다면, 핫핑크돌핀스는 황현진과 조약골 두 명이 올망졸망 이끄는 작은 단체였다. 그러나 황야에서 돌고래 야생방사 운동의 깃발을 꽂은 이는 황현진이었다. 동물자유연대도 야생방사 과정에 참여함으로써 NGO 그룹의 정치적 역량을 배가시킨 공로가 있었다. 두 단체는 공동 캠페인을 하면서 돌고래 야생방사에 관한 산적한 현안을 넘고 있었지만, 작은 단체는 적은 인력과 자금 때문에 주도권을 발휘하기 힘들고 큰 단체에 치이기 마련이었다. 한번은 기자회견이 있었는데, 동물자유연대 활동가가 사회를 보고 있었다. 옆에는 황현진이 서 있었다. 사회자가 다음 발언자를 모신다면서 이렇게 말했다.

"처음부터 돌고래들을 돌봐주고 주시해온…."

황현진은 자신을 부르는 줄 알고 몸을 뺐지만, 사회자가 소개한 것은 그녀가 아니었다. 동물자유연대의 다른 활동가였다. 황현진은 가끔 큰 단체로 인해 핫핑크돌핀스의 노력과 성과들이 묻혀버리는 것을 대기업의 중소상권 침탈에 빗대어 푸념하고는 했다. 그녀의 심정이 충분히 이해됐다. 물론 그런 문제 때문에 연대 활동이 무너질 정도로 두 단체 간의 신뢰관계는 허약하지 않았고, 황현진도 경직된 활동가가 아니었다. 어쨌든 두 단체는 쇼돌고래 운동의 불모지였던 한국에 제돌이 야생방사를 끌어낸 최고의 동반자였다.

둘의 미묘한 긴장관계는 퍼시픽랜드에서 몰수된 돌고래의 처리를 두고 최고조로 치달았다. 어쨌든 돌고래 야생방사의 이니셔티브를 쥐고 있는 것은 동물자유연대였다. 제돌이시민위는 몰수 돌고래를 가져와 제돌이와 함께 방사하려고 했지만, 서울시와 서울대공원은 제돌이 이외의 돌고래에 대해서 비용을 쓰는 것에 대해 난색을 표명했다(서울시, 2013). 당장 퍼시픽랜드에서 돌고래를 가져오는 데만 해도 수백만 원의 이송비용이 들 테고, 야생방사를 하려고 해도 수월찮은 활어 급여비가 들 것이었다.[2] 동물자유연대는 2012년 말 '공연 금지 가처분 신청'을 법원에 내면서 몰수 돌고래와 관련한 제반비용을 자신들이 책임지겠다고 공언했다. 해양생물 관리 주체인 해양수산부에 우선적으로 비용 부담 책임이 있다고 근거를 달긴 했지만, 여의치 않을 경우 부족분을 책임지겠다는 공언은 야생방사 과정에서 동물자유연대의 발언권을 신장시켰고 퍼시픽랜드 몰수 돌고래를 서울시와 제돌이시민위의 관리 아래로 가져오는 데도 결과적으로 큰 역할을 했다. 법원도 이 말을 믿고 흔쾌히 몰수형을 판결할 수 있었을 것이다.

조희경 대표가 주도적으로 나서 서울대공원, 해양수산부 등과 협의를 하면서 일을 진행해나갔다. 김병엽 교수, 김현우 연구원 등 과학자 그룹의 의견대로 시민위 내부에서는 퍼시픽랜드 몰수 돌고래 네 마리 중 두 마리만 제돌이 야생방사 가두리에 합류시키는 것으로 의견이 모이고 있었다. 가두리에 합류시키지 못하는 돌고래에 대해서는 서울대

▼

2 2013년 2월 13~14일 제주대에서 열린 제돌이시민위 제7차 회의에서 이원효 서울대공원장은 "제돌이 방사비용은 제돌이에 대한 소요비용이므로 (몰수 돌고래에 대한 지원은) 어렵고, 외부에서 비용을 추가로 받아 몰수 돌고래를 관리하는 것은 가능하다"고 말했다. 그 뒤 서울시와 서울대공원은 몰수 돌고래에 대해 시 예산을 쓰는 것은 안 된다고 분명하게 선을 그었다. 제돌이 야생방사에 곱지 않은 시선을 보낸 서울시의회에서 예산을 통제받기 때문에 운신의 폭이 크지 않았던 이유도 있었다.

공원이 해양관 내실 보조 수조에 수용할 수 있다는 입장을 밝혀왔다. 핫핑크돌핀스는 절박했다. 황현진 대표는 페이스북에 다음과 같은 글을 올렸다.

> 1년여의 재판 기간 퍼시픽랜드 몰수형 돌고래 열한 마리 중 일곱 마리가 죽고 네 마리가 남았습니다. 그런데 그 네 마리 중 두 마리가 현재 건강이 좋지 않아 바다로 돌아가지 못할 수도 있는 상황입니다. (이런저런 이유로) 그 두 마리는 서울대공원으로 옮기게 될 예정인데… 저는 돌고래들이 건강이 좋지 않은 상태에서 서울대공원으로 옮겨진다면 이는 더 나쁜 결과를 초래할 것이라고 봅니다. 건강검진, 회복 때까지 임시보호가 필요하다면 제주도 내 시설에서 진행해야 한다고 생각합니다. 그리고 가장 크게 우려되는 점은 서울대공원으로 옮겨진 두 마리 돌고래가 영원히 바다로 돌아가지 못하고 소각장에서 생을 마감할 수도 있다는 점입니다… 저는 아무 신도 믿지 않지만… 세상에 존재하는 모든 신께 간곡히 부탁드립니다. 기적처럼 태산이와 복순이가 건강을 회복해 다른 남방큰돌고래들과 함께 제주 바다로 돌아갈 수 있게 해주세요.

핫핑크돌핀스의 홈페이지에도 단체의 고충을 토로하는 아래와 같은 글이 올라왔다.

> 요즘 핫핑크돌핀스는 대법원 몰수형 확정판결이 난 퍼시픽랜드의 남방큰돌고래 네 마리 모두를 바다로 돌려보내기 위해 바쁜 나날을 보

내고 있습니다. (…) 이야기를 해보면 사람마다 입장이 약간씩 다릅니다. 특히 남방큰돌고래에 관해 결정 권한을 갖고 있다는 정부 관계자들(해양수산부 등)은 돌고래들이 바다로 돌아간 다음에 만에 하나 죽기라도 한다면 시민들로부터 비난이 쏟아질 것이기 때문에, 약간이라도 건강이 안 좋아서 야생 바다에서 잘 살 수 없는 가능성이 있다면 절대로 자연방류를 해서는 안 된다고 주장합니다(살 수 있는 확률이 80퍼센트고, 죽을 확률이 20퍼센트더라도 방류할 수 없다는 것이 해양수산부 방류 담당자의 공식 입장입니다. 조금이나마 시민들로부터 비난받을 수 있는 여지는 남겨두고 싶지 않다는 것이 그 이유예요. 공무집행의 이유가 생태계 보호나 멸종위기종 보호보다는 욕을 먹지 않기 위해서인 것 같더군요).

그래서 네 마리 돌고래들이 모두 함께 가두리에 머물도록 하고 싶은데, 현재 임대한 가두리가 두 마리가 들어갈 정도의 크기라서 네 마리를 수용하기에는 너무나 작고, 제주도 내 또는 제주도에서 가까운 곳에 다른 가두리를 빌리려고 하면 한 달에 5000만 원가량을 내야 하는 상황입니다. 또한 제주도 내 고래류의 서식지 외 보전기관과 해양동물 구조, 치료기관으로 지정되어 있는 한화 아쿠아플라넷 제주 같은 곳에서 임시로 남방큰돌고래들을 보관하면서 보다 자세한 검진을 통해 방류 여부를 결정할 수도 있습니다. 하지만 아쿠아플라넷은 이미 멸종위기종 고래상어를 밀수하여 수족관에 반입했다가 한 마리가 폐사하고, 어쩔 수 없이 돌려보낸 나머지 한 마리도 폐사하여 엄청난 비난을 받은 곳이며, 또한 그곳에도 돌고래들을 수용할 여유가 없다는 회신을 받았습니다.

결국 몰수형 판결을 받은 퍼시픽랜드 남방큰돌고래들을 얼른 그 지옥 같은 쇼장에서 빼내와야 할 텐데, 현실적으로 돈도 없고 빽도 없는 조그만 환경운동단체 핫핑크돌핀스가 할 수 있는 일이라고는 여기저기 전화통을 붙잡고 사람들에게 호소하면서 발만 동동 구르면서 언론사와 인터뷰하고, 우리 입장을 정리해서 성명서로 쓰는 등 여론을 돌리기 위한 작업을 할 수밖에 없습니다.
불법포획되어 억지로 쇼를 하고 있는 남방큰돌고래들, 많은 노력으로 결국 대법원에서까지 몰수형 확정판결을 받아내긴 했지만 또 다른 난관이 기다리고 있어서 바다로 돌아갈 길이 너무나 멉니다. 이 돌고래들에게 너무나 미안해집니다. 돌고래들아, 미안해. ㅜㅜ 하지만 다시는 너희들이 불법으로 잡혀서 쇼를 하지 않도록 더욱 열심히 노력할 거라고 약속할게.(조약골, 2013)

애초 NGO 그룹은 돌고래 네 마리를 제돌이와 함께 전부 방사하는 원칙론을 지지하고 있었다. 가두리의 좁은 면적 때문에 불가능하다면, 제주도 내의 다른 시설에 임시 보호하자는 대안도 나왔다. 문제는 태산이와 복순이를 받아줄 곳이 없다는 점이었다. 애초 성산의 한화 아쿠아플라넷이 유력한 후보지로 거론됐으나, 이 업체는 냉정하게 거절했다. 고래상어를 불법포획한 의혹이 동물·환경단체에 의해 제기되면서 협업을 부담스러워했다. 제돌이시민위의 NGO 그룹은 민간 양식장의 가두리를 빌리는 방법도 알아봤지만, 한 달 5000만 원의 임대료를 부른 양식업자의 장삿속에 질려 있었다.

조희경의 생각은 점점 현실론으로 기울어져갔다. 태산이, 복순이를 보낼 다른 곳이 없으므로 일단 서울대공원으로 보낼 수밖에 없다는 것이었다. 반면 나머지 단체는 다른 대안을 찾아야 한다며 미련을 거두지 못했다. 조희경은 '현실론'에 서 있었고, 환경단체는 '원칙론'에 서 있었다. 그러나 야생방사 비용의 부족분을 동물자유연대가 책임진다고 했으니, NGO 그룹 간 발언의 경중은 구분될 수밖에 없었다.

현실론자의 약속

3월 28일 대법원은 몰수형을 선고한 원심을 확정했다. 제돌이시민위는 더 이상 결정을 미룰 수 없었다. 결단을 내려야 했다. 이날 조희경 대표와 김병엽 교수 등 제돌이시민위의 일부 위원들은 제주에 내려가 있었다. 퍼시픽랜드를 방문해 몰수 돌고래들의 건강을 검진한 위원 몇몇과 다른 위원들이 이날 밤 제주도의 한 음식점에 모였다. 얼마 안 가 큰소리가 오갔다(조희경, 2014b: 186-187).

"조희경 대표님이 두 마리는 야생방사 가두리에 보내지 않는 것에 동의했잖아요?"
"아니, 내가 왜 두 마리를 보내지 말자고 해요?"

조희경은 두어 사람으로부터 항의를 받고 있었다. 네 마리 모두를 가두리로 보내야 한다고 적극적으로 주장해야 할 동물단체의 대표가 이에 소극적이었기 때문에 일부 위원들이 조 대표의 입장을 캐물은 것이었다.

수면 아래서 엉켜 있던 현실론과 원칙론이 부상해 부딪혔다. 건강검진을 한 제돌이시민위 소속 과학자들은 네 마리 가운데 태산이와 복순이는 부리도 기형인 데다 먹이도 잘 먹지 않는다고 보고했다. 네 마리를 모두 방사하려면 가두리가 하나 더 필요하므로 우선 건강한 춘삼이, 삼팔이만 제돌이가 들어갈 가두리에 합류시키자는 현실론이 재차 이야기되었다. 박원순 서울시장의 결단에 따라 한국 최초로 이뤄지는 야생방사인 만큼 건강이 입증되지 않은 태산이, 복순이 때문에 제돌이 방사를 실패하면 안 된다는 '정치적 고려'도 위원들을 암묵적으로 압박했다.

원칙론 또한 만만치 않았다. 태산이, 복순이를 서울대공원으로 보내는 건 사실상 이들의 야생방사 포기를 의미했다. 게다가 몰수 돌고래들의 처리에 관심이 쏟아지면서, 울산 고래생태체험관, 제주 마린파크 등 일부 수족관이 눈독을 들였다. 일본에서 돌고래를 사 오려면 최소한 1억 원을 줘야 하지만, 국가가 몰수한 돌고래를 '보관'이라는 명목으로 '전시'하면 이문이 남을 터였다. 제돌이시민위 위원들의 마음속에는 한 가지 질문이 괴롭혔다. 우리는 돌고래들을 공평하게 대하고 있는 것인가? 왜 어떤 돌고래는 되고 어떤 돌고래는 안 되는가? 태산이, 복순이는 결국 장소만 옮겨 돌고래쇼를 하게 되는 것 아닌가?

그러나 '과학'이라는 외투를 뒤집어쓰고 있는 현실론은 힘이 셌다. 조희경이 따져 물었다.

> "내가 두 마리를 안 보낸다고 한 것이 아니고…. 아니, 그럼 박사님이 전문가니까 두 마리를 훈련장에 합류해도 된다는 근거를 내놓으세요! 그 두 마리가 정상 상태가 아닌 것은 우리 모두 확인한 것이고, 그건 팩트예요."(조희경, 2014b: 187)

▲대법원의 몰수 결정으로 퍼시픽랜드 돌고래들에게 자유의 문이 열렸다. 그러나 운명은 엇갈렸다. 춘삼이와 삼팔이는 제돌이를 위해 설치된 성산항 가두리로 먼저 향했고, 복순이와 태산이는 서울대공원으로 다시 이송됐다. 2013년 4월 8일 성산항 가두리로 옮겨지는 춘삼이와 삼팔이. ©〈한겨레〉 김봉규

그날 이후 아무도 말하지 않았다. 무엇보다 제돌이 야생방사 예정일이 시시각각 다가오면서 시간을 허비할 수 없었기 때문이다. 언젠가 태산이, 복순이를 바다로 돌려보내고 싶다는 마음은 모두 한결같았다. 그러나 바다로 돌아갈 것이라고 확언할 수 있는 사람도 없었다.

조희경 대표가 4월 7일 전화를 걸어왔다. 돌고래 네 마리의 운명이 갈라지기 전날 밤이었다.

"울면서 회의를 했어요. 우리가 여기까지 어떻게 왔는데, 두 마리를 두고 갈 수 있냐고…. 서울대공원에 일단 보내지만, 다시 여건이 되면

야생방사 작업을 추진하기로….”

서울대공원은 태산이와 복순이를 나중에 다시 제주도에 데려와 야생방사를 추진할 경우 운송비용이나 먹이비용을 책임질 수 없다고 미리 조건을 걸어두었다. 서울시 예산 편성을 장담할 수 없으니 두 마리를 다시 바다로 되돌려 보내려면 NGO 그룹이 어떻게든 비용을 마련하라는 얘기였다.

4월 8일 새벽, 네 마리 돌고래는 지긋지긋한 퍼시픽랜드 수족관 생활을 청산하고 빠져나왔다. 두 마리는 스포트라이트를 받으며 들것에 실려나갔고, 두 마리는 숨겨둔 자식처럼 어두운 수족관 내실에서 거친 숨을 쉬며 떠들썩한 소리를 들었다. 춘삼이, 삼팔이는 서너 해 동안 광대 놀음을 한 중문의 수족관을 떠나 성산항의 가두리로 향했다. 전국의 신문, 방송사가 몰려들어 역사적 현장을 기록했다.

이튿날 태산이와 복순이는 조용히 항공기에 실려 서울로 옮겨졌다. 수족관 인생을 끝낸 건 춘삼이, 삼팔이뿐이었다. 태산이, 복순이는 서울대공원이라는 또 다른 수족관이 그들의 제2의 집이 되었다.[3]

▼

3 태산이와 복순이는 아시아나항공의 지원으로 인천행 비행기를 탈 수 있었다. 동물자유연대는 몰수 돌고래 네 마리의 육상 이송비(무진동 차량)와 활어 급여비, 잠수부 인건비, GPS 비용 등을 댔다. 춘삼이와 삼팔이는 제돌이가 가두리에 합류한 뒤로는 현대그린푸드가 제돌이에게 지원한 활어를 '얻어먹을' 수 있었다. 결국 서울시와 서울대공원 그리고 해양수산부의 몰수 돌고래에 대한 직접적인 예산 투입은 없었지만, 동물자유연대와 민간기업의 후원으로 큰 난관 없이 향후 과정을 이어나갈 수 있었다. 서울대공원은 해양관 수족관의 일부 공간을 태산이와 복순이에게 내주었으며 사육사들이 관리하도록 했다.

【4부】

국기에 대한 경례도 않고 돌고래는 떠났다

14장 

바다로 돌아간 돌고래

잘 있어, 생선은 고마웠어
내 마지막 소원이 있다면 맛있는 생선을 먹고 싶은 거였는데
우리가 한 가지를 바꿀 수 있었다면 함께 노래하는 법을 배웠을 거야
인류와 포유류 모두 하나 되어서
생명의 경이로운 유전자 질서 속에서 모두가 하나 되는

– 영화 〈은하수를 여행하는 히치하이커를 위한 안내서〉의
삽입곡 〈잘 있어, 생선은 고마웠어〉 중에서

4월의 제주는 지중해의 봄볕 같다. 김녕, 종달, 성산으로 이어지는 북동부의 해안은 제주에서도 아름답기로 손꼽힌다. 양탄자처럼 스르륵 깔리는 파도에 누런 봄볕이 비치면, 해녀와 어부와 관광객이 악다구니 해가며 생존하는 삶의 전장이 잠깐 비현실적으로 느껴질 때가 있다.

그 바다에서 돌고래 두 마리가 어느 때보다 활달하게 헤엄치고 있었다. 4년 만에 맞은 가장 넓은 물의 품에 안겨 솟구치고 뛰어들고 휘휘 돌았다.

"저기요, 저기에 돌고래가 왔다나 봐요."

그물을 손질하던 어부들은 성산항의 배들이 방파제를 빠져나갈 즈음에 서 있는 중형급 어선 한 척을 쳐다보다가 이내 그물을 손질하기 시작했다. 대법원 판결로 춘삼이와 삼팔이가 퍼시픽랜드의 감옥에서 풀려난 지 2주일이 지난 3월 21일 아침이었다.

통통배를 타고 500미터가량 떨어진 가두리에 도착했다. 춘삼이와 삼팔이는 더 이상 스테이셔닝을 하지 않았다. 돌고래에게 원형의 가두리는 물론 울타리(그물)가 쳐진 일종의 감옥이었지만, 휘슬과 타깃을 신경 쓰지 않아도 되는 무노역無勞役의 세계였다. 가두리에 고정된 빨랫줄 같은 밧줄에 몸을 비벼대던 삼팔이는 별안간 점프를 하고 장시간 잠수를 했다. 같이 놀던 춘삼이는 드문드문 로깅Logging[1] 자세를 취했다.

중형급 어선이 두 돌고래가 있는 원형의 가두리 오른쪽 옆구리에 정박해 있었다. 크레인 소리를 웅웅 울리며 어선은 왼쪽 옆구리에 있는 원형의 정치망에서 그물을 걷어 올리기 시작했다. 고등어가 펄떡펄떡 몸부림치며 튀어나왔고, 서울대공원에서 파견 나온 선주동 사육사가 그중 일부를 푸른 플라스틱 버킷에 건져 담았다. 춘삼이와 삼팔이가 오전에 먹을 식량이었다. 우리는 배를 가로질러 오른편 가두리로 건너가 고등어를 던져주었다. 효율적인 시스템이었다.

춘삼이와 삼팔이는 오전과 오후 두 차례 각각 15킬로그램의 활어를 먹었다. 선주동 사육사는 주먹으로 팔딱이는 고등어를 꽉 움켜쥐고 기절시킨 뒤 차례로 가두리에 던졌다. 그가 말했다.

"고등어가 빠르거든요. 절반 정도는 편하게 먹으라고 이렇게 기절시켜서 줘요."

고등어가 맥을 못 추고 흐느적거리자, 삼팔이가 어디선가 튀어나와 잽싸게 낚아챘다.

"예전에는 사람이 다가가면 꼬리를 일자로 세우고 다가왔는데, 그런

1 통나무처럼 떠 있거나 적은 움직임만으로 휴식을 취하는 돌고래의 행동.

행동이 없어졌어요. 이제 더 이상 사람을 신경 쓰지 않는 것 같아요."

성산항 가두리에 처음 왔을 때 춘삼이와 삼팔이가 이렇게 활발하진 않았다. 던져준 고등어와 전갱이가 떼를 이뤄 가두리 안을 헤엄칠 때도 바라보기만 했고 잠깐 머리를 수면 위로 올렸다가 사라지곤 했다. 그러나 이틀이 지나자 둘은 경계를 풀었다. 고등어를 쫓아가 덥석 잡아먹고, 활어를 물고 장난치고, 밧줄에 몸을 비벼댔다. 요령이 늘어 작은 고등어와 전갱이부터 먼저 해치우고 큰 놈들은 나중에 먹었다. 작은 물고기들은 가두리의 그물을 곧잘 빠져나간다는 걸 깨달은 것처럼 보였다. 차가운 바닷물에 불편해하는 낌새도 보이지 않았다. 가장 큰 진전은 사람에 신경을 쓰지 않게 되었다는 것이었다. 습관처럼 나타났던 스테이셔닝 동작은 며칠 뒤에 사라졌다. 사육사들은 될 수 있으면 멀리서 활어를 던져주었다. 먹이를 주는 낌새가 보이면, 물가로 다가오지 않고, 멀리 떨어져 사냥할 준비를 했다.

가르쳐주지 않았는데도, 춘삼이와 삼팔이는 야생의 바다 환경에 몸을 재빨리 개조시켰다. 1년여의 야생적응 훈련을 받은 제돌이에게 '뭐하러 그걸 했니?'라고 묻듯.

춘삼이와 삼팔이가 성산항 가두리에 온 지 한 달여 만인 5월 11일, 서울대공원에서 제돌이가 법석대는 취재진을 몰고 내려왔다. 제주 바다에 첨벙 뛰어들며 제돌이는 오래된 두 친구와 오래된 바닷물과 재회했다. 어릴 적 함께 제주 바다를 빙빙 돌던 옛 친구들이었고, 서울대공원으로 팔려오기 전 춘삼이와는 퍼시픽랜드에서도 한 달 정도 함께 있었다.

사람들의 기대를 뛰어넘어 바다에 완전히 적응한 춘삼이, 삼팔이처럼 제돌이도 무리 없이 성산항 가두리에서 '제2차 야생적응훈련'이라는 걸 해냈다. 세 마리는 내일이라도 야생의 바다로 튀어나갈 것처럼 보였다. 모든 일정은 순조롭게 진행되고 있었다. 6월 24일 낯선 소식이 뉴스를 통해 전해지기 전까지는. 돌고래 한 마리가 가두리를 탈출했다는 것이었다.

삼팔이의 탈출

6월 22일 오전 서울대공원 사육사들이 이상하다는 낌새를 눈치챈 건 가두리에 도착하고 얼마 안 됐을 즈음이었다. 가두리 바깥에서 새로운 돌고래 손님을 봤을 때만 해도 큰일이라고는 생각지 못했다. 한 돌고래가 해초를 몸에 감고 왔다 갔다 하는 것이었다. 처음엔 다른 돌고래가 놀러 왔으려니 싶었다. 그때 누군가 소리쳤다.

"아무래도 삼팔이가 없어진 거 같아요!"

그랬다. 삼팔이였다. 비상 상황이 발생했다. 비상연락망을 타고 서울대공원 본부와 현지에서 야생방사 총괄을 맡고 있는 김병엽 교수, 김사홍 박사 등에게 소식이 전해졌다.

어떻게 해야 하나. 삼팔이를 다시 잡아 가두리에게 넣어야 한다는 생각이 앞섰지만 궁리해보니 딱히 방법이 없었다. 야생방사팀이 삼팔이를 포획할 방법은 없었다. 바다에서는 돌고래가 사람보다 빨랐다. 그물을 친다 해도 성공할 리도 없었고 고래에게 마취총 같은 걸 쏘아 성공해본 경험도 없었다. 삼팔이는 지금 가두리 바깥, 야생에 있으며, 가두리 그물 한 장 차이로 이미 고향에 도착한 것이었다.

삼팔이가 가두리를 탈출한 원인은 나중에 밝혀졌는데, 수중의 가두리 그물망에 약 30센티미터의 구멍이 뚫려 있었던 것이다. 그물망이 수

중 물살에 펄럭이면서 바위 등에 찢긴 것으로 보였다.

야생방사팀은 배를 하나 띄워 주변에서 삼팔이의 행동을 관찰했다. 삼팔이는 도둑이 내빼듯 가두리를 황급히 도망치지 않았다. 오히려 방파제로 둘러싸인 성산항 내해에서 반나절을 헤엄치면서 보냈다. 삼팔이가 방파제 밖의 외해로 나간 건 이날 오후가 지나서였다. 야생방사팀도 재포획을 포기하고 이날로 야생방사가 시작된 것으로 받아들였다. 어차피 삼팔이는 가두리 내에서 할 만한 것들은 다 마친 상태였다. 활어를 맘대로 잡아먹었고 차가운 수온에도 저항력이 생겼다. 이제 삼팔이의 운명은 삼팔이에게 맡길 도리밖에 없었다.

이튿날 제돌이시민위는 바다로 나가 삼팔이의 행방을 쫓기 시작했다. 제주도 북동쪽 김녕에서 동쪽 성산 방향으로 동진하면서 돌고래를 찾았다. 그러던 중 성산항 못 미쳐 구좌읍 하도리 토끼섬 주변에서 40~50마리의 남방큰돌고래 무리를 만났다(동물자유연대, 2012). 돌고래들은 배의 진행 방향과 마찬가지로 제주도 남쪽 모슬포 방향으로 이동하는 것처럼 보였다. 돌고래에게 아직 GPS를 달거나 동결낙인을 하기 전이었다. 수많은 돌고래 떼에 삼팔이가 섞여 있을 거라고 기대하는 수밖에 없었다. 사진을 찍는 것 말고는 딱히 당장 확인할 방법은 없었다.

삼팔이가 나간 지 사흘째가 되던 25일이었다. 마침 고래연구소는 1년에 네 차례 하는 남방큰돌고래 정기 모니터링을 하고 있었다. 성산항에서 정반대 편인 차귀도 남쪽 한경면 신도리 바다에서 남방큰돌고래 무리를 발견했다. 평소 하던 대로 김현우는 '드르륵' 셔터를 갈겼다. 이틀 뒤인 27일에는 남쪽으로 멀지 않은 대정읍 모슬포 앞바다에서도 50

여 마리의 남방큰돌고래 떼를 목격했다. 김현우는 낫처럼 생긴 매끈한 곡선이 이어지다가 가장 아래쪽에서 살짝 팬 삼팔이의 지느러미를 머릿속에 그리고 있었지만, 본디 모니터링 현장이란 수많은 돌고래가 잠복하고 뛰고 물장구를 튀기는 아수라장이었다. 이 중에 삼팔이가 있을까? 비슷한 개체가 사진에 찍힌 거는 같았다. 그러나 삼팔이가 가두리를 탈출한 지 일주일도 채 지나지 않았다. 무리에 합류하기엔 일러 보였다. '지나친 기대는 금물'이라고 마음먹으면서도 김현우는 착실히 사진을 찍었다(김현우 인터뷰, 2014).

'유레카'를 외친 건 이때 찍어온 사진을 미리 찍어둔 삼팔이의 등지느러미 사진과 대조하고 나서였다. 부메랑처럼 부드럽게 꺾인 지느러미의 날, 아래쪽에 살짝 팬 홈 그리고 검은 피부 중앙에 '석 삼(三)'자로 찍힌 이빨자국이 삼팔이임을 증명해주고 있었다(동물자유연대, 2012). 놀라운 일이었다. 22일 제주도 북동쪽 성산항에서 탈출한 뒤 불과 사흘 만에 정반대편의 남서쪽 신도리, 모슬포 주변 바다를 헤엄치고 있었던 것이다. 사흘만에 100킬로미터를 헤엄쳐갔다(고래연구소, 2013). 더구나 남방큰돌고래 무리와 함께 먹이도 사냥하고 있었다. 야생에 완전히 적응한 것이다.

고래연구소는 바로 '삼팔이를 찾았다'고 발표했다. 한경면 신도리와 대정읍 하모리(모슬포)에서 발견된 무리와 함께 발견된 돌고래가 모두 삼팔이였다며 "삼팔이가 장거리 유영능력을 갖추고 활발한 먹이활동을 하고 있다"고 밝혔다(고래연구소, 2013).

삼팔이에게서 들려온 소식은 무엇보다 제돌이에게 희소식이었다. 삼팔이는 제돌이처럼 체계적인 활어 공급도 받지 않은 채 뒤늦게 야생방사 가두리에 '무임승차' 한 돌고래였다. 삼팔이가 이렇게 쉽게 야생 무리에 안착했다면, 제돌이의 야생방사는 걱정할 게 없었다. 고래연구소는 "앞으로 방류될 남방큰돌고래 제돌이와 춘삼이 또한 성공적으로 원서식지에 적응할 것으로 기대한다"(고래연구소, 2013)고 밝혔다.

삼팔이의 야생 무리 합류 소식에 제돌이시민위 관계자들은 기뻐했지만, 위태위태하던 고래연구소와의 긴장관계는 파국에 이르고 말았다. 고래연구소는 제돌이시민위가 아닌 고래연구소 명의로 삼팔이 발견 소식을 언론에 공개했다. 고래연구소는 자신들의 인력과 비용이 투입된 정기 모니터링 과정에서 삼팔이가 발견된 것이므로 고래연구소 명의로 발표하는 게 당연하다는 입장이었다. 춘삼이와 삼팔이의 관리비용을 책임지기로 한 동물자유연대와 야생방사 실무를 담당하고 있던 서울대공원 등은 '일방적 발표'라며 불쾌감을 표출했다. 제돌이시민위는 제돌이 야생방사는 참여기관의 공동 사업인 데다 서울대공원이 찍은 삼팔이의 등지느러미 사진을 제공받아 삼팔이의 신원을 최종 확인한 것이므로 시민위 협의를 거쳐 발표해야 했다고 맞섰다. 동물자유연대의 조희경 대표는 질세라 제돌이시민위가 삼팔이가 야생 무리에 적응했다는 사실을 확인했다는 보도자료(동물자유연대, 2012)를 발표했다.

결국 고래연구소는 제돌이시민위에서 철수했다. 제돌이에 대한 학술용역에서도 빠졌다. 고래연구소는 처음부터 학술연구 용역 전체를 맡기를 원했지만, 각 기관이 모인 제돌이시민위 구조에서 쉽지 않은 일이었다. 학술연구 용역을 두고 고래연구소와 제주대학교를 놓고 투표가 벌어지기도 했다. 제주대가 대다수 표를 받고 승리한 시점부터 사실 고래연구소는 마음이 떠난 상태였다. 나중에 김현우는 이렇게 토로했다.

"투표가 끝나고 한 위원이 와서 이렇게 말하더라고요. '고래연구소가 하면 잘할 거 아는데, 고래연구소 단독으로 하면 우리가 활동할 여지가 줄어듭니다' 라고요. 남방큰돌고래라고 처음 이름 붙인 것도 고래연구소고, 방류하면 성공할 가능성이 많다고 처음 이야기한 것도 고래연구소고, 제돌이를 발견한 것도 고래연구소잖아요. 그런 측면에서 우리로선 억울하죠."(김현우 인터뷰, 2014)

제돌이시민위에 참여한 위원은 각 조직을 대표하는 장이나 간부였지만, 유독 김현우만 일반 연구원이었다. 김현우는 나이 어린 자신이 끌려가 제돌이시민위에서 연구소를 대표하는 정치력을 발휘하지 못했다고 내내 후회했다.

애초 민관위원회인 제돌이시민위에서 고래연구소가 야생방사 및 학술연구를 독점적으로 수행하는 것은 불가능했을 것이다. 제돌이시민위는 서로 다른 욕망을 가진 이들이 모인 단체였다. '제돌이 야생방사 성공' 이라는 목적을 중심으로 각 기관과 조직의 이해관계가 황금 분할되어야 시민위는 굴러갈 수 있었다. 고래연구소가 보장받고자 했던 대표성은 박원순 서울시장이 정치적 반대를 돌파하기 위해 독립적인 민관위원회에 야생방사를 맡길 때부터 이미 중요한 고려 대상이 아니었다.

제돌이 야생방사에 관한 학술 용역은 다른 기관에 돌아갔다. 총 세 개의 연구가 이뤄졌다. 김병엽 교수가 주도하는 제주대학교가 '시설 및 적응훈련' 을, 이화여대가 '야생방사 전후의 행동 관찰' 을, '야생방사 후 모니터링' 은 이화여대와 제주대가 함께하기로 했다. 총괄은 김병엽 제주대 교수가 맡았다(김병엽·장이권·김사홍 외, 2013). 돌고래 행동 관찰

및 모니터링은 이화여대 에코과학부 박사과정인 장수진 씨가 맡았다. 귀뚜라미를 연구했던 그녀는 전공을 바꿔 돌고래를 박사과정 연구 주제로 삼았고, 동물행동학으로 돌고래를 조사하는 국내 최초의 연구자가 되었다. 김병엽, 김현우에 이어 남방큰돌고래 제3의 연구자가 된 그녀는 지금도 제주도 해안가를 돌며 국내에서 전인미답인 돌고래 행동학을 개척하고 있다. 김현우가 남방큰돌고래를 '발견'했다면, 장수진은 돌고래의 삶 속에 들어가 그들을 '확장'시키고 있었다. 김병엽은 장수진의 품 넓은 조력자였다. 둘은 야생방사 이후에도 '이화여대-제주대 돌고래 연구팀'으로 남방큰돌고래 연구를 지속해나간다.

동결낙인 논쟁

삼팔이가 가두리를 탈출하던 그 시간, 제돌이시민위는 또 다른 갈등에 휘말려 있었다. 바로 동결낙인 문제였다.

시민위 내 과학자 그룹은 야생방사 후 돌고래들의 식별을 용이하게 하기 위해 GPS 외에도 동결낙인을 해야 한다는 견해를 제시했다. 동결낙인은 돌고래 등지느러미에 드라이아이스나 액화질소로 식별 번호를 새기는 기법이다. 금속 재질에 해당 약품을 채워 돌고래 피부에 갖다 대면 해당 부위가 금속에 새긴 번호 모양대로 탈색된다. 이렇게 하면 1킬로미터 떨어진 곳에서도 돌고래를 육안으로 관찰할 수 있어서 무작위로 사진을 찍어 카탈로그와 비교하는 야생 모니터링의 수고를 한층 덜 수 있다(Wells, 2009).

그러나 과학자 그룹에 의해 제시된 동결낙인 방안은 다시 NGO 그룹과 과학자 그룹 간의 긴장을 불러일으켰다. 낙인이라는 것 자체가 죄수

번호 같은 인상을 풍겼고 인간이 새긴 번호를 야생동물이 달고 다닌다는 데에 대해 거부감이 있었다. 무엇보다 과학자들의 연구조사의 편의성 때문에 동결낙인을 하려는 것 아닌지 의심의 눈초리가 커졌다. 22일(공교롭게도 이날은 삼팔이가 탈출한 날이다) 고래연구소의 김현우는 동결낙인에 대한 이메일을 썼고 위원들에게 회람됐다.

> 돌고래의 등지느러미는 대부분 건tendon 조직으로 되어 있습니다. 신경 및 혈관도 다른 부위보다 적게 분포되어 있습니다. 개체들끼리 상호작용에 의해 등지느러미에 큰 상처가 나기도 하는데, 동결낙인에 의한 자극은 그런 자연적으로 생길 수 있는 상처보다 훨씬 적은 물리적 자극입니다. 미국 플로리다 연안 큰돌고래 260마리에게 동결낙인을 실시해오고 있으며 지금까지 동결낙인이 원인이 되어 폐사한 개체는 없었습니다.(김현우, 2013)

과학자들은 동결낙인이 보이는 것과 달리 동물에게 별다른 고통을 주지 않는다는 점을 강조했다. 휴메인소사이어티의 나오미 로즈 박사나 오스트레일리아 남극국AAD의 닉 게일스Nick Gales [2]처럼 동물복지를 중시하는 과학자들도 동결낙인에 대해서 문제를 삼지 않는다고 덧붙였다. 오히려 예기치 않은 좌초나 혼획 때 식별번호가 시민들에게 쉽게

▼

2 고래 보호 진영의 선두에 선 오스트레일리아 과학자다. 일본의 과학 포경을 반대하면서 정부기관 안팎에서 활동했고, 비살상적 연구 방법을 확산시키는 활동을 해오고 있다.

인지됨으로써 돌고래 안전에 도움이 된다고 주장했다.

이런 과학자들의 견해가 합리적으로 인식되면서 조희경과 임순례 등 NGO 그룹 중 동물보호단체는 동결낙인 찬성 쪽으로 기울어져갔다. 동결낙인을 안 하면 좋겠지만 야생방사까지 한 달도 채 남지 않은 상황에서 시간을 끄는 논쟁은 바람직하지 않다는 판단도 영향을 끼쳤다.

동결낙인 반대는 점차 소수가 되어갔다. 16명의 제돌이시민위 위원 중 3명이 끝까지 동결낙인에 대해 반대했다. 최예용 환경운동연합 바다위원회 부위원장, 황현진 핫핑크돌핀스 대표 등 환경단체였다.

6월 26일 제돌이와 춘삼이는 인간 세계에서 마지막 여행을 떠났다. 임시 적응 훈련장인 성산항에서 최종 방사지인 김녕 앞바다로 가는 여행이었다. 성산항에서 탈출했던 삼팔이는 이미 야생 무리에 합류한 뒤였다. 이날 아침 제돌이와 춘삼이에게 동결낙인이 이뤄졌다. 제돌이의 등지느러미에는 1번, 춘삼이의 등지느러미에는 2번의 하얀 숫자가 선명하게 새겨졌다. 1번 돌고래, 2번 돌고래가 탄생한 순간이었다.

최예용은 야생방사를 일주일여 앞둔 7월 10일 제돌이시민위 위원직을 사퇴했다. 동결낙인 문제가 제돌이시민위에서 정식 안건으로 다뤄지지 않은 채 강행되었다면서 "잘못된 것은 분명히 잘못되었다고 지적해야 다시 반복되지 않기 때문"(최예용, 2013)에 사퇴한다는 게 그의 생각이었다. 야생방사 직전인 18일 아침, 그는 지인들에게 문자를 보냈다.

"등지느러미 1번 낙인은 인간의 흔적을 영원히 남기는 것입니다. 쇼에 동원됐던 돌고래를 자연에서도 관람하겠다는 잠재적 의도의 발로입니다."

돌고래의 관찰은 전통적인 방법을 이용할 수도 있었다. 제주 바다를 돌면서 일단 사진을 찍고 수고스럽긴 하지만 등지느러미의 모양을 대조하여 제돌이를 찾아내면 됐다. 물론 이렇게 하면 며칠이 걸린다. 제돌이의 몸은 돌고래 떼의 숲으로 숨어버릴 터였다. 그렇게 되면 제돌이 야생방사의 정치적 성과는 대중의 망각 속에서 유실될 가능성이 컸다. 동결낙인은 정치적 가시성의 도구이기도 했다.

어쨌든 동결낙인 논쟁은 '인간이 과연 얼마만큼 자연에 개입할 수 있는가'라는 진지한 질문을 모두에게 던졌다. 말하자면 돌고래쇼는 인간이 벌인 '자연 개입의 극단'이었다. 반면 제돌이를 제주 앞바다에 돌려보내는 것은 인간과 자연의 관계를 정상화하는 것이었다. 그런데 돌고래 몸에 또 흔적을 남겨 내보내다니! 그러나 문제가 그렇게 단순한가? 자연과 인간이 서로 섞이지 않는 불가침적인 상태가 가능하냐는 말이다.

과학자들은 동결낙인이 돌고래 몸에 대한 인간의 개입이지만, 궁극적으로는 자연을 보호하는 데 도움이 된다고 주장했다. 첫째, 과학자의 모니터링을 쉽게 해줌으로써 돌고래에 대한 앎에 기여할 수 있으리라는 것이다. 동결낙인을 사용하면 모니터링과 개체 식별에 들어가는 수고를 획기적으로 줄일 수 있었다. 둘째, 1번이라고 새겨진 표식은 관광객들의 눈에 쉽게 띔으로써 돌고래 야생방사가 추구했던 '야생보전'의 메시지를 대중적으로 확산시킬 것이라는 주장이었다. 제돌이는 그린피스가 화력발전소 굴뚝에 올라가 펼쳐 내리는 플래카드보다도 더 큰 프로파간다의 몸이 될 터였다. 이러한 이점에 견줘보면 돌고래의 지느러미에 새겨지는 '문명의 흔적'은 작은 얼룩에 지나지 않는다는 게 찬성

론자들의 주장이었다. 장이권 교수는 이렇게 말한다.

"많이 알아야 잘 보존할 수 있습니다. 연구가 훨씬 용이하게 진행되면 남방큰돌고래의 생태에 대해 더 잘 알 수 있습니다. 또한 1번, 2번이 선명한 제돌이와 춘삼이를 바다에서 본 사람들은 '돌고래 보호'의 메시지를 더 잘 이해하게 됩니다."(남종영·최우리, 2013)

반면 최예용은 제돌이 야생방사가 이뤄진 이튿날 장문의 이메일[3]을 지인들에게 보낸다. 그는 이날이 "한국 환경운동 역사에서 매우 중요한 날로 기록되고 기억될 것"이라면서 아쉬웠던 점을 다음과 같이 지적한다.

> 무엇보다 (아쉬운 점은) 야생성 회복을 위한 준비 과정 말미에 제돌이와 춘삼이 등지느러미에 '동결낙인'을 찍어 영원히 인간의 흔적을 남긴 것입니다. 방사 후 모니터링을 위한다는 목적이었지만 이미 GPS를 달기로 했고 등지느러미의 모양으로 개체 식별이 가능하기 때문에 무모하고 반생태적인 일이었습니다. (…) 야생동물을 보는 인간의 한계죠. 반생태적인 발상입니다. 제돌이시민위원회 내에서도 반대가 적지 않았지만 정식 안건으로 다뤄지지도 않은 채 낙인이 강행돼버리고 말았습니다. 환경운동연합과 바다위원회를 대표하여 시민위원회에 참여해온 최예용 바다위원회 부위원장은 7월 10일 열린 시민위원회의를 마지막으로 사퇴했습니다. 제돌이에게 낙인을 찍는

▼

3 최예용이 이끄는 환경단체 '환경보건시민센터' 블로그에 같은 내용의 글(최예용, 2013)이 실렸다.

▲야생방사 뒤 돌고래를 효율적으로 모니터링하기 위해 과학자들이 제안한 동결낙인은 제돌이시민위원회 내에서 논란을 불러왔다. '1번'이 찍힌 제돌이와 '2번'이 찍힌 춘삼이. 둘 다 GPS도 달았다. 2013년 7월. ⓒ〈한겨레〉 강재훈

사람들과 함께할 수 없기 때문입니다.

제돌이는 지금 1번 표식을 새기고 바다를 누비고 있다. 문명의 얼룩이다. 그렇지만 그 얼룩은 남방큰돌고래 보전의 플래카드이기도 하다. 지금도 무엇이 옳았는지 누구도 쉽게 판단할 수 없다. 제인 구달은 아프리카 곰베 국립공원의 침팬지 사회에 들어가 연구하면서 침팬지에게 먹이를 줘 길들이고 아픈 침팬지를 돌봤다. 과학자 사회에서는 논란이 분분했다. 연구자는 야생에서 일체의 간섭을 하지 않는 관찰자가 되어야 한다는 믿음을 천둥벌거숭이 같은 초보 여성과학자가 깨뜨렸던 것이다. 그러나 지금 제인 구달의 영장류 연구 방법은 학계 주류가 되었다. 최예용은 질문을 던지고 제돌이시민위에서 사라지는 길을 택했고 그것으로 논란은 정리되었다. 그러나 동결표식 논란은 야생에 대한 인간의 개입이 어디까지여야 하는가에 대해 진지하게 질문을 던졌다.

자유의 잠영 [4]

운명의 날이 밝았다. 7월 18일 남방큰돌고래 제돌이와 춘삼이가 바다로 돌아가는 날이었다. 김포공항에서 일개 중대 규모의 취재진이 비행기에 오르던 이날 아침, 제주 김녕 앞바다에는 낯선 손님이 찾아왔다. 돌고래 두 마리였다.

선주동 사육사는 깜짝 놀랐다. 가두리 주변에 두 마리의 돌고래가 있

4 이 장의 일부는 2013년 7월 20일 〈한겨레〉 1, 3, 4면에 쓴 '바다의 제돌이는 우리에게 무엇인가' 등의 기사를 수정·보완했다.

었던 것이다. 자라 보고 놀란 가슴 솥뚜껑 보고 놀란다고, 그는 제돌이와 춘삼이가 탈출한 줄로 알았다. 뭔가 큰일이 터진 것 같았다. 시계를 보니 오전 9시 4분. 그런데 가두리 안을 쳐다보니, 제돌이와 춘삼이는 폴짝폴짝 뛰고 있었다. 가두리 밖에 있는 두 마리는 야생에서 온 남방큰돌고래였다. 한 마리는 가두리 코앞까지 다가와 긴 부리로 그물을 톡톡 쳤다(선주동 인터뷰, 2014). 제돌이와 춘삼이를 데리러 온 걸까? 운명의 날은 기분 좋게 시작됐다.

오후가 되자 김녕 앞바다는 북적이기 시작했다. 제돌이와 춘삼이에게 '자유'는 오후 3시에 주어지기로 되어 있었다. 절정을 향한 발걸음은 느리기만 했다. 오후 2시 김녕 앞바다 목지섬 해안가에서는 '제돌이의 꿈은 바다였습니다'라는 문구가 쓰인 비석[5]의 제막식이 이뤄졌다. 참석자들의 축사가 끝나고서도 기자들의 간이 인터뷰가 길을 막았다. 박원순 서울시장은 야생방사 행사에 참석하고 싶다는 뜻을 전했으나, 제돌이시민위는 물론 시장 측근들도 박 시장의 참석에 부정적이었다. 특히 박 시장의 정무 라인은 냉정한 계산을 할 수밖에 없었다. 보수언론의 곱지 않은 시선이 다시 폭발할까 두려웠고, 혹시라도 야생방사가 실패하면 박 시장이 덤터기를 쓸 수 있을 거라고 그들은 생각했다(김현성 인터뷰, 2014).

제돌이와 춘삼이가 사는 육지 밖 가두리로 건너가는데 한바탕 소동이 벌어졌다. 전국에서 몰려온 100명 가까운 취재진이 미리 준비된 선

▼

5 500만 원을 들여 높이 2.15미터, 가로 1.05미터, 폭 0.8미터로 제작된 이 표지석의 글씨는 제돌이시민위 위원장인 최재천 이화여대 석좌교수가 썼다.

박들을 다 타고 나가버리는 바람에 정작 행사를 주재할 제돌이시민위원회 사람들이 타고 갈 배가 없었다. 선박 몇 척이 두어 번 육지와 가두리를 왕복하고 나서야 행사가 시작될 수 있었다.

야생방사는 예정보다 한 시간이 지체된 오후 4시에야 시작될 수 있었다. 지름 30미터, 깊이 7미터의 가두리 안에서 제돌이와 춘삼이는 100명이 넘는 사람들에게 둘러싸여 있었다. 생각보다 거센 파도가 가두리를 격하게 두드려댔다. 가두리 밖으로는 기자들이 탄 배가 가두리를 선회하며 두 돌고래가 자유를 찾는 순간을 포착할 준비를 하고 있었다.

야생방사를 위해 돌고래쇼를 중단한 이후 처음으로 많은 사람들을 보아서인지 둘은 평소보다 활달하게 움직였다. 1번, 2번. 돌고래의 등지느러미가 언뜻 수면 위를 스쳤다. 휘어지는 유연한 돌고래의 몸은 투명한 제주 바다에 뜬 초승달 같았다. 수면 아래로 보이는 돌고래의 몸은 바닷물에 번져 희미해졌다.

드디어 자유의 시간이 도래했다. 오후 4시 13분, 제돌이시민위 위원장인 최재천 교수와 동물보호단체 카라의 임순례 대표 등이 남쪽 김녕항 방향의 그물 끈을 풀었다. 가두리 3분의 1가량의 그물이 풀리자 물길이 열렸다. 드디어 제돌이와 춘삼이가 자유를 찾아 떠난다. 정적이 바다를 휘감았고 기자들은 카메라 프레임 안에서 가끔씩 튀어 오르는 돌고래를 응시했다. 이별의 순간이었다.

제돌이가 갑자기 내 쪽으로 다가와 '스파이호핑spyhopping' 비슷한 동작을 취했다. 스파이호핑은 고래나 돌고래가 머리를 수직으로 내밀고 주변을 관찰하는 행동이다. 그러나 세모난 지느러미는 여전히 가두리 안을 서성였다. 시간이 흘러도 제돌이와 춘삼이는 가두리 안을 맴돌 뿐이었다. 그물을 열어놓고 바닷속 탈출 장면을 찍기 위해 내려갔던 잠수부들이 숨이 차 수면 위로 고개를 내밀었다. 여기저기서 탄식이 새어 나왔다.

기다림이 길어지자 박진우 씨가 칼을 들고 반대쪽 그물을 끊기 시작했다. 그는 제돌이시민위가 쓸 가두리를 알아봐준 사람이었다. 가두리를 에워싸고 있는 그물 중 미리 만들어놓은 출구의 반대편 그물이 찢기자, 돌고래의 탈출로는 3~4미터짜리 두 개가 되었다. 남쪽과 북쪽 양쪽으로 난 자유의 통로를 제돌이와 춘삼이는 찾을 수 있을까. 시간은 지루하게 흘렀다. 제발 빨리 돌고래가 나가주었으면 하는 바람으로 인간들의 마음은 한데 뭉쳐 있었다. 바다에서 살던 제돌이와 춘삼이를 잡아와 수년 동안 수족관에 가둬놓고 앵벌이 공연을 시킨 게 언제였냐는 듯이. 그때 잠수부 한 명이 수면 위로 떠올라 손짓을 했다.

"한 마리가 나갔답니다!"

방류 행사 사회를 보던 동물자유연대 조희경 대표가 외쳤다. 4시 28분이었다. 가두리를 둘러싼 사람들의 표정이 바뀌었다. 그때 다른 잠수부가 수면 위로 올라와 손을 저었다.

"아직 안 나갔답니다."

허탈한 웃음소리가 여기저기서 새어 나왔다. 관람자들은 집중력을 잃었고 마이크를 든 행사 진행자들은 얼떨떨한 표정이었으며 어두운 바닷속을 헤집다 나온 잠수부들은 밭은 숨만 내쉴 뿐이었다. 그런데, 출렁이는 수면 아래에서 튀어나오는 등지느러미가 보이지 않은 지 꽤 된 것 같았다. 10분이 채 지나지 않았다. 수면 위로 튀어나온 잠수부가 마스크를 벗고 소리쳤다.

▲야생방사 행사가 끝나고 그물을 걷어냈지만 돌고래들은 떠나지 않았다. 제돌이는 몸을 수면 위로 세우고 주위를 바라봤다. 스파이호핑 동작이다. ©〈한겨레〉 강재훈

"둘 다 없어요!"

이별 의식도 치를 사이가 없었다. 예상치 못한 방식으로 돌고래들은 사라졌다. 안도와 허탈, 배신감 등 조합하기 힘든 감정들이 한데 엉켜 사람들의 가슴을 강타했다. 허둥대던 사람들은 한동안 멍한 표정으로 수평선만 바라봤다. 제돌이시민위 위원 중 한 명인 장이권 교수가 말했다.

"사람들이 갑자기 너무 많이 와서 바로 못 나간 것 같아요. 이렇게 몰래 조용히 바다로 떠난 게 더 좋은데요?"

제돌이와 춘삼이는 어떤 흔적도 남기지 않았다. 남은 건 수중카메라에 잡힌 춘삼이의 자취뿐이었다. 나중에 두 대의 수중카메라 영상을 이어보니, 제돌이가 먼저 북쪽 탈출로로 나간 뒤 춘삼이도 뒤를 이어 나간 것으로 보였다. 찢긴 그물 위로 춘삼이는 부드럽게 자유의 경계를

넘었다. 제돌이와 춘삼이가 떠난 직후 바다에는 고요함이 찾아왔다. 가두리 그물을 직접 자른 박진우 씨가 소리 질렀다.

"자자, 떠난 돌고래들을 위해 용왕님께 정성을 드립시다."

박씨가 검은 봉지에서 흰쌀로 뭉친 주먹밥을 꺼내 가두리에 남은 사람들에게 나눠줬다. 해녀들이 치성을 드릴 때 그해 얻은 햅쌀로 지은 밥을 흰색 한지에 담아 바다에 던진다고 그가 말했다. 제주 말로 '지(紙·종이) 드리는' 풍습이다. 쌀이 귀한 제주에서 용왕에게 귀한 것을 바치면서 행운을 빈다.

"서울 사람들은 미신이라고 하지만, 나는 그렇게 생각하지 않아요. 나는 과학 너머에 과학이 있다고 생각해요."

그가 흰쌀밥을 던지며 "제돌아, 춘삼아, 잘 살아라!" 외쳤다. 그의 기원은 돌고래가 사라진 허공 위를 떠돌았다.

더글러스 애덤스의 소설 《은하수를 여행하는 히치하이커를 위한 안내서》에서는 하늘로 승천하는 돌고래 이야기가 나온다. 돌고래들은 사실 지구에서 두 번째로 영리한 생명체다. 그들은 우주 고속도로 건설로 지구가 곧 철거된다는 소식을 듣고 지구를 떠날 준비를 한다. 돌고래들은 수족관에서 재주를 부리며 급히 피하라고 알리지만, 사람들은 영문을 모른 채 키득거리며 박수만 친다. 지구 멸망의 전야, 돌고래들은 하늘로 떠올라 지구를 떠난다. "잘 있어, 생선은 고마웠어"라는 인사를 남기고….

화려하게 준비된 돌고래 방류 행사는 허탈하게 끝났다. 예전에 그렇듯 잠영했고, 파도에 섞여 바다로 돌아갔다. 수족관에서 보고 싶을 때 볼 수 있던 돌고래는 '바다는 너희들이 모르는 곳이야' 라고 속삭이듯,

우리의 시야를 몰래 빠져나갔다. 지구 멸망 직전 인간들을 남겨두고 떠난 돌고래들처럼, 제돌이와 춘삼이는 우리가 알 수 없는 방식으로 갑자기 떠났다.

인간에게 돌고래는 어떤 존재일까. 그리고 돌고래에게 사람은 어떤 동물일까. 우리는 제돌이에 대해 아는 것보다 알지 못하는 것이 더 많다. 가두리에 남은 사람들도 손에 쥔 쌀밥을 바다를 향해 던졌다. 그리고 외쳤다.

"제돌아, 춘삼아! 다시는 그물에 걸리지 말고 잘 살아!"

추적

두 돌고래의 '탈출'이 확인되자, 고무보트의 시동이 걸렸다. 두 돌고래를 쫓아가 야생 무리와 합류하는 광경을 지켜보기 위해서였다. 하지만 이미 늦었다. 고무보트는 '느낌상' 서쪽을 택했다. 그렇게 내달린 지 40여 분. 가두리에서 북서쪽으로 2.5킬로미터 떨어진 다려도 주변에 도착했다.

"저기 있다!"

고무보트의 키를 쥔 선주동 서울대공원 사육사가 외쳤다. 푸우. 푸우. 푸우. 수면 위로 쓰윽 올라와서는 숨을 쉬는 1번 돌고래(제돌이)가 눈에 들어왔다. 얼마 뒤 생선 하나를 머금은 모습이 보였다. 제돌이와 사람들은 그 뒤 대여섯 번을 숨바꼭질하듯 만났다 헤어졌다. 춘삼이는 어디로 갔는지 보이질 않았다.

제돌이와 춘삼이는 동행하지 않았다. GPS를 통해 간혹 들어온 자료를 보면(그러나 신뢰성은 낮았다) 둘은 '각자도생'의 궤적을 보여주었다.

춘삼이는 곧장 동쪽으로 헤엄쳐가는 것처럼 보였고, 제돌이는 서쪽인 제주시 쪽으로 가다 머물다 하는 것처럼 보였다. 그러나 이상할 것 없는 현상이었다. 과거의 야생방사 사례를 보면, 풀려난 돌고래들이 꼭 몰려다닌다고 볼 수는 없었다. 그 이유는 알 수 없다. 제돌이와 춘삼이는 어렸을 적 제주 바다에서 큰 무리와 작은 무리로 갈아타며 이합집산을 했다. 그때 서로 얼굴을 익혔겠지만, 수족관에서는 각각 서울과 제주에서 공연하면서 따로 살았기에 강한 연대감을 공유하진 않았을 것이다. 아니면 두 돌고래는 가두리 그물을 뛰쳐나가기 직전 역할 분담을 했을지도 모를 일이다. '제돌아, 너는 서쪽을 맡아. 나는 친구들이 많이 노는 성산 쪽으로 가볼게. 나중에 만나자.'

돌고래는 바다로 돌아갔다. 고장 난 트랜지스터처럼 신호를 보내지 않던 돌고래의 GPS가 야생방사 일주일째인 7월 23일 제돌이의 정확한 위치를 보냈다. 북위 33도31분58초, 동경 126도52분26초. 제주도 동북쪽 구좌읍 하도리 해상이었다. 좌표를 확인한 모니터링팀[6]은 곧장 구좌읍 연안 해역을 수색했다. 제돌이는 정말로 거기에 있었다(GPS가 제몫을 한 유일한 날이었다). 구좌읍 행원리 앞바다에서 제돌이가 홀로 헤엄을 치고 있는 걸 모니터링팀이 발견했다. 제돌이는 GPS가 제대로 작동하는 며칠 동안 구좌읍 일대 해상을 떠나지 않았다. 7월 29일 GPS가 떨어져나가기 전 마지막 신호를 보냈을 때도 제돌이는 이곳을 떠나지 않았

▼

6 제돌이와 춘삼이의 야생방사 이후 모니터링은 제주대 김병엽 교수와 이화여대 장수진 연구원이 주축이 된 모니터링팀이 담당했다. 고래연구소는 1년에 네 번 있는 정기조사를 통해 방사 돌고래의 상황을 체크했다.

▲돌고래는 우리 모르게 떠났다. 가까스로 따라가 사진을 찍었다. 자유의 바다에서 제돌이는 헤엄치고 있었다. 2013년 7월 18일 제주시 구좌읍 김녕항에서 서북쪽 약 2.5킬로미터 다려도 인근 해상. ©〈한겨레〉 강재훈

다. 제돌이는 홀로 헤엄치며 돌아다녔다(김병엽·장이권·김사흥 외, 2013).

춘삼이는 23일 제돌이의 위치에서 동쪽으로 더 간 우도 주변에서 모습이 확인됐다. 새끼 한 마리를 둔 어미 돌고래와 함께 헤엄을 치고 있었다. 적어도 제돌이와 춘삼이는 혼자 먹이 사냥을 하며 야생바다에서 그럭저럭 보내고 있는 것으로 보였다. 먹이 사냥을 하지 못했다면 그때까지 제대로 살아남지 못했거나 빈사 상태로 쉽게 눈에 띄었을 것이다.

최종적으로 남은 건 야생 무리 합류였다. 예전에 함께 살던 야생 무리에 들어가 공동으로 먹이를 사냥하고 놀고 쉬고 짝을 만나게 된다면, 이들의 몸은 '야생의 몸'의 탄성력을 완전히 회복한 것으로 볼 수 있다. 이런 점에서 야생방사 16일 만인 8월 3일은 제돌이시민위와 모니터링 팀에는 축배의 날이었다. 이날 춘삼이는 위성신호를 보내왔다. 춘삼이

는 꽤 먼 곳까지 나아가 있었다. 성산읍 바다 너머 제주도 동쪽 해상이었다. 오전 10시께 수많은 돌고래가 군무를 펼치고 있었다. 하늘을 뚫을 듯 솟았다 떨어지는 짧은 곡선의 대열 속에서 숫자 '2'가 보였다. '2번 돌고래' 춘삼이였다. 야생 무리에 합류한 것이었다(김병엽·장이권·김사흥 외, 2013). 모니터링팀은 환호성을 질렀다. 이로써 둘의 야생 생존능력은 어느 정도 확인됐다.

환호는 곧이어 축배로 바뀌었다. 오후 4시께 1번 돌고래도 솟아올랐다. 제돌이였다. 제돌이와 춘삼이 모두 야생 무리에 합류한 것이었다. 남방큰돌고래 야생방사는 성공이었다.

제돌이 야생방사 과정에서 크게 세 가지 논쟁이 진행됐다. 제돌이, 춘삼이, 삼팔이 세 마리가 야생적응에 성공함으로써 논쟁은 사실상 종지부를 찍었다.

첫째, 야생방사의 성공 가능성에 대한 과학적인 논쟁이다. 이 논쟁은 제돌이, 춘삼이, 삼팔이가 야생 무리에 합류함으로써 종결되었다. 돌고래 야생방사에 있어서 돌고래가 야생에서 자급자족만 해도 무난하게 성공했다고 본다. 그러나 세 마리는 며칠 만에 야생 무리에 합류했다. 사실 제주 남방큰돌고래의 야생 무리 합류는 다른 나라의 사례에 비교해봐도 이미 최고의 성공 환경을 갖추고 있었다. 제주도 전역 해안가 1~2킬로미터 이내로 남방큰돌고래 서식지가 뚜렷이 알려져 있었고, 이들이 하나의 무리를 형성하고 있었다. 게다가 제돌이의 경우 1년 남짓 야생적응 훈련까지 받았다. 이들이 야생 무리를 만나지 못할 가능성은 제로에 가까웠다.

〈세 돌고래의 야생방사 직후 경로〉

둘째는 정치적인 논란이다. 일부에게 제돌이 야생방사는 박원순 서울시장의 '포퓰리즘 정치'로 이해됐다. 제돌이시민위는 제돌이 야생방사 때 박 시장의 행사 참석을 자제해달라고 요청해 결국 행사 참석은 무산됐다. 서울시와 제돌이시민위는 정치적으로 보이지 않으려 애썼지만, 제돌이 문제는 제주 강정 해군기지 건설 문제와 얽히면서 정치적일 수밖에 없었다. 남방큰돌고래의 주요 이동 경로에 강정 앞바다가 있다. 황현진 핫핑크돌핀스 대표는 나중에 해군기지 반대운동에 뛰어든다. 그는 이렇게 말한다.

“내가 생각하는 평화는 약한 사람, 약한 생명이 강한 사람, 강한 생명과 함께 행복하게 사는 거예요. 제돌이처럼 약한 생명체도 행복해야 하는 것이죠. 그런 점에서 돌고래 보호운동과 평화운동은 매한가지예요.”

셋째는 동물권 자체에 대한 것이다. 이를테면 이런 질문을 던질 수 있다. 왜 돌고래만 야생으로 돌려보내야 하는가? 왜 고래만 특별한가? 사실 정부가 나서 야생방사를 추진할 수 있었던 것은 제돌이 등이 불법으로 취득된 일종의 ‘장물’이었기 때문이다. 불법 취득된 장물이 지방정부가 운영하는 돌고래쇼의 주인공이라는 사실은 적절치 않았다. 그리고 그 돌고래가 제주도에 100여 마리밖에 남지 않은 멸종위기종이라는 사실도 명분을 더했다. 하지만 위 질문에 정면으로 맞선다면 이렇게 대답할 수 있다. 돌고래는 인간이 가진 ‘인식론적 한계’ 안에서 특별하다. 유인원, 코끼리 등과 함께 고래는 거울을 통해 자아를 인식하는 몇 안 되는 동물이다. 문화를 전승하고 교류한다. 인간과 견줄 만한 고등생물체다. 동물원에 가두면 그만큼 크게 불행을 느낄 것이다. 과학이 고래에 대해서 아는 건 많지 않다. 하지만 과학이 알려주는 한에서 우리는 그들을 존중하기 위해 최선을 다해야 한다. 우리의 인식의 폭이 넓어진다면, 사자와 호랑이도 고래만큼 특별해질지 모른다. 야생방사 성공으로 시끄럽던 논쟁은 정리되어갔다. 동물을 대하는 우리의 태도는 한층 성숙되어 있었다.

15장 

생명정치의 실패

지구에 사는 인간은 항상 돌고래보다 똑똑하다고 생각해왔다.
왜냐하면 돌고래가 바다에서 희희낙락하며 시간을 보내는 동안
인간은 바퀴, 뉴욕, 전쟁과 같은 것들을 만들어왔기 때문이다.
그러나 옛날부터 정확히 같은 이유로 돌고래는 인간보다 훨씬 똑똑하다고 믿어왔다.
– 더글러스 애덤스, 《은하수를 여행하는 히치하이커를 위한 안내서 5》 중에서

제돌이가 바다로 돌아간 지 1년이 지났다. 나는 영국으로 동물지리학 공부를 하러 떠났고 한국에서는 간간이 세 돌고래가 잘 살고 있다는 소식이 들려왔다. 영국에서도 제돌이, 춘삼이, 삼팔이를 잊은 적이 없었다. 내가 그들을 특별히 흠모했던 건 아니니다. 내 석사학위 연구 주제였기 때문이다.

2014년 6월 다시 제주 바다를 달렸다. 논문을 위한 현장조사차 나는 다시 남방큰돌고래를 찾고 있었다. 풍경은 변하지 않았고 해야 할 일도 변하지 않았다. 나는 망원경을 조수석에 놓고 차창 밖 바다로 고개를 힐끔거리며 액셀을 밟았다. 김현우 연구원이 탄 차가 앞서가고 있었다. 우리가 처음 만났던 3년 전과 마찬가지로 그는 남방큰돌고래와 앞서거니 뒤서거니 제주 바다를 뱅뱅 돌고 있었다. 고래연구소로서는 제돌이와 춘삼이, 삼팔이가 바다로 돌아간 뒤 수행하는 세 번째 정기 모니터

링이었다. 남방큰돌고래가 나타나주었으면 좋았을 것이다. 그러나 3년 전과 마찬가지로 그는 돌고래 없는 빈 해안가를 날리고 있었다.

GPS는 떨어져나가고 없었다. 과학자들은 이 장치를 통해 돌고래로부터 '과학적 증거'를 선물 받길 고대했지만, 이 장치는 육지에 찍힌 엉뚱한 좌표를 몇 번 보내주고는 돌고래의 거센 몸짓과 파도에 의해 등지느러미에서 떨어지고 말았다.

사실 GPS는 인간의 시야를 기계적으로 확대하는 장치였다. 돌고래는 수면으로 도약하면서 지구 궤도에 떠 있는 몇 대의 인공위성과 아르고스ARGOS 위성에 신호를 보낸다. 이 신호는 아르고스 센터로 보내지고 다시 최종 위치가 계산돼 인터넷상에 게재된다. 모니터링팀은 이를 토대로 방사 돌고래의 위치를 실시간으로 추적할 수 있었다. 그러나 이러한 용도가 충족된 건 야생방사 직후 몇 차례밖에 없었다. GPS가 떨어진 뒤 과학자들에게 남은 건 '맨눈'뿐이었다. 원시적인 '목시조사'로 회귀한 것이다. 그 원시적인 조사 대열에 우리가 있었고, 쫓고 쫓기는 공간적 위계에서 우리는 돌고래에게 뒤처져 있었다. 그래도 지성이면 감천. 오후 4시 55분, 김현우 연구원이 소리쳤다.

"발견!"

희뿌연 안개 아래서 남방큰돌고래 30마리 정도가 부산하게 바다를 횡단하고 있었다. 차량 내 내비게이션은 제주 북동부 종달리에서 성산 사이의 해협을 가리키고 있었다. 몇 마리는 통통배 앞에서 선수타기를 하는 것처럼 보였다.

이제 배를 빌려 쫓아야 한다. 남방큰돌고래가 '도망가지 않도록' 보조 연구원에게 망원경을 쥐여주며 보초를 맡긴 뒤, 우리는 종달리 항구로 이동했다.

"기름값을 줘야 나가지."

선주는 현금을 요구했다. 안타깝게도 공무원은 현금 결제가 안 된다. 고래연구소 신분증을 보여주고 나중에 계좌입금을 한다고 했지만, 현장에서 항상 통하는 게 아니었다.

"돌고래 잘 지키고 있지?"

김현우는 보조 연구원에게 전화를 해 돌고래를 시야에서 놓치지 말라고 신신당부한 뒤 종달리에서 가장 가까운 항구인 성산항으로 이동했다. 성산항에서도 선박 몇 개를 골라 전화를 해봤지만 선주는 나타나지 않았다. 결국 해상관찰은 포기하고 성산항 방파제로 향했다. 물보라를 일으키며 아까 그 돌고래들이 다가오고 있었다.

"이 돌고래들은 서귀포로 갈까요?"

"그동안의 행동 패턴을 보면 더는 남쪽으로 안 넘어갈 거예요."

"이유는요?"

"그냥 확률이지요. 여기서 뒤돌아간 적이 많았거든요. 근데 그냥 남쪽으로 내려가는 수도 있어요."

제 갈 길을 가는 것이다. 이건 돌고래 마음이다. 수족관에서 인간은 돌고래를 시공간적으로 통제할 수 있지만, 야생에서는 돌고래가 인간을 통제한다. 몇 년을 돌고래 밥을 먹은 김현우도 아이돌을 쫓아다니는 팬들처럼 돌고래를 쫓아다니는 신세다.

미끄러지는 과학

돌고래의 야생방사를 통해 우리가 사유해야 할 것이 하나 있다. 바로 근대과학의 한계와 불확실성이다. 사실 제돌이의 야생방사의 가능성과 불가능성을 주장하는 이들 모두 한결같이 '과학적인 근거'를 댔지만, 결론적으로 과학은 아무것도 완벽하게 예측하지 못했다. 과학은 돌고래의 의지 앞에서 항상 미끄러지기만 했다.

GPS가 대표적인 사례였다. 이 장치를 통한 위치추적은 우리나라 돌고래 연구에 장족의 발전을 가져다줄 것으로 보였다. 김현우가 수행한 그간의 연구는 목시조사를 통해 돌고래를 발견하고 위치를 기록하는 데 머물러 있었다. 그러나 GPS로 야생방사 돌고래의 위치를 실시간으로 파악할 수만 있게 된다면, 남방큰돌고래가 어디에서 어디로 가는지 이동 패턴이 완벽하게 그려지는 것이었다. 퍼시픽랜드 등은 그때까지도 제주 돌고래가 일본과 한국을 왔다 갔다 한다고 주장하는 판이었다.

GPS는 제돌이가 나간 뒤 보름째인 8월 3일부터 아예 신호를 보내지 않았다. 춘삼이의 것도 마찬가지였다. 8월 27일 제돌이를 봤을 때, 이미 등지느러미의 GPS는 떨어져나가고 없었다(김병엽·장이권·김사홍 외, 2013). 최소 석 달은 붙어 있을 거라고 기대하고 부착한 것이었다.

돌고래의 등지느러미에 장착된 GPS 태그는 하루 두 번씩 인공위성과 교신하게 되어 있다. 이를 위해서는 돌고래가 최소 45초 이상 수면 위에 머무르는 경우가 네 번 이상 존재해야 한다. 돌고래가 활발하게 움직일 때는 제대로 작동하지 않을 가능성이 컸다. 물 위에 가만히 떠 있거나 수면, 휴식 행동 때에만 안정적으로 위치를 보내준다는 얘기였다. 이화여대와 제주대의 모니터링팀은 GPS가 방사 직후부터 대부분의 시간 무용지물이었던 이유를 이런 기계적 한계로 파악했다(김병엽·장이권·김사홍 외, 2013). 육상동물의 경우 개체가 육지에 있으므로 이런 송수신 상의 어려움이 없어 이동 궤적이 깨끗이 잡힌다. 그러나 돌고래는 수면 위아래를 넘나들며 하루를 보낸다. 제돌이시민위는 결과적으로 GPS를 너무 믿어버린 것이었다.

결국 과학자들은 돌고래 신체에 부착한 인간의 '확장된 눈extended eyes'을 잃음으로써, 야생방사 돌고래에 대한 공간적 통제를 잃고 말았다. 바다에 세우려 했던 판옵티콘은 거친 파도와 돌고래의 몸짓으로 날아가버렸다. 과학자들은 목시조사로 미끄러지는 '방법론적인 후퇴'를 감수해야 했다. 그나마 1번, 2번의 동결낙인이 원시적인 목시조사의 효율성을 높여주었을 뿐이다.

삼팔이로 말하자면, 그는 야생에서 인간의 통제를 완벽하게 벗어난 돌고래였다. 삼팔이는 낙인 번호를 부여받기 전 가두리에서 먼저 탈출했다. 삼팔이야말로 가장 자유로운 돌고래였다. 그는 야생에서 새로운 형태로 벌어지는 인간의 생명정치의 바깥에 존재한 돌고래였다. 이번 사건을 통해 완전한 자유를 얻은 이는 제돌이가 아니라 삼팔이였다.

GPS 말고도 근대과학의 불완전성은 야생적응 훈련 그 자체에서 나타났다. 야생방사 적응 훈련의 가장 큰 관건은 살아 있는 물고기, 즉 활어를 제돌이가 먹을 수 있느냐였다. 앞서 썼듯이 제돌이시민위는 최소 1년의 야생방사 적응 훈련이 필요하다고 봤다. 시민단체 위원들은 수족관 감금 기간이 길수록 야생방사 성공률이 떨어진다는 점을 들어 될 수 있으면 빨리 내보내야 한다고 주장했지만, 과학자들의 권위에 밀려 힘을 얻지는 못했다.

제돌이에게 활어 급여가 이뤄진 건 박원순 서울시장에 의해 야생방사 결정이 이뤄지고 석 달 뒤인 2013년 5월이었다(서울시, 2015). 예상과

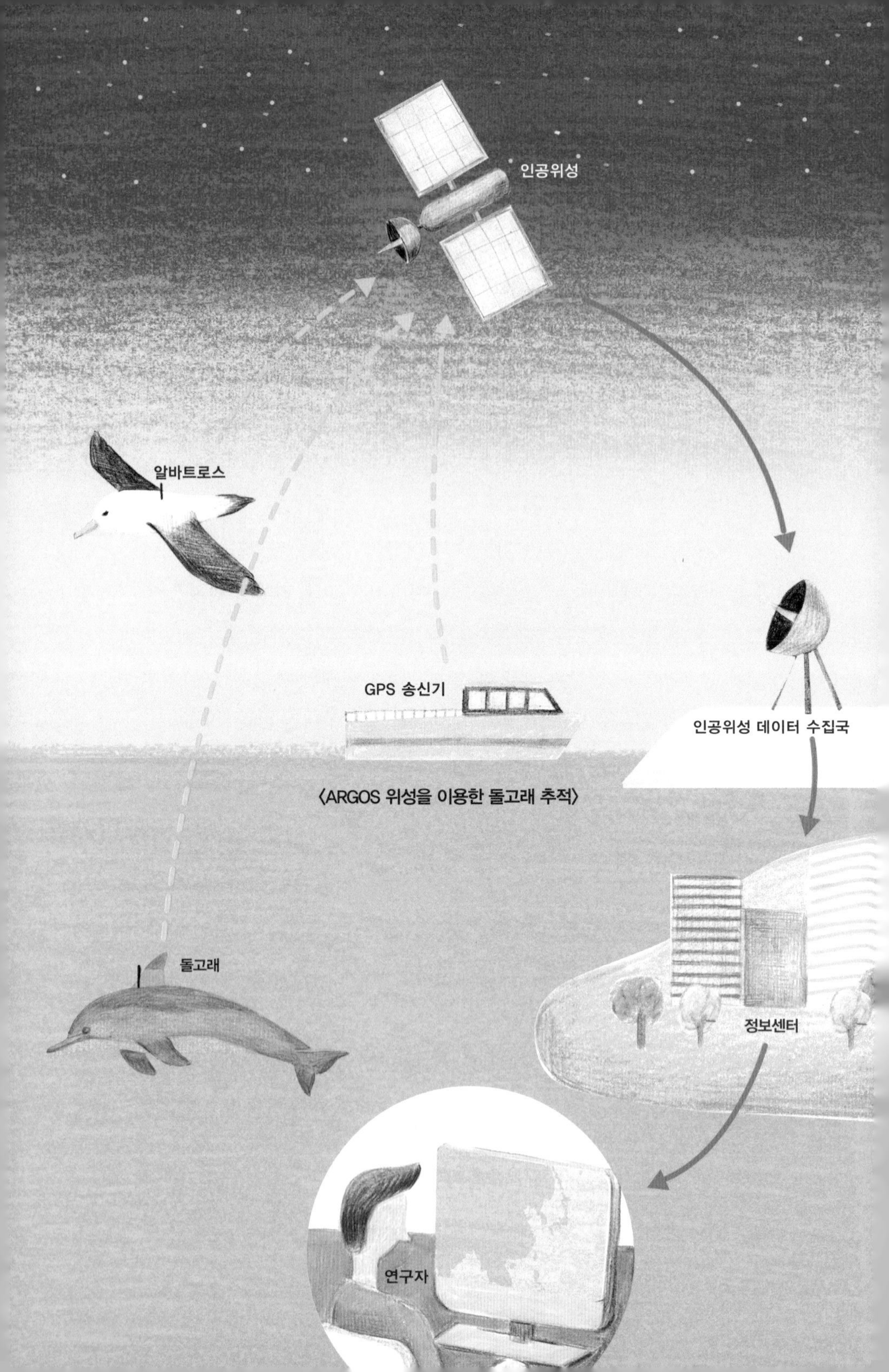

〈ARGOS 위성을 이용한 돌고래 추적〉

달리 제돌이는 첫 활어 급여 때부터 오징어, 광어 등 물고기를 쏜살같이 따라가 먹어치웠다. 시민위에게 희소식이었지만 반대로 야생방사까지 남은 1년이 하염없이 길게 느껴진 순간이었다. 제돌이는 내내 사육사, 동료 돌고래와 격리돼 수족관 내실에 갇혀 지냈다. 과학이 마련해놓은 야생방사의 제1원칙은 인간과의 접촉 차단이었다. 인간과의 감정적 연대를 제거하기 위해서였다. 제돌이는 생태설명회에도 나가지 못하고 수족관 내실에 갇혀 일주일에 두어 번 활어를 쫓아가는 재미를 보는 것 외에 하는 일 없는 신세가 됐다. 사육사들의 불만도 커졌다. 박창희 사육사는 나중에 이렇게 회상했다.

"야생적응 훈련이라고 하는데, 여기서는 아무리 해도 야생과 달라요. 활어를 갖다 주면 뭐하겠습니까? 이렇게 스트레스를 줄 바엔 빨리 밖에 나가서 뭐라도 했으면 좋겠다는 생각을 했지요."

내가 물었다.

"활어 주는 것 말고는 다른 건 없었나요?"

"웃긴 거는 다른 애들은 밖에서 생태설명회 하고 제돌이는 안에 있고…. 환경 바뀐 데 가서 훈련을 하든지 해야지, 제돌이한테 여기 있는 동안은 '그냥 여기가 바다로 생각해라' 이거잖아요."

"만약 당신이 야생적응 훈련 프로그램을 다시 짠다면요?"

"물론 맨 먼저 활어 공급을 해야지요. 그걸로 판단하는 건 맞아요. 그런데 애네들 경험 봤을 때, 활어 사냥하는 거 보고 그다음에는 방류해도 될 거 같아요. 외국 보면 배 위에 싣고 가서 먼바다에 던져주고 박수쳐요. 지금 와서 제돌이 야생방사 과정을 돌이켜보면 (긴 훈련 기간이) 좀 불필요할 수 있다는 생각도 들어요. 물론 연구 목적 때문에 다른 것을

해야 하는지는 모르겠지만."(박창희 인터뷰, 2014)

제주로의 귀향을 기다리는 동안 과학자들은 서울대공원 내실에서 제돌이의 행동을 관찰했다. 2012년 12월부터 이듬해 4월까지 다섯 달 동안 매주 사흘, 하루에 세 번씩 90분 동안 제돌이의 수족관 내 행동을 살펴봤다.

장수진 등 이화여대 연구팀은 돌고래 행동을 유영과 휴식, 사회적 행동, 기타 행동 등 네 가지로 나누고 각 행동의 지속 시간을 측정했다. 유영 행동이 45퍼센트로 가장 많이 나타났고, 사회적 행동 25퍼센트, 휴식 행동 23퍼센트, 기타 7퍼센트 등으로 나타났다. 평균 잠수 시간은 34초였으며, 1분에 평균 두 번꼴로 숨을 쉬었다. 특기할 만한 점은 없었다. 행동 분석을 마친 연구팀은 "호흡 빈도, 잠수 시간, 동조 유영 비율 등이 야생 개체군과 유사"하다고 결론 내렸다. 수면 위에서 쉬는 비율

〈제돌이의 수족관 내 행동과 야생 돌고래 행동 비교〉

행동	제돌이	야생 돌고래
숨쉬기(1분당 횟수)	1.93 ± 0.28	1~2
잠수 시간(초)	34 ± 8.69	20~40
수면 위 휴식(%)	30.48 ± 12.65	0~10
(타 개체와의) 동조 유영(%)	6.61 ± 4.09	0~40
인간에 대한 반응	0~2	-

이 전체 휴식 시간 중 30퍼센트로 야생 개체군의 참조치인 0~10퍼센트보다 훨씬 높았지만, 이것은 수족관의 좁은 특성 탓으로 보였다. 연구팀은 "유영, 호흡, 잠수 행동 등은 전반적으로 방류에 긍정적"이라고 결론 내렸다(김병엽, 2013a).

제돌이의 수족관 내 행동을 나중에 야생에 나간 뒤 행동과 비교하면 의미 있는 과학적 결과를 도출할 수 있었다. 세계적으로도 야생방사 전과 후의 행동을 비교한 연구는 지금까지 없었다. 그러나 이런 과학적 목적은 '제돌이가 밖에 나갈 수 있는 몸이 되었느냐'와는 전혀 다른 문제였다. 박창희 사육사가 지적하듯이, 오징어 먹물을 맞고 멈칫하던 제돌이가 곧바로 상황을 알아차리고 먹잇감을 쫓아갔을 때부터 제돌이는 이미 '야생의 몸'이 되어 있었다.

그런 측면에서 춘삼이와 삼팔이도 야생성을 버린 게 아니었다. 두 돌고래는 제돌이가 수족관에서 보냈던 1년을 생략하고 가두리에 합류했다. 하지만 인간을 비웃듯 바다로 나아갔고, 돌고래 무리 속으로 들어갔다.

세 마리 돌고래의 야생방사 과정에서 과연 과학이 한 역할은 무엇이었는지 나는 의문을 품어왔다. 과학은 돌고래의 몸에서 지식을 선취하려고 했지만, 결과적으로 야생방사 그 자체에 대해서 크게 기여하지 못했다. 물론 과학이 가지고 있는 권위는 야생방사를 반대하는 이들의 주장을 일축하는 무기가 되기도 했다. 그런 면에서는 과학이 제돌이 야생방사에 기여했다고도 할 수 있을 것이다. 무엇보다도 이 모든 과정에서 동물의 의지와 우연성이 과학의 예견을 앞질렀다. 과학적 방법론이 내놓은 돌고래 행동 예측보다 더 중요한 것은 자신의 몸을 움직이는 돌고래의 의지였다(Nam, 2014).

제돌이와 재회

고래연구소의 정기 모니터링에 동행한 나에게 제돌이는 자신의 몸을 보여주지 않고 있었다. 수족관에서는 인간이 원하면 언제든 제돌이를 볼 수 있었다. 그러나 지금은 그렇지 않았다. GPS가 떨어져나가면서 제주는 조용한 바다가 되었다. 제돌이가 지배했다. 돌고래가 지배하는 바다였다. 돌고래를 쫓아다니던 과학자들이 매번 '물먹고' 마는 바다였다.

고래관광업체도 돌고래와 두뇌 싸움을 벌여왔다. 제돌이와 돌고래들이 바다로 나간 김녕 앞바다에는 '김녕요트투어'라는 업체가 있다. 요트 승선 체험을 제공하는 이 업체는 '돌고래 관광'을 표방하고 있었다. 그러나 그들 역시 과학자들처럼 바다에서는 약자였다. 관광객들이 원한다고 아무 때나 돌고래를 보여줄 수는 없었다.

"제돌이 야생방사하고 나서 유명해졌어요. 손님들이 많이 오셔서 돌고래 볼 수 있느냐고 물어보세요. 왜 〈1박2일〉에도 나갔잖아요."

김광경 대표는 고래관광의 불모지인 한국에서 제주 돌고래를 알아보고 개척을 하고 있는 기업가였다. 제돌이로 남방큰돌고래가 유명해지기 전부터 그는 요트투어에 돌고래를 끌어들였다. 관찰률은 높지 않지만 그는 이것이 바다관광의 미래라는 걸 어렴풋이 알고 있었다.

"논문을 쓰신다고요? 아무 때나 오셔서 마음껏 타세요."

그가 호의를 베풀어준 덕에 나는 김녕요트투어의 요트를 타고 제돌이를 기다렸다. 김녕항에서는 오전 10시부터 저녁 6시까지 한 시간 간

격으로 김녕요트투어의 보나 1, 2호가 관광객들을 싣고 떠난다. 보통 동쪽의 월정리 해변까지 갔다가 뒤돌아 서쪽 함덕 해변을 둘러보고 오는 한 시간짜리 유유자적한 항해다. 김녕 앞바다가 제주도에서 남방큰돌고래가 가장 자주 관찰되는 곳이긴 하지만, 그들이 항상 이곳에 머무르는 것은 아니기 때문에 돌고래 관찰률은 50퍼센트를 밑돌 때가 많았다. 돌고래를 본 날짜에 스티커를 붙이는 김녕요트투어 앞 게시판에는 빈칸이 더 많았다. 제돌이와의 재회는 쉽지 않았다.

두어 번을 허탕 치고 난 후였다. 김녕의 작은 게스트하우스에서 제돌이를 영영 볼 수 없나 하고 푸념을 늘어놓고 있을 때, 휴대전화에 김광경 대표의 전화번호가 떴다.

"에너지기술연구원에서 경비를 보는 사람한테 전화가 왔는데, 돌고래 열 마리가 서쪽으로 헤엄쳐가고 있답니다."

약 5분 뒤 김광경 대표와 나는 스피드보트에서 매서운 바람을 맞고 있었다. 에너지기술연구원 앞바다(구좌읍 김녕리)는 김녕항에서 동쪽 월정리 해변 방향으로 2.5킬로미터 가면 나오는 암초 지대였다. 옛날 한라산이 폭발해 나온 용암 줄기는 바다로 흘러들어 육지 근처에서 현무암 지대를 형성했는데, 제주 사람들은 이를 일러 '걸바다'라고 불렀다. 걸바다에 거칠게 드러난 현무암 암초 덩어리가 '여礖'였다. 미역과 전복, 오분자기 등이 많이 붙은 여에서 해녀들은 곧잘 물질을 시작했고, 돌고래들도 먹이가 많은 여 주변으로 몰려들었다.

여에 부딪힌 파도가 사납게 뱃전을 쳤다. 우리가 늦었는지 돌고래 떼는 보이지 않았다. 무전기를 얼굴에 댄 채 "없어, 없어" 하고 김광경 대표가 김녕항으로 연락을 취했다. 금방까지 있었다던 돌고래는 어디로

BONA 520
LADY BONA
돌고래 출석부
5월
6월
돌고래 생태관광 김녕요트투어

간 걸까. 꼭꼭 숨어 신출귀몰하는 돌고래는 제주 바다를 무지의 심연 속으로 빠뜨리고 있었다.

이틀 뒤에는 거의 자포자기 상태에 이르렀다. 마지막으로 요트나 한번 타고 현장조사를 마칠까 싶어 오전 10시에 출항하는 '보나 1호'에 탔다. 김녕항에서 방파제의 선을 따라 나가는 즈음, 가이드인 김현선 씨가 승객들에게 설명했다.

"남방큰돌고래는 제주 연안에 사는 돌고래예요. 100마리 넘게 살고 있죠. 제주 연안에서도 바로 이 김녕 해변에서 가장 자주 관찰돼요. 그렇다고 돌고래를 항상 볼 수 있는 건 아니에요. 그래도 여러분이 지금 배를 타신 10시부터 오후 1시 정도까지 가장 많이 나타나요."

그때 선장이 소리쳤다.

"고래다!"

김녕항 쪽에 붙어서 돌고래 일고여덟 마리가 천천히 헤엄치고 있었다. 개중에는 올해 태어난 새끼들도 보였다. 태어난 지 3개월이 안 된 돌고래는 '수직의 선'이 관찰되는데, 이들한테도 그게 보였다. 어미들이 새끼들에게 수영 연습을 시키고 있는 것처럼 보였다. '자, 아이들아, 하나, 둘, 셋 하면 뛰는 거다' 하고 어미가 구령을 넣으면 새끼가 어미를 따라 폴짝 뛰는 것처럼 보였다. 아주 천천히, 조심스럽게 움직였고 그 흔적은 와이파이 기호 같은 무늬를 수평선에 남겼다. 그러나 '돌고래 유치원'을 차린 돌고래들은 좀처럼 요트에 가까이 다가오지 않았다. 선

◀야생의 아상블라주에서 돌고래야말로 핵심적인 역할을 차지한다. 그들이 나타나주었을 때 '돌고래 관광 기계'는 원활하게 돌아갈 수 있다. ©남종영

장이 말했다.

"돌고래 떼가 나오면 두 번에 한 번쯤은 보트에 따라붙어요(선수타기). 그런데 오늘 저렇게 멀리 떨어져 있는 건 아마 새끼가 있어서일 거예요. 새끼를 데리고 다니는 어미들은 될 수 있으면 멀리 떨어져 있으려고 해요."

어쨌거나 사람들은 흥분해 있었다. 전라도 사투리를 쓰는 할머니 세 분이 앉은 갑판에서도 탄성이 흘러나왔다.

"10시에 나오라고 훈련시킨 거 아니우?"

모두들 웃었다. 즐거워했다. 이 환희의 원인은 무엇일까? 살아 있는 생명체를 목격한 기쁨일까? 어떤 날것의 생명력이 주는 강력한 힘일까?

멀리서 천천히 유영하던 돌고래들은 방향을 잡은 것처럼 보였다. 아까보다 빠르게 동쪽으로 나아갔다. 새끼들도 물을 튀기며 어미들을 따라갔다. 관광객들은 약간 심드렁해진 것 같았다. 김현선 씨는 사람들에게 고래를 더 볼 건지, 낚시를 할 건지 물어봤다. 낚시를 하고 싶다는 대답이 하나둘 나왔다. 저 멀리서 김광경 대표가 모는 스피드보트가 다가왔다. 나는 스피드보트로 갈아탔다. 그가 말했다.

"11시 배를 타는 사람들도 봐야 하니까 따라가서 위치를 알아두어야 합니다."

"돌고래를 유도할 수 있나요?"

"고래들이 노느라 보트에 붙을 때도 있어요. 하지만 항상 그런 건 아니고, 고래 마음이지요. 위치 확인 차원에서라도 따라다니는 거예요."

스피드보트가 돌고래를 추적하는 사이, 11시 요트 '보나 2호'가 김녕항을 출발했다. 김광경 대표와 보나 2호의 선장이 무전기로 메시지를 주고받았다.

"지금 돌고래들이 김녕항 지나서 에너지기술연구원에 와 있어."

파도가 거셌다. 엔진을 끈 스피드보트는 해일을 넘어가는 조각배처럼 출렁댔다. 암초에 부딪혀 바닷물은 더욱 커져만 갔다.

"앗, 저기 보세요!"

김광경 대표가 소리쳤다. 동쪽 월정리 해변 쪽에서 돌고래 무리가 물보라를 일으키며 다가오고 있었다. 한눈에도 40마리가 넘어 뵈는 부대급이었다. '돌고래 유치원'과 '돌고래 부대'는 에너지기술연구원의 여 앞에서 서로 만나 섞였다. 이런 풍경은 2009년 김현우 연구원과 처음 돌고래를 목격했을 때도 본 적이 있었다. 돌고래들은 이렇게 이합집산한다. 떨어졌다가 재회하고 그러다가 헤어지고. 그때 새로 온 무리에서 '1번 돌고래'가 삐죽 솟아올랐다. 반갑다, 제돌아, 여기 있었구나! 뒤편으로 한자로 '二'자가 찍힌 돌고래도 도약했다. '2'자의 중간이 날아가 버린 춘삼이였다. 어느새 보나 2호가 와서 돌고래 떼를 둘러싸고 있었다. 김광경 대표가 소리쳤다.

"여 조심해! 너무 가까이 붙지 말고!"

돌고래들은 뾰족한 암초 지대를 뱅뱅 돌았다. 어떤 돌고래들은 무리에서 나와 보나 2호 앞에서 선수타기를 했다. 두어 마리가 선수에 바짝 붙었고 관광객은 허리를 숙여 돌고래에게 손짓을 했다. 제돌이도 그 대열에 끼어 있었다. 제돌이는 '자발적으로' 인간에게 다가왔다. '뛰어' 하고 명령하는 휘슬 소리 없이도 그는 자유의지로 점프를 했다. 피해의

식도 공포도 없는 것처럼 보였다. 자유의 몸으로 제돌이는 인간과 다시 만나고 있었다. 제돌이가 야생의 바다로 돌아간 지 1년이 되던 때였다.

야생의 아상블라주

동물원과 수족관에서 우리는 동물을 아무 때나 볼 수 있다. 인간과 동물의 '만남의 경제학economics of encounters'이 가장 효율적으로 실현되는 공간이 동물원이다. 인간에게는 동물을 보고 만지려는 욕망이 있다. 그 욕망을 가장 싼값에 언제든지 실현할 수 있는 곳이 동물원이다.

그러나 야생 돌고래 관광에서는 그렇지 않다. 이 만남의 장은 불확실성이 지배한다. 동물을 만나고 싶어도 만나지 못한다.

영국의 저명한 지리학자 폴 클록Paul Cloke과 하비 퍼킨스Harvey C. Perkins는 라투르의 행위자네트워크이론을 빌려 세계적인 고래 관광지 뉴질랜드 카이코우라Kaikoura의 사례를 분석한 적이 있다(Cloke and Perkins, 2005). 이들은 바다에서 이뤄지는 야생의 고래관광에 인간의 행위뿐만 아니라 고래관광을 중심으로 직조되는 비인간의 행위들도 개입된다고 말한다. 고래의 출현을 애타게 기다리는 인간과 그럼에도 불구하고 자신의 항로를 고집하는 고래, 고래를 쫓는 선박과 GPS 등 추적기술, 날씨와 파도, 일기예보 등 다수의 인간-비인간 행위자들human-nonhuman actors이 관계를 맺으며 '집합적인 하이브리드collective hybridity of place performance'(Cloke and Perkins, 2005: 913)를 이룬다는 것이다. 인간, 동물, 물체, 기술, 담론이 이 잡종의 그물망에 참여한다. 그 그물망이 바로 제돌이가 돌아간 '야생의 아상블라주assemblage of the wild'(Nam, 2014)다.

두 학자가 인용한 라투르의 행위자네트워크이론으로 보면 세상이 달리 보인다. 지구에서 인간만이 행동하는가? 인간만이 세계를 움직이는가? 동물은 인간의 일방적인 권력 실현장일 뿐인가? 세계는 단순히 인간에 의해서만 구성되고 만들어지지 않는다. 오히려 다양한 비인간 행위자들과 복잡한 관계를 맺고 영향을 주고받으며 유동하는 열린 네트워크에 가깝다. 두 학자는 '행위의 독보적인 주체'로서의 인간이라는 근대적 관념을 잠시 접고, 동물을 포함한 다양한 비인간 행위자들의 행위능력과 네트워크를 분석해보자고 제안한다. 어떻게 다양한 동물이 인간 제도와 행위의 그물망에 걸려 있는가, 그리고 반대로 동물이 인간 제도와 행위에 어떤 영향을 미치는가? 이것이 행위자네트워크이론으로 세상을 분석하는 동물지리학의 세계관이다(Whatmore and Thorne, 2000; Bear and Eden, 2008; Buller, 2008).

폴 클록이 카이코우라 고래관광에서 분석했듯, 고래야말로 '야생의 아상블라주'에서 핵심적인 역할을 차지한다. 인간이 아니다. 고래의 출현이 이 관광 기계의 성패를 좌우한다. 고래관광 업체와 관광객, 지역 산업을 일으키고자 하는 행정관료까지 모두 고래가 나타나길 학수고대한다. 고래가 나타나지 않으면 관광객들의 환희도, 업체의 이윤도, 지역의 부흥도 없다. 반면 수족관을 에워싸고 있는 '감금의 아상블라주'에서는 돌고래가 '항상' 나타난다. 돌고래를 가두어놓았기 때문에 애초에 '고래의 출현'이라는 문제가 발생하지 않는다. 돌고래는 항상 거기에 있다. 다만 더 좋은 스펙터클을 보여주기 위해 '먹이 지배'나 '긍정적 강화'의 기술을 동원한다.

고래 관찰률을 최대한 높이기 위해서 고래관광은 여러 기술을 동원한다. 세계적인 고래관광지와 달리 김녕 앞바다는 돌고래 관찰률이 50

퍼센트를 밑돌기 때문에 김녕요트투어는 돌고래를 '모셔오기' 위해 절박하게 분투하고 있다. 그러나 쉽지 않다. 야생 돌고래는 먹이를 줘서 길들일 수 있는 게 아니다. 아일랜드 딩글 앞바다의 외톨이 돌고래 '펑기'처럼 사회성 넘치는 친구도 없다. 돌고래는 어군탐지기에도 감지되지 않는다. 요트 선장이 말하길 "큰 물체가 쑥 지나가는" 걸로 보일 뿐이다. 우리는 그냥 이곳에 돌고래가 비교적 자주 나타난다는 사실만 알 뿐이다. 이런 상황에서 할 수 있는 건 최대한 원시적인 수단에 의지하는 것이다.

첫째, 김녕요트투어는 돌고래 목격 사실을 지역 주민이 전달해주는 체계를 만들었다. 주민에게서 제보가 오면, 스피드보트가 먼저 출동해 돌고래를 찾는다. 돌고래가 있는 지역을 확인한 뒤(내가 경험했듯이 항상 위치 확인에 성공하는 건 아니다) 관광객이 타고 있는 요트에 해당 지역을 알려준다. 둘째, 돌고래는 움직이고 있는 경우가 대부분이다. 스피드보트는 돌고래의 항로를 조용하게 뒤따르면서 매시 출발하는 요트에 현재 위치를 알려준다. 그러나 이러한 책략들마저 돌고래가 김녕에 '와주었을' 때만 실행할 수 있다. 김녕 앞바다에 일단 와준 돌고래를 놓치지 않으려는 기술일 뿐이지, 그 이상도 그 이하도 아니다(Nam, 2014).

"우리가 할 수 있는 건 그냥 돌고래를 기다리는 것뿐이에요. 외국에 돌고래 탐지기가 있다는 얘기도 들었어요. 음파를 탐지해 돌고래의 위치를 정확히 파악한다는데, 돌고래를 유인할 수 있는 기계도 아니어서, 좀 생각해보다가 그만뒀어요. 우리가 아무리 노력해도 어떤 한계가 있어요. 나타나고 안 나타나는 건 돌고래 마음 아니겠습니까?"(김광경 인터뷰, 2014)

▲월정리 해변에서 다소간 떨어진 여 앞에서 돌고래 무리를 만났다. 무리 중에서 1번 돌고래와 2번 돌고래가 떠올랐다. 제돌이와 춘삼이였다. ©남종영

감금의 아상블라주에서 돌고래는 저항하기도 하지만 어디까지나 그 공간에 구속된다. 여전히 인간이 결정하는 역할을 한다. 그러나 그렇지 않은 곳이 있다. 인간의 결정이 결정적이지 않은 곳. 바로 제돌이가 돌아간 제주 바다, 야생의 아상블라주다.

김녕 앞바다의 제돌이와 춘삼이는 여느 돌고래와 달라 보이지 않았다. 그들을 구별하는 건 등지느러미에 하얀색으로 새겨진 1번과 2번의 동결표식뿐이었다.

경쟁적으로 선수타기를 하던 돌고래들은 시간이 지나자 파도에 몸을 맡겼다. 그냥 스피드보트 주변을 빙빙 돌면서 천천히 유영했다. 아주 천천히 포물선을 그리며 수평선을 갈랐다. 더 이상 돌고래들은 격정적이

지 않았다. 높은 점프도 하지 않았다. 오랜만에 햇살 아래서 어떤 향연을 벌이는 것처럼 보였다. 어떤 돌고래는 거꾸로 누워 보트 밑으로 들어왔다. 비취색 물빛 사이로 하얀 배가 빛났다. 자유와 평화의 만남. 돌고래들은 아주 천천히 월정리 해변 쪽으로 이동했다. 빙빙 돌면서, 마치 강물에 흘러가듯이. 조류에 자신의 몸을 맡긴 것처럼 보였다. 제돌이, 춘삼이도 떠났다. 우리도 천천히 흘러갔다.

16장 

태산이, 복순이와의 약속

나는 아이처럼 울었다. 고난을 딛고 살아나서가 아니었다.
물론 고난을 극복하긴 했지만, 형제자매를 만나서도 아니었다.
사람을 본 것이 감동적이긴 했지만, 내가 흐느낀 것은 리처드 파커가
아무 인사도 없이 날 버리고 떠났기 때문이었다.
서투른 작별을 하는 것은 얼마나 끔찍한 일인가.

— 얀 마텔, 《파이 이야기》 중에서

제돌이, 춘삼이, 삼팔이가 바다로 돌아갔지만, 불법포획된 남방큰돌고래 두 마리가 아직 수족관에 남아 있었다. 퍼시픽랜드에서 삼팔이와 춘삼이가 옮겨지던 때, 서울행 비행기를 탔던 태산이와 복순이다.

태산이와 복순이는 낙망의 남방큰돌고래다. 그물에 걸리고 낙담했다. 2009년 5월 1일 복순이는 제돌이와 함께 그물에 걸려 퍼시픽랜드 수조에 갇혔다. 54일 뒤 태산이도 해순이와 함께 그물에 걸려 들어왔다. 하루 전에는 춘삼이가 끌려 들어왔다.

태산이와 복순이에게 수족관 풀장은 우울과 무기력의 액체가 가득한 곳이다. 제돌이, 해순이, 춘삼이는 살기 위해 복종을 택했다. 그러나 태산이와 복순이의 몸에서는 복종의 의지가 솟아나지 않았다. 생을 포기한 사람처럼 굶은 두 돌고래는 아주 가끔 푸석한 죽은 생선을 씹으며 연명했을 뿐이다. 제돌이가 서울대공원으로 떠난 뒤에도, 해순이와 춘

삼이가 휘슬 소리에 솟구치며 관중들을 내려다볼 때에도, 태산이와 복순이는 무기력에 빠져 있었다.

태산이는 윗부리가 잘려 있었고, 복순이는 입이 비뚤어져 있었다. 태산이는 수컷, 복순이는 암컷이었다. 퍼시픽랜드의 사육사들은 둘을 돌고래쇼에 내보내지 않았다. 얼굴이 기형이어서 관람객들의 시선을 의식했고, 이미 야생 바다에서 마구잡이로 잡아온 돌고래들이 넘쳐났기 때문에 굳이 길들일 필요도 없었다. 아홉 살 동갑인 태산이, 복순이는 수족관 내실에서 종일 시간을 보냈다. 그들의 몸은 '야생의 몸'에서 '수족관의 몸'으로 완전히 변환되지 않았다. 사람의 접근을 꺼렸고 극히 조심스러워했으며 먹이도 먹다 안 먹다 했다. 수족관에서 태산이와

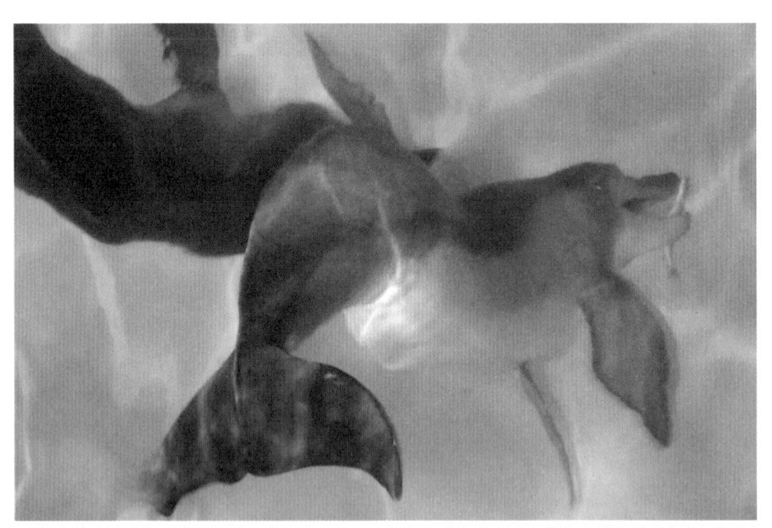

▲태산이, 복순이는 잊혀진 돌고래였다. 2014~2015년 겨울, 두 돌고래를 고향으로 돌려보내기로 한 약속을 지키기 위해 사람들이 움직이기 시작했다. '우울증 돌고래'로 불렸던 복순이가 서울대공원에서 활어 적응 훈련을 하고 있다. 2015년 1월. ©〈한겨레〉 강재훈

복순이는 '잉여'였다.

잉여 돌고래

태산이와 복순이는 인간의 수족관 생명정치에 저항했지만, 역설적으로 이러한 저항은 2013년 제돌이 야생방사로 찾아온 천금 같은 기회를 놓치게 했다. 비슷한 시기에 잡혀온 춘삼이와 삼팔이는 제돌이의 가두리에 합류해 고향으로 돌아갔다. 태산이와 복순이는 건강 상태가 좋지 않다는 이유로 서울대공원으로 옮겨졌다. 둘은 또다시 좁은 수족관 내실을 빙빙 돌아야만 했다. 제돌이와 춘삼이, 삼팔이가 떠들썩하게 바다로 돌아가고 있을 때, 태산이와 복순이를 기억하는 사람은 없었다. 둘은 제돌이의 유명세에 가려 잊혀진 돌고래였다.

조희경과 황현진은 태산이와 복순이를 생각하면, 아이스크림 하나 쥐여준 뒤 나무 밑에 버려두고 온 어린 아이가 떠오른다고 했다. 그들은 언젠가 꼭 좁은 수족관에서 둘을 꺼내 바다에 돌려보내겠노라고 약속했다. 그 말을 믿는 사람은 그리 많지 않았다. 제돌이 야생방사가 박원순 서울시장의 '정치적 이벤트'라고 생각하는 사람일수록, 태산이와 복순이를 서울대공원에 임시 수용하고 차후에 방사한다는 제돌이시민위원회의 발표를 '구두선'으로 받아들였다. 그러나 제돌이시민위의 위원들은 세간의 생각보다 진정성 있는 사람들이었다.

태산이, 복순이의 야생방사에 대해 본격적인 움직임이 시작된 건, 제돌이가 바다로 돌아간 지 1년이 지나서였다. 두 돌고래는 국가에 의해 몰수된 재산이었다. 법적으로 따져보면 일차적인 소유, 즉 관리 주체는 해양수산부였고, 서울대공원을 거느린 서울시는 태산이, 복순이를 임시로 위탁 관리하는 입장이었다. 핫핑크돌핀스와 동물자유연대는 해양수산부와 제주도에 야생방사의 필요성을 제기하기 시작했다. 태산이, 복순이를 바다로 돌려보내려면 해양수산부의 동의가 필수적이었고, 야생방사 과정에서 어촌계 섭외, 가두리 임대 등의 사전 작업을 위해서는 제주도가 도와줘야 했다.

제돌이시민위원회는 2013년 7월 야생방사를 끝으로 해체되었으나, 환경부 산하 국립생태원장으로 자리를 옮긴 최재천 위원장도 두 돌고래에 관해 관심을 놓지 않았다. 박원순 서울시장이 원희룡 제주도지사를 만났을 때, 최재천 국립생태원장도 배석했고 이때 남방큰돌고래에 대한 이야기도 나왔다. 원희룡 제주도지사는 남방큰돌고래를 이용한 생태관광에 관심을 보였고 제주도는 이와 관련한 연구용역을 발주하기로 했다. 제돌이 야생방사 때 국민적 관심을 목도한 해양수산부도 두 돌고래에 대한 야생방사에 반대하지 않았다. 비공식적으로 방사비용을 일부 부담할 수 있다고 말했다.

제돌이 때도 그랬지만 문제는 역시 돈이었다. 서울에서 제주까지 비행기를 태워 보내는 이송비만 3500만 원이 들었다. 돌고래 야생방사 건에서 동물자유연대에서 줄곧 실무를 담당한 이형주 팀장이 말했다.

"항공운송비는 우리가 어떻게든 해볼 수 있는데요, 제주에 가서도 가두리를 구하고 가두리와 육지 사이를 운항할 보트를 구하고, 이런 데 쓰는 돈이 만만치 않아요."

"그럼 어떻게 하죠?"

"정부 예산을 쓰도록 해양수산부에 압력을 넣는 수밖에 없죠."

해양수산부에서 담당 업무를 하는 해양생태과장은 자주 바뀌었다. 실컷 이야기하고 약속해놓으면 과장이 바뀌어 처음부터 다시 시작해야 한다고 시민단체는 불만이 많았다. 2014년 12월 2일 해양생태과장이 또 바뀌었지만 더는 쳇바퀴를 돌아선 안 된다고 생각했다. 태산이, 복순이가 서울대공원으로 온 지 벌써 1년 반이 넘게 흘렀다. 내년 여름 태풍이 오기 전에 두 돌고래를 내보내려면 적어도 3~4월까지는 1차 활어 급여 훈련을 마치고 제주도 가두리로 보내야 했다. 뭐든지 밖으로 공표하고 나면 추진력이 생긴다. 동물자유연대와 핫핑크돌핀스는 아래로부터 여론을 일으키기로 했다. 12월 14일 토크콘서트를 마련했다. '시민과 함께하는 제주 남방큰돌고래 방류 촉구 행사-태산이, 복순이를 바다로!'

회복

태산이, 복순이가 인간 세상 제2의 거처인 서울대공원으로 들어온 건, 친구 춘삼이, 삼팔이가 성산항 가두리로 옮겨진 이튿날인 2013년 4월 8일이었다. 서울대공원에 신입생으로 들어온 복순이, 태산이는 여느 돌고래와 달랐다. 대공원 사육사들은 그때 들어온 복순이, 태산이를 '극도로 사람을 경계하는 돌고래'로 기억하고 있었다. 나중에 사육사들에게 물어본 적이 있다.

"복순이가 처음에 잘 안 먹었다면서요?"

"먹다 안 먹다 안 먹다 안 먹다 먹다…"

'제돌이 엄마'로 알려진 박상미 사육사가 답하자, 다른 사육사가 받았다.

"굶다 굶다 지쳐 먹다… 하하하."

박상미 사육사가 웃음을 멈추고 잠깐 진지한 표정을 지었다.

"퍼시픽랜드에서 그러고 있다가 저희 집에 와서도 처음엔 그랬어요. 그러다가 점점 좋아진 거죠. 처음에는 사람한테 아예 안 왔어요. 순치가… 아무것도 안 됐다고 생각하면 돼요."

제주도에서 제돌이 가는 길을 지켜봤던 선주동 사육사가 태산이, 복순이 흉내를 냈다.

"물속에서 이렇게 쳐다봤잖아."

"그러다가 정 배고프면 쓱 먹고 가고?"

"물속에서 받아먹죠. 물속에서."

박상미 사육사가 허리를 뒤로 당기고 손을 앞으로 쭉 빼서 태산이, 복순이에게 먹이를 주는 흉내를 냈다.

"사육사가 가까이 가도 안 돼요. 손 이렇게 (물 위로) 뻗고 있으면 태산이, 복순이가 잽싸게 와서 먹고 도망가요."

"그게 몇 달이 걸렸어요?"

"1년 정도 걸렸죠. 얘네들은 훈련할 수 있는 개체가 아니니까. 우리 맘대로 과감히 (훈련)할 수 없으니까. 전 이렇게 발끝을 들고 걸어 다녔어요. (돌고래가) 물 쏘면 무서워서 도망가고."

선주동 사육사가 말했다.

"일반 돌고래는 굶기거나 하면 되는데, 얘네들은 그렇게 할 수 없는 상황이고. 저희가 (다른 돌고래처럼 기술을) 가르치려고 하는 게 아니니까. 먹이 주면 먹고, 안 먹으면 기다리고…."

"지금은 사람이 오면 돌고래가 오잖아요. 예전에는 그게 안 됐다는 거죠?"

"이제 자기를 해치는 게 아니구나, 그런 걸 어느 순간 깨달은 거죠."

경계를 풀지 않은 두 돌고래에게 세심하게 다가간다고 했지만, 신경질적이고 움츠러든 태산, 복순이가 긴장을 풀기까지는 쉽지 않았다. 거부하던 냉동생선을 시원스럽게 받아먹기까지 1년이 걸렸다.

제돌이가 떠난 서울대공원에는 돌고래가 세 마리 남아 있었다. 제주에서 불법포획되어 팔려온 남방큰돌고래 금등이와 대포 그리고 일본 다이지에서 온 태지였다. 금등이와 대포는 불법포획됐지만 공소시효가 지나 돌고래 재판에서 몰수 대상이 되지 못했다. 태지는 다이지에서 온 고향 친구를 잃어버린 상태였다.

서울대공원 무리에 들어가자 태산이에게서 그간 겁쟁이였던 모습은 사라지고 이들 사이에서 '한주먹'하는 게 발견됐다. 대포가 복순이를 쫓아다니자 태산이는 안 뺏기려고 했는지 둘 사이에 경쟁이 붙었다. 반면 복순이는 태지에게 흥미를 보였고, 태지는 관심이 없는 듯 보였다. 이상한 삼각관계였다. 선주동 사육사가 설명했다.

"돌고래를 보통 한 풀장에 합사시키면 서로 호기심을 가지고 대하거든요. 근데 태산이가 바로 공격을 해버리니까…. 그래서 바로 나눴죠. 태산이, 복순이를 안에 넣고, 다른 애들은 따로 넣고."

태산이의 기세가 세지면서 돌고래들 사이에서 원로급으로 대접받던 금등이가 밀려나기 시작했다. 수족관 안에서 다툼이 계속되면 동물들은 피할 곳이 없다. 동물원의 최대 문제점이다. 사육사들은 두 주 만에 합사를 중단했다. 퍼시픽랜드의 욕탕 같은 수조에서 고통을 겪으며 둘은 커플이 된 것일까. 그 뒤 복순이와 태산이는 정말로 무언가 표현하기 어려운 연대의 끈으로 이어진 것 같았다.

복순이가 서울대공원에 머물 때 특기할 만한 '재회'가 있었다. 잠깐 이나마 제돌이를 다시 만난 것이다. 원래 복순이와 제돌이는 장난을 떨던 10대 때 그물에 걸려 수족관 인생을 함께 시작했다. 그게 2009년 5월이었다. 제돌이는 두 달 뒤 서울대공원으로 옮겨졌고, 우울함에 빠진 복순이는 새로 들어온 태산이와 남겨졌다. 그리고 4년 만에 서울대공원에서 둘은 다시 만난 것이다. 제돌이는 이제 수족관 인생을 청산하고 바다로 나가는 상황이었고, 복순이는 고향행이 기약 없이 유예되어 서울대공원에 도착한 상황이었다.

"복순이, 제돌이가 바다에서 같이 잡혔잖아요. 그래서 친한 줄 알고 넣었는데 그렇지 않았어요. 제돌이 혼자만 있었어요."

"얼마나 오랫동안 같은 풀장에 있었나요?"

"한 달 반 정도? 안 친했어요. 생깠어요.(웃음) 복순이는 태산이 곁에만 붙어 있었죠."

짧은 인디언서머 같은 재회였다. 제돌이를 바다로 떠나보내고 나서 복순이는 말없이 좁은 풀장을 맴돌았다. 그녀 옆에는 언제나 그랬던 것처럼 태산이가 있었다.

첫 활어 급여

영하 10도의 맹추위가 서울대공원에 몰아쳤다. 귀마개를 쓰고 경보를 하는 50대 아주머니 말고는 사람을 보지 못했다. 자동차가 속도방지턱을 지날 때마다 뒷좌석 짐칸에서 철썩철썩 소리가 들렸다. 동물자유연대 활동가 김영환 씨가 말했다.

"11만 원에 열 마리 샀어요."

투명비닐 안에서 고등어 아홉 마리가 파닥거렸다. 방어 한 마리는 이미 죽었다. 가락동 농수산물시장에서 사 왔다. 2014년 12월 17일. 태산이, 복순이에게 처음으로 활어 급여를 하는 날이었다. 동물자유연대가 해양수산부에 야생방사를 압박하기 위해 자기 예산으로 활어를 주기로 한 것이었다. 제돌이 사례를 봤을 때 태산이, 복순이가 활어를 잘 먹어주면 '바다로 돌아가서 적응하는 데는 문제 없다, 그러니 정부가 결정해 예산만 투입하면 된다'고 압박할 수 있었다. 활어를 잘 먹을 수 있다는 것은 바다에 나가서 먹이 사냥을 할 수 있다는 신호다.

"오셨어요?"

사육사들은 인사를 하자마자 고등어 포대를 낑낑대며 끌고 태산이, 복순이가 있는 수족관 내실로 가져갔다.

"이제 던져볼게요."

팔딱이는 고등어가 수조로 들어갔다. 한 마리, 두 마리. 순간 작은 수조는 두 돌고래의 물장구로 난리가 났다. 고등어들은 혼비백산해 흩어졌다. 약 3~4분 동안 두 돌고래는 쏜살같이 수면으로 올라갔다가 방향을 틀어 다시 잠수하기를 반복했다. 어떻게 됐을까. 김영환 씨가 살아남은 고등어 수를 셌다.

"하나, 둘, 셋, 넷… 아홉 마리네요."

돌고래들은 단 한 마리도 고등어를 먹지 않았다. 태산이와 복순이는 잠잠해졌고 고등어는 포식자를 비웃기라도 하듯 떼를 이뤄 수족관 내실 한복판을 유영했다. 두 돌고래는 바다 먹이사슬에서 상위를 점유한 자신의 위치, 즉 제왕의 자리를 망각한 듯했다.

12월 17일 활어 급여 첫날 태산이와 복순이는 반응을 보이지 않았다. 이날 태산이와 복순이는 하루 밥을 굶은 상태였다. 그런데도 두 돌고래는 고등어로부터 멀리 떨어져 있으려고만 했다. 고등어가 무서워서 도망가려는 걸까? 그건 아니었을 것이다. 평소와 다른 인간의 행동에 경계심을 풀지 않았기 때문이다.

오히려 눈길을 끄는 건 옆에 있던 돌고래 금등이, 대포의 반응이었다. 사육사들은 수족관 내실을 반으로 가르고 그물을 쳐 태산이와 복순이를 나머지 돌고래로부터 갈라놓고 있었다. 태산이, 복순이는 내실 안에서 보호해야 했고, 금등이, 대포와 태지는 하루 세 차례 생태설명회가 열리는 주 공연장으로 통로를 통해 나가야 했기 때문이다. 그런데 낯선 물고기 침입자들에 대해 반응을 하는 건 태산이, 복순이가 아니라 그물 건너편의 돌고래들이었다. 금등이와 대포가 그물에 돌진했다. 사나운 돌고래의 몸짓에 그물은 찢어질 것처럼 위태로웠다. 박창희 사육사가 말했다.

"금등이, 대포한테도 제돌이 줄 적에 시험 삼아 활어를 던져준 적이 있었거든요. 그때 잘 먹었지요."

금등이, 대포는 야생의 바다에서 격리된 지 15년이 넘은 제주 남방큰돌고래였다. 적어도 그들은 야생의 물고기를 알아보고 있는 것처럼 보였다. 그러나 정작 수족관 감금 기간이 오래되지 않은 태산이, 복순이에게는 그런 욕망이 없었다. 태산이, 복순이는 돌아다니는 고등어에 흥미를 잃었다. 그들은 다시 물가로 다가와 머리를 내밀었다(스테이셔닝). 적막이 찾아왔다.

"우리가 뭐 하고 있지? (웃음) 고등어 구경하고 있네."

다음 날도 마찬가지였다. 사육사들이 낚시를 해서 고등어를 꺼내기도 힘든지라, 돌고래수족관은 점점 '고등어 수족관'이 되어갔다.

너무 쉽게 기대한 걸까. 활어 공급 첫날에 활어를 먹어치운 제돌이를 보고 태산이, 복순이의 미래를 낙관한 건지 모를 일이었다. 우리는 내일 다시 한 번 더 해보고 활어 공급 프로그램을 짜기로 하고, 사육사들과 헤어졌다. 서울대공원을 나서는 길, 이형주 동물자유연대 팀장이 "이미 내일이라도 나갈 것처럼 (해양수산부에) 이야기했는데…"라고 말하며 허탈한 듯 웃었다.

해양포유류학자들은 '수족관 감금 기간'을 야생방사의 여러 조건 중 가장 중요한 조건으로 판단한다. 그러나 태산이, 복순이를 보면 이것도 아닌 듯했다. 정작 태산이, 복순이는 사냥에 흥미가 없었던 반면 금등이, 대포는 그물을 찢을 듯 달려들었다. 어쩌면 돌고래의 정신적 건강 상태가 가장 중요한 것은 아닐까. 태산이, 복순이는 퍼시픽랜드에 들어온 이후 단 한 번도 수족관 생활에 적응한 적이 없었다. 그들은 공연장에 가지 못한 채 좁은 욕조에 격리되어 수년을 '맴돌면서' 살아왔다. 인간도 황량한 환경에 적응하는 이도 있고 그렇지 못한 이도 있다. 우리는 군대에 온 어떤 이들을 '고문관'이라면서 놀려댄다. 태산이, 복순이는 척박한 수족관 환경에 적응하지 못했다. 강력한 위계와 규칙적인 생활, 시공간적인 통제에 적응하지 못해 배제되는 고문관처럼, 두 돌고래는 자신의 몸을 '야생의 몸'에서 '수족관의 몸'으로 바꾸는 데 실패했다. 리처드 오배리는 태산이, 복순이처럼 무기력에 빠진 현상을 '돌고래 우울증captive dolphin depressed syndrome'[1]이라고 부른다. 내가 말했다.

"우울증이 아니라 정신분열증까지 간 건 아닐까요. 아무 의지도 없는 상태, 그저 똑같은 행동만 반복하는…. 길을 잃은 치매 노인처럼, 틱 장애를 앓는 소년처럼."

전망이 없어 보이자 사육사들은 고등어를 손으로 꺾어 반쯤 기절시킨 뒤 냉동생선인 것처럼 모른 척 입에 넣어주기로 했다. 셋째 날, 처음으로 태산이에게서 반응이 왔다. 그날 사육일지에는 이렇게 기록되어 있다.

'고등어를 입에 넣어주자 복순이는 뱉고 도망가고, 태산이는 두 마리를 삼키기는 했지만 당황하고 놀란 듯 보임.'

넷째 날, 복순이도 반응했다.

'태산이, 복순이 고등어를 입에 물고 있다가 삼킴.'

냉동생선을 주듯이 스테이셔닝한 자세에서 넣어주어야 했다. 냉동생선인 줄 알고 먹었겠지만, 그래도 의미 있는 진전이 되기를 바랐다. 푸

▼

1 수의학은 동물에게 '정신 질환'을 판정하지 않는다. '행동 장애'로 판정할 뿐이다. 정신 질환은 주관적인 고통을 호소하는 환자와 의사의 커뮤니케이션을 통해 판정하는데 동물에게는 그것이 불가능하기 때문이다. 여기에는 감정이나 자의식이 없다고 생각하는 인간의 동물에 대한 편견도 한몫한다. 하지만 돌고래나 영장류 등은 거울실험 등을 통해 자의식이 증명됐고 다른 개체와 밀접한 상호작용을 하는 등 고도의 사회생활을 한다는 점에서 인간과 비슷한 형태의 우울증을 겪을 수 있다고 생각하는 게 합리적이지 않을까. 다만 현재의 과학이 증명하기 힘들 뿐이다. 인간-동물의 우울증을 연구하는 올리버 버튼Oiver Berton 같은 학자는 동물의 경우 쾌감의 상실, 즐거워하는 활동의 빈도 감소, 타 개체와의 상호작용 감소 등으로 우울증이 나타난다고 말한다(Ingber, 2012).

석푸석한 죽은 생선에 익숙해진 돌고래의 혀가 팽팽한 활어의 식감을 기억해내기를 바라면서.

고등어 실종 사건

약 한 달 뒤인 2015년 1월 20일 다시 서울대공원에 갔다. 중간 점검 차 노정래 서울대공원 동물원장과 동물자유연대의 조희경 대표도 와 있었다. 김영환 활동가가 말했다.

"지난주 수요일에 헤엄치는 고등어를 처음 쫓아가 잡아먹었어요. 처음에는 활어를 주면 뱉었는데, 살아 꿈틀거리는 것도 받아먹기 시작하더니, 멀리 던져주니까 쫓아가서 잡아먹은 거예요."

열네 번째 활어 급여 끝에 성취한 변화였다. 수족관 내실에서는 여전히 일군의 고등어 떼가 유영하고 있었다.

"다 먹는 건 아니고요. 기존에 사는 고등어들은 잘 안 건드리더라고요. 어제까지 일곱 마리 남아 있었어요."

복순이, 태산이가 적극성을 보인 건 활어 급여 열흘째가 지나서였다. 열넷째 날 복순이가 4~5미터 거리의 고등어를 추적해 사냥에 성공한 데 이어, 열다섯째 날 두 돌고래는 각각 다섯 마리씩 쫓아가 먹는 야성을 과시했다. 사육사들이 산 고등어를 풀어놓기 시작했다. 태산이, 복순이가 움직이기 시작했다. 날쌔지는 않았지만 적어도 쫓아가고는 있었다. 한 달 전과는 아주 다른 상황이었다. 태산이, 복순이의 몸에 근육과 끈기가 붙어 있었다. 돌고래의 부리 끝에서 고등어의 은빛 비늘이 반짝였다. 사냥에 성공한 것이다. 1분 만에 태산이는 팔딱이는 고등어를 질겅질겅 씹어 먹었다.

반대편에서 금등이, 대포는 여전히 계속 그물을 치받으며 태산이와 복순이가 먹는 고등어에 욕심을 냈다. 동물단체가 금등이, 대포도 내보내자고 할까 봐 서울대공원 쪽에서는 신경이 쓰였던 거 같다. 유미진 해양관 팀장이 농담을 던졌다.

"혹시 이상한 소리 하지 마세요."

조희경 대표가 농담을 받았다.

"이상한 소리 하려면 벌써 했어. 제돌이 때부터 봤으니까. 그러려면 그때 얘기했지."

이튿날 오후에는 신기한 일이 벌어졌다. 선주동 사육사가 말했다.

"오전에 있던 고등어 떼가 갑자기 사라졌어요."

"어떻게 된 거죠?"

"시체가 발견되지 않았으니, 이놈들이 잡아먹은 게 틀림없죠."

이날 오후에 고등어 열 마리를 다시 풀어놓았다. 태산이와 복순이는 빠른 속도로 고등어를 쫓아가 모두 잡아먹었다. 복순이는 활어를 입에 물고 2분 동안 돌아다니는 장난을 치기도 했다. 김영환 활동가가 기록한 사육일지는 "태산이와 복순이는 모두 빠르게 수영하여 물고기를 쫓아갔고, 활력이 떨어져 바닥에 떨어져 있거나 낮게 유영하는 물고기도 모두 사냥했다"(동물자유연대, 2015)고 기록하고 있다.

이튿날에는 열 마리 더해 스무 마리를 풀어놓았다. 다 쫓아가 잡아먹었다. 사육사들도, 활어를 가져다준 동물자유연대 활동가들도 신이 났다. 이튿날에는 욕심을 내보았다. 열 마리 추가해 서른 마리를 풀었다. 그런데 이게 웬일인가. 이번에는 아무 일도 없었다는 듯 손도 대지 않았다. 돌고래수족관은 다시 고등어 떼가 몰려다니는 '고등어 수족관'이 되었다.

한 달 뒤인 2월 23일, 스물일곱 번째 활어 급여 때 서울대공원에 찾아갔지만, 복순이와 태산이는 먹잇감에 소극적인 태도를 바꾸지 않고 있었다. 활어를 주려고 사육사가 다가가면 태산이는 멀찍이 물속에서 흘끗 바라봤다. 복순이는 바닥에 물고기를 쳐서 고쳐 잡고 삼키는(복순이는 입이 비뚤어져 있다) 등 반응하긴 했지만 예전보다 소극적이었다.

왜 태산이와 복순이는 태도를 바꾼 걸까? 인간이 갑자기 베푸는 활어에 모종의 경계심을 느꼈을까. 어차피 기다리면 다음 끼니때 편하게 냉동생선을 먹을 수 있으니 기다리는 걸까. 아니면 사육사들과 '밀당'을 하는 걸까. 알 수 없었다. 확인 불가능한 추측만 할 수 있을 뿐이었다.

제돌이의 경우, 활어 급여 프로그램을 시작하자마자 사냥감을 쫓아가 냉큼 잡아먹었다. 그래서 '야생방사 프로그램이 없었어도 바다에 나가서 잘 적응했을 것'이라는 후일담이 관계자들 사이에서 회자될 정도였다. 그러나 태산이, 복순이는 굶주린 사냥꾼처럼 마구 쫓아가 잡다가도 고등어 수족관이 되도록 먹을거리를 마냥 놔두기도 했다. 제돌이 야생방사 프로그램의 실무를 맡았던 박창희 사육사가 말했다.

"어쨌든 복순이, 태산이가 활어를 훌륭하게 사냥할 줄 안다는 게 중요해요. 야생에 나가서 상황이 되면 예전처럼 잡아먹을 수 있을 거예요."

복순이와 태산이를 키운 퍼시픽랜드 사육사 출신인 고정학 이사에게도 전화를 걸어 물어보았다.

"죽은 걸 먹다가 살아 있는 걸 보면 당연히 경계를 합니다. 먹잇감으로 보는 게 아니라 경계 대상으로 보는 거죠."

"야생에 있을 때 고등어를 먹었을 텐데요?"

"제주 바다에 있을 때 전갱이를 먹었는지, 넙치를 먹었는지 어떻게 압니까? 그게 주식이 아닐 수도 있죠. 그래도 자연에 나가서 배고프면 먹을 겁니다. 다만 얘네들이 신체 조건이 좋은 편이 아니라서 그런 부분이 우려되고…."

두 돌고래가 주춤하는 사이, 해양수산부가 예산을 투입하기로 최종 결정하면서 야생방사는 급물살을 탔다. 해양환경관리공단이 가두리 선정 등 행정 실무를 맡기로 했으며, 고래연구소가 방사 전 건강 상태 체크, 가두리 내 먹이 공급 및 모니터링 등을 주도하기로 했다. 두 차례의 민관위원회를 열어 동물자유연대와 핫핑크돌핀스 등의 의견을 들었지만, 제돌이 때처럼 민관위원회에 야생방사를 주도하는 역할을 주지는 않았다. 최종 방사 전에 환경 적응을 하게 될 임시 가두리는 함덕 앞바다 정주항으로 정해졌다. 제주로 돌아가는 날은 5월 14일이었다. 거기서 한두 달을 머문 뒤 태풍이 오기 전, 최종의 자유가 태산이와 복순이를 기다리고 있었다.

"제주 갈 때까지 안 먹으면 껄쩍지근한데."

"그래도 먹을 줄 모르는 건 아니잖아요."

제주로 돌아가기까지 태산이와 복순이는 먹다가 안 먹다가를 반복했다. 사육사들은 돌고래들이 이미 상황을 다 파악한 거 아니냐고 말을 했다. 어차피 하루 이틀 참으면 먹기 편한 냉동생선이 나오는데, 뭐. 그러나 그것도 모를 일이었다. 과학이 돌고래에 대해 아는 건 많지 않았다. 돌고래는 과학으로 쉽게 표준화되지 않았다.

또 하나의 생명

5월 14일, 태산이와 복순이가 제주 바다로 돌아가는 날은 제돌이 때도 그랬듯이 '장날'이었다. 수십 군데 신문, 방송이 아침부터 서울대공원에서 진을 쳤고 인천공항 활주로까지 나가 전송한 뒤 제주공항에서 영접했다. 두 돌고래가 원형의 가두리 바다에 빠지는 걸 보며 박수를 쳤다. 좋은 장면을 따는 대열에서 배제되지 않을까 하는 기자들의 무질서와 소란 속에 복순이는 눈물을 흘렸다.

고향에 돌아온 복순이가 감격해서라고 문학적 수사를 덧붙이는 사람도 있었지만, 오랜만에 본 태양광에 눈이 부셔 흘리는 눈물이라고 과학자들은 설명을 덧붙였다. 물속에서 대부분 시간을 보내는 돌고래에게 위험한 건 짙은 자외선이었다. 이날 두 돌고래도 그랬듯이, 육상 이송 과정 중에 종종 화상을 입기도 했다.

해양수산부는 이날 보도자료에서 "복순이, 태산이의 성공적인 방류는 최근 제기되고 있는 동물복지와, 인간과 동물의 공존에 대한 국민적 관심을 끌어내는 계기가 될 것"(해양수산부, 2015b)이라고 밝혔다. 이것은 상징적인 선언과도 같았다. 남방큰돌고래 야생방사가 단순히 불법을 바로잡고 멸종위기종을 보전한다는 목적(제돌이, 춘삼이, 삼팔이 야생방사의 목적은 이것이 컸다)을 넘어, 야생동물 관리에서 동물복지적 관점을 국가사업에 수용하겠다는 것이었기 때문이다. 우리나라 야생동물 정책은 동물 개체를 하나의 집합적인 '종'으로 보고 종을 보전하겠다

▲제주 함덕의 정주항에 도착한 태산이, 복순이는 크레인으로 들어 올려져 가두리를 향한 배로 옮겨졌다. 아마도 가장 높은 곳에 서본 경험이리라. 2015년 5월. ©〈한겨레〉 강재훈

는 것이었지, 개체 하나하나의 고통과 행복, 삶의 질과 같은 복지를 고려한 적은 없었다.

동시에 돌고래 전시공연에 관한 법제의 개정도 진행되고 있었다. 현행 '고래 자원의 보존과 관리에 관한 고시'에서는 전시나 공연, 교육 목적으로 쓸 경우 정부 허가 아래 돌고래를 포획할 수 있게 되어 있었다. 1997년 서울대공원과 해양수산부 등 정부기관이 돌고래 생포를 추진했을 때 생긴 조항이었다. 실제로는 법적 허가를 받고 포획이 성공한 적이 없어 사문화되긴 했지만, 동물단체는 불행의 씨앗을 없애기 위해 끊임없이 이 조항을 완전히 삭제하라고 요구해왔다. 남방큰돌고래 불법포획 사건이 불거진 뒤 퍼시픽랜드가 2012년 동해에서 낫돌고래를 공연용으로 포획하겠다고 신청서를 낸 바 있었기 때문이다(남종영, 2012a). 당시 여론 때문에 해양수산부는 신청서를 만지작거리다가 반려하긴 했지만, 불씨는 언제 타오를지 몰랐다. 퍼시픽랜드 등 일부 수족관은 일본 다이지에서 큰돌고래를 1억 원가량을 주고 사 오느니, 우리 바다에 사는 돌고래를 잡아다 순치시키면 외화를 아끼는 것 아니냐는 주장을 펴고 있었다. 그러나 해양수산부가 나서 돌고래를 야생방사하는 마당에 앞으로 전시공연용 포획이 허가되기란 쉽지 않은 일이었다.

오후 늦게 취재진이 썰물처럼 빠져나가자, 함덕 앞바다의 가두리에서는 복순이, 태산이가 물장구를 치는 소리만 희미하게 메아리쳤다. 앞으로 바다로 나가기까지 두 달은 고래연구소가 복순이, 태산이를 돌볼 참이었다. 행동 변화를 눈으로 보고 기록하는 한편, 가두리에 녹음 장비를 설치해 두 마리의 수중음향도 체크했다. 야생 개체들이 주변을 지나갈 때 어떻게 교감하는지 알아보기 위해서였다. 가두리에서 활어 급여, 건강 체크 등 기본적인 케어를 연구원 두 명이 맡았고, 서울대공원 사육사들은 초기 2주 동안 살펴보다가 철수하기로 했다. 여전히 꺼림칙한 점은 두 돌고래가 서울대공원에서 활어를 잘 먹다가도 어느 순간 뚝 끊었다는 것이었다. 안용락 고래연구소 연구원이 말했다.

"성격에 부침이 많아서 그런데, 잘 적응할 거로 생각해요. 정 안 되면 시설로 다시 보내야 하는 거고…. 최종 야생방사 결정 기준을 보고 판단해야지요."

제주 바다의 상황은 일단 순조로운 것처럼 보였다. 자유가 한 발짝 다가왔다는 것을 알아차렸을까. 수족관에서와 달리 태산이, 복순이는 경계를 풀고 활어를 잡아먹기 시작했다. 그러나 청천벽력 같은소식이 전해졌다. 복순이가 유산을 했다는 것이었다.

태산이, 복순이가 가두리로 옮겨진 지 꼭 일주일 하고 하루가 더 된 날이었다. 더 자세히 알아봐야 했다. 제주 함덕 현지에 있는 손호선 연구관에게 전화를 걸었다.

"우리가 11시 반쯤 가두리에 갔어요. 그때 출산하고 있는 걸 발견했지요. 우리가 없는 게 좋겠다고 해서 서둘러 빠져나온 거예요. 그리고 다시 오후 3시에 가봤는데, 이미 출산이 완료된 상태였습니다. 새끼는 죽어 있었고요."

"태어난 뒤 죽은 건가요?"

"그걸 모르겠어요. 내일 건질 수 있으면 건져서 봐야죠. 죽어서 나온 건지, 나와서 죽은 건지. 부검해보면 차이를 구분할 수 있겠죠. 지금은 굉장히 스트레스를 받아서 가까이 갈 수 없어요."

연구원들이 죽은 새끼를 건져오지 못하는 이유는 복순이의 행동 때문이었다. 복순이는 자꾸 가라앉는 새끼를 절박하게 물 위로 띄웠다. 이미 죽었어, 그래봤자 소용없어. 그러나 연구원들이 다가가려고 하면 할수록 복순이는 새끼에 집착했고 태산이는 인간을 경계하며 뱅뱅 돌았다. 복순이는 결사적으로 새끼를 수면 위로 들어 올렸다. 죽은 새끼를.

필드에서의 이런 경험은 고래연구소도 처음이었다. 손호선 연구관이 담담하게 말했다.

"얼른 와서 논문 검색하니까, (죽은 새끼를 포기하는 데) 시간이 오래 걸리는 애들도 있고….”[2]

복순이, 태산이의 야생방사를 추진했던 시민단체나 고래연구소 모두 예상치 못한 사건이었다. 남방큰돌고래는 임신해도 맨눈으로 명백히 구별되지 않는다. 서울대공원에서 제주로 이송되기 전 채혈 검사를 했지만, 임신 항목이 따로 있지는 않았다. 사람들 모르게 임신이 되어 있었고 비행기를 타고 온 스트레스가 죽음의 원인으로 작용했다고 생각할 수밖에 없었다. 제주로 내려온 복순이는 약간의 변덕이 있었지만, 활

▼

2 어미 돌고래가 갓 죽은 새끼를 들어 올리는 행동은 해양포유류 학자들에게 자주 목격된다. 2008년 미국 텍사스 주 사우스파드레South Padre 섬의 라구나 마드레 베이Laguna Madre Bay에서 같은 행동이 동영상(https://youtu.be/C8BR0iMB14Y)으로 기록됐다. 비슷한 행동을 장수진 연구원도 목격한다. 2014년 10월 2일 서귀포항과 법환 포구 일대에 죽은 돌고래를 떠나지 않고 사체를 계속 들어 올리는 돌고래가 있다는 어민의 제보를 받고 장수진 연구원은 이 돌고래를 따라다녔다. 이미 사흘 전부터 어민에게 목격됐고, 사람이 다가가면 격렬하게 반응하면서 휘슬음도 냈다고 한다. 이튿날에도 돌고래는 사체를 떠나지 않았는데, 주변에서 리핑leaping이 관찰됐다. 점핑jumping과 달리 배를 드러내놓고 뛰는 행동인데, 처음에는 다른 제3의 돌고래인 줄 알았다. 그러나 알고보니 그 돌고래가 죽은 돌고래를 세게 쳐올린 것이었다. 한 어선이 다가가서 방해를 할 때도 그 돌고래는 인간을 피해 사체를 배 뒤쪽으로 끌고 가 격렬하게 쳐올리는 행동을 보였다. 결국, 해경이 고무보트를 타고 도착해 사체를 인양했는데, 돌고래는 밧줄에 끌려가는 사체를 쫓아 접안 장소까지 따라왔다고 한다. 수심 30센티미터 미만인 위험한 지점까지 접근한 돌고래는 “시멘트 제방 앞에서 거친 숨을 몇 번 내뿜더니 시야에서 사라졌다.” 당시 상황을 장수진 연구원은 이렇게 기록했다. “그 큰 돌고래는 어디로 갔을까. 누구였을까. 그는 사체가 이미 죽었다는 걸 몰랐을까. 속사정이 어떤지 정확히는 모르지만, 그 행동은 인간과 참 비슷해 보였다. 그리고 인간과 비슷한 감정에서 비롯한 게 아니라면 저런 행동을 하는 이유를 아직은 못 찾겠다. 에너지만 소모하고, 생존에도 번식에도 아무 보탬이 안 되는 쓸모없는 행동을.”(김준영, 장수진, 2015; 장수진, 김준영, 2016)

어를 그럭저럭 먹고 살아왔다. 그러나 그날 아침은 먹지 않았다. 아마도 출산이 임박해서 먹지 않았을 것이다.

나는 옛날 자료를 뒤적이다가 복순이에게 과거에도 이런 사건이 있었음을 발견했다. 약 3년 전이었다. 동물자유연대 등이 제기한 돌고래 공연금지 가처분 소송 재판 과정 중에 퍼시픽랜드가 낸 서류에는 복순이가 2012년 6월 26일 새끼 한 마리를 낳았다고 기록되어 있었다. 복순이가 낳은 것은 딸이었고, 그날 태어나 그날 죽었다(퍼시픽랜드, 2013a). 서류에는 죽은 새끼가 동남수산 창고에 보관되어 있다고 기록되어 있었다.[3] 확인할 수는 없지만 아마도 태산이가 아버지였을 것이다. 둘은 욕실 같은 수조에서 내내 붙어 있었으니까.

고향 제주 앞바다에 돌아오자마자 죽은 새끼를 살려내기 위해 절박한 물질을 해야 했던 이 사건은 나중에 '사산'으로 판명됐다. 죽은 복순이의 새끼를 부검해보니, 폐에서 호흡한 흔적이 나타나지 않았다. 이미 죽어서 태어난 것이다. 복순이가 바다 위로 들어 올릴 때 생긴 생채기만 새끼의 몸에 남아 있었다.

역설적이지만 복순이의 사산은 그의 자유와 맞바꾼 것인지 몰랐다.

▼

3 퍼시픽랜드가 재판부에 낸 '퍼시픽랜드 개관 이후(1986) 돌고래 사육현황'을 보면, 반입 장소가 '본관'이라고 써진 개체가 있다. 수족관에서 번식돼 나온 개체들이다. 고정학 퍼시픽랜드 이사는 2014년 6월 17일 인터뷰에서 이렇게 말했다. "우리가 다섯 번 출산했어요. 사산도 다섯 번 정도 한 것 같아요. 처음에 얘네들이 단명하더라고. 연구하고 처방하고 그러니까 좀 장기적으로 가더라고요. 수족관에서 태어난 돌고래들은 어릴 때부터 이 환경에 있었으니까 어미가 하는 거 보고 스스로 종목 소화해내고 그래요." 퍼시픽랜드에서 태어난 개체는 세상, 죠이, 미돌, 장군, 똘이였다. 인터뷰 뒤인 2015년 7월에는 남방큰돌고래 비봉과 큰돌고래 아랑의 새끼 '바다'가 태어났다.

결과적인 이야기지만, 복순이의 임신이 사전에 발견됐다면 그의 야생방사는 미뤄졌을 것이다. 그럼 또 1년을 기다려야 했다. 시민단체의 끈질긴 요구 끝에 정부가 내린 야생방사 결정은 상황에 따라 언제든 변할 수 있었다. 복순이는 아픔을 딛고 나아가야 했다. 출렁거리는 바다 위로 1분에 한두 번씩 복순이가 뛰어올랐다.

태산이와 복순이는 바닷물을 접한 뒤 급속히 회복됐다. 사람으로 치자면 몸 전체를 둘러싼 숨 쉬는 공기가 달라진 것이었다. 활어를 안 먹는 날이 거의 없게 됐고 움직임도 눈에 띄게 활발해졌다. 두 돌고래는 이제 활어가 들어오면 움직이는 애들은 일단 놔두고 가두리 그물망으로 빠져나가려는 애들(그물망이 넓어 작은 물고기들은 빠져나가기도 했다)부터 먼저 잡아먹을 정도로 사냥 전략을 익혔다.

야생방사를 한 달 앞두고는 놀랄 만한 일들이 벌어졌다. 6월 6일 가두리 근처로 옛 동료 남방큰돌고래들이 방문한 것이다. 고래연구소는 이 영상을 드론을 띄워 버드아이뷰로 잡았다. 약 30마리의 남방큰돌고래 떼가 북쪽 먼바다에서 가두리 주변으로 다가왔다. 개중에는 '1번 돌고래' 제돌이도 있었다. 제돌이는 2년 전 제주 바다로 돌아왔고 복순이는 남겨졌으나, 이제는 야생의 바다에서 그물을 사이에 두고 재회한 것이다. 두 돌고래는 그렇게 만남과 헤어짐을 반복했다.

제돌이 말고도 몇 마리 돌고래들이 다시 가두리 바깥 그물에 바짝 붙어 한 바퀴 돌았다. 태산이, 복순이, 적어도 같은 남방큰돌고래의 존재가 그물 너머에 있음을 확인한 게 분명해 보였다. 덩달아 가두리 안의 태산이, 복순이도 바빠졌다. 둘은 유난히 빠른 움직임을 보이며 가두리 그물 쪽에 붙어 왔다 갔다 했다. 해양수산부는 이 신기한 광경을 "답례하듯이 격렬한 몸짓과 점프 등의 반응을 하며 서로 교감하는 모습을 보여주었다"(해양수산부, 2015a)고 표현했다. 6월 11~12일 열린 민관방류위원회는 방류가 가능한 것으로 판단했다. 태산이, 복순이의 기형과 장애, 불안정한 심리 상태는 문제가 되지 않았다. "가장 좋은 처방전은 역시 자연"(해양수산부, 2015a)이었다. 모든 준비가 다 된 것처럼 보였다. 돌고래가 바다로 돌아가는 날에 서광이 비치고 있었다. 이제 감동적인 재회만 남은 셈이었다.

드디어 자유 [4]

제돌이가 바다로 나간 날과 태산이, 복순이가 바다로 나간 날의 공통점이 있다. 인간이 허둥댔다는 점이다. 사람들은 거창한 마술쇼 같은 걸 기대하고 무대를 차려주었지만, 돌고래들은 고별공연을 내팽개치고 사라져버렸다. 아니, 마술쇼가 있긴 했다. 돌고래가 공룡만큼 컸다면, 만리장성을 사라지게 한 데이비드 카퍼필드의 마술쇼 정도는 됐을 것이다.

원래 이 공연은 돌고래가 인간이 풀어준 그물을 통과해 드넓은 야생바다로 나아가는 순간에 클라이맥스를 이루어야 했다. 코미디언 사회자의 해학과 관중들의 진지한 국기에 대한 경례, 해양수산부 장관의 축사와 유공자 표창까지 그 순간을 위해 존재했다. 인간이 그물을 열어주면, 기다리던 돌고래가 나간다. 영화 〈쇼생크 탈출〉에서 탈옥에 성공한

4 태산이, 복순이의 야생방사 풍경은 〈한겨레〉 2015년 7월 11일 '국기에 대한 경례도 않고 돌고래는 떠났다'(남종영, 2015a)를 수정·보완해 썼다.

죄수가 두 손을 들고 자유의 비를 맞는 것처럼, 수년간의 수족관 생활을 청산한 돌고래가 힘차게 꼬리를 치며 바다로 나아가는 모습을 사람들은 기다렸다. 물론 자유는 인간을 위대하게 하는 서사다. 그렇다면 동물의 자유란 무엇일까. 자유의 서사는 동물도 위대하게 할까. 어떻게 이 공연은 실패에 이른 것일까.

태산이와 복순이의 야생방사는 몇 번 연기됐다. 들리는 얘기에 따르면 유기준 해양수산부 장관이 참석을 꼭 원해서 일정을 맞추려 하다 보니 그렇게 됐다고 한다. 처음에는 2015년 7월 2일이나 3일로 하려던 게, 일요일인 7월 5일로 바뀌었다. 주말 일정이 유동성이 없어 가장 좋았기 때문이라는데, 야생방사일은 또다시 이튿날 월요일로 바뀌었다. 갑자기 장관의 국회 일정이 생겼기 때문이었다.

7월 6일 오후 3시, 해양수산부가 붙인 공식 명칭 '남방큰돌고래(태산, 복순) 자연방류 기념행사'가 열렸다. 두 돌고래가 야생적응 훈련을 받는 가두리가 보이는 제주시 함덕리 정주항 방파제는 오전부터 서울에서 내려온 취재진과 관계자, 지역 주민들로 북적였다. 유기준 해양수산부 장관이 차량에서 내리자, 기자 30여 명이 에워쌌다. 즉석에서 인터뷰 분위기가 형성됐고, 나는 밑으로 파고들어 물었다.

"고래 고시(고래 자원의 보존과 관리에 관한 고시)에 전시공연용 포획을 정부 허가하에 할 수 있다고 나오는데, 어떻게 하실 건가요?"

"그런 조항이 있는 건 사실입니다. 오늘 방류 행사와 자연과의 교감을 위해서 그 고시는 사문화된 조항으로 보셔도 되고요. 그대로 두면 안 되기 때문에 이른 시일 내에 고시를 개정하도록 하겠습니다."

서울대공원에 있는 금등이, 대포가 떠올랐다는 듯 다른 기자가 물었다.

"공소시효 때문에 방류가 안 된 돌고래가 있습니다. 이런 돌고래들에 대한 계획은 어떻습니까?"

"한번 그런 사례가 있는지 살펴보고 오늘 같은 행사와 자연적응 훈련을 통해 자연으로 잘 돌아갈 수 있도록 노력하겠습니다. 해양수산부가 지속적으로 그런 사례가 발생하지 않도록 하겠습니다."

오늘의 주인공은 누가 뭐래도 돌고래였지만, 행사는 사람이 주인공인 정부 행사의 전형적인 식순으로 진행됐다. 200여 명이 참석했다. 방명록이 준비됐고 초청 귀빈들이 맨 앞에 앉았다. 대형 전광판에 휘날리는 "자랑스러운 태극기" 앞에서 "충성을 다짐"한 뒤 시작된 행사는 내빈 소개와 경과보고, 장관 축사와 야생방사 '유공자' 표창으로 이어졌다. 다른 게 있다면 사회자가 한국방송 〈6시 내고향〉으로 유명한 코미디언 조문식 씨였다는 점이다. 그의 해학과 익살스러운 입담 덕에 구경나온 함덕 주민들은 행사장을 떠나지 않았다.

방파제의 행사가 끝나고, 사람들은 배를 타고 가두리로 향했다. 서울대공원에서 이송된 태산이와 복순이가 헤엄치고 있었다. 사회자가 농담을 던지며 분위기를 이끌었다.

"마지막으로 장관님께서 사비를 털어서 만드신 특식, 돌돔을 주도록 하겠습니다. 태산아, 복순아, 많이 무욱~어라."

'장도壯途의 오찬'(해양수산부 자료상 명칭)이었다. 장관을 필두로 귀빈 8명이 양동이를 들어 그 안에서 펄떡이는 돌돔 수십 마리를 가두리 안으로 쏟아부었다. 행사는 절정을 향해 치닫고 있었다. '테이프 커팅' 대신 그물을 열어주면 됐다. 태산이, 복순이가 그곳으로 나갈 터였다.

3시 50분. 장관과 귀빈이 그물의 매듭을 풀고 사회자가 카운트다운을 했다. "태산이 복순이가 고향으로 갑니다. 고향으로, 하나, 둘, 셋!" 그물 문이 열렸다.

3시 54분. 아무 일도 일어나지 않았다. 태산이, 복순이는 여전히 가두리 안에 있었고 가끔 물 위로 튀어나올 뿐이었다. 돌고래가 나가지 않자 수군거리기 시작했다. 반대쪽 사람들이 그물을 끄집어 올리면서 돌고래들을 '자유의 문' 쪽으로 몰기 시작했다. 10분이 흘렀는데도 아무 소식이 없었다. 그때 한 사람이 뒤쪽 수평선을 가리키며 소리쳤다.

"야생 돌고래다!"

실눈을 뜨고 수평선을 바라봤다. 북서쪽 약 1킬로미터 떨어진 지점에서 돌고래가 솟구쳤다.

"야생 돌고래가 또 마중을 나와주었구나."

누군가 감동을 한 듯 소리쳤다. 지난달에는 제돌이를 포함한 남방큰돌고래 30마리가 가두리 주변을 헤엄쳤고, 이날 아침에도 남방큰돌고래 떼가 지나간 터여서, 사람들은 잔뜩 기대에 부풀어 있었다.

이제 태산이, 복순이는 나가서 그들과 감동적으로 재회하기만 하면 됐다. 그런데 부산한 바깥과 달리 가두리 안은 바닷물만 넘실거릴 뿐 아무 소식이 없었다. 그때 누군가 의문을 제기했다.

"나간 거 아냐?"

잠수부들이 물 안에서 여기저기를 찾기 시작했다.

"없어?"

한 잠수부가 솟구쳐 답했다.

"없어요."

10분이라는 짧은 시간, 사람들이 모르는 어느 결정적인 순간, 자신들이 선택한 절정의 시기에 태산이, 복순이는 자유를 찾아 떠났다. 1킬로미터 떨어진 지점에서 솟구친 야생 돌고래가 바로 태산이, 복순이였다. 두 돌고래는 그렇게 다시 '야생 돌고래'가 되어 있었다.

가두리를 둘러싼 배들이 퇴각했다. 사람들은 허탈해했다. 방파제로 돌아온 장관과 내빈은 태산이, 복순이 현판 제막식을 열고 기념사진을 찍었다. 핫핑크돌핀스의 조약골 활동가가 다가왔다. 어떤 진리가 뒤통수를 치고 지나갔다는 듯 그는 흥분된 어조로 나에게 말했다.

"돌고래한테 잘된 거예요. 우리 모르게 나간 건, 돌고래한테 잘된 거예요."

▲"우리 모르게 나간 건 돌고래한테 잘 된 거예요." 복순이와 태산이가 바다로 돌아간 뒤 웃고 있는 핫핑크돌핀스의 조약골(왼쪽)과 황현진(오른쪽). 2015년 7월. ©핫핑크돌핀스.

클라이맥스 없이 막이 내렸지만, 공연은 아직 끝난 게 아니다. 고래연구소는 태산이, 복순이의 등지느러미에 GPS를 달았다. 아르고스 위성을 통해 두 돌고래의 위치가 실시간으로 보고된다. 두 돌고래는 거주 이전의 자유는 얻었으되, 일종의 '전자발찌'를 차고 (동물에게도 그런 권리가 있다면) 위치정보권을 침해받게 됐다.

야생동물은 전적으로 자유로울까? 그렇지 않다. 인간의 동물 지배는 야생에서도 이뤄진다. 다만, 야생에서 과학은 더 자주 미끄러진다. 돌고래의 행위성은 수족관에서보다 훨씬 큰 변수로 인간과 동물의 생명정치를 재구성할 것이다. 어쨌든 남방큰돌고래는 이제 야생에서 새로운 생명정치의 지배를 받게 되었다. 물론 그것은 떨어진 GPS처럼 인간이 전적으로 지배할 수 없는 형태다. 그곳은 야생의 바다, 즉, 돌고래가 주인인 땅이니까.

마술쇼의 전모

태산이와 복순이가 보여준 '마술쇼'의 전모는 GPS 좌표와 드론 동영상을 통해 나중에 파악됐다. '자유의 문'이 열리고 얼마 뒤, 두 돌고래는 둥근 가두리를 시계 반대 방향으로 돌았다. 문 양쪽에서 수중카메라를 들이대고 있던 촬영 스태프의 눈에 띄지 않고, 어느 순간 가두리 그물의 문을 빠져나갔다. 가두리를 빠져나오자마자, 두 돌고래는 전속력으로 헤엄치기 시작했다. 고래연구소 연구원들이 탄 고무보트가 뒤늦게 발견하고 좇아갔지만, 거리는 좁혀지지 않았다. 서쪽 제주시 방향으로 헤엄치고 있었다. 앞서 사람들이 야생 돌고래가 나타난 것으로 착각한 지점이었다. 고무보트가 따라붙자 두 돌고래는 다시 시계 방향으로 선회해 가두리 동쪽인 김녕 쪽으로 방향을 잡았다. 전속력으로 헤엄치는 돌고래를 따라잡기에 고무보트는 역부족이었다. 가두리 바깥쪽 해상으로 놀아온 돌고래를 서우봉 앞바다에서 놓쳤다. "처음부터 김녕 쪽으로 갈 생각 아니었나"(손호선 연구관) 하는 생각이 들 정도로, 두 돌고래는 인간을 의식하면서 전략적으로 행로를 바꾼 것처럼 보였다.

그게 마지막이었다. GPS는 신호를 보내지 않았다. 돌고래가 수면 위로 올라오는 1초 미만의 찰나에 위치정보가 위성에 전달돼야 하는데, 제돌이 때처럼 또 무언가 잘못되었던 것이다. 고래연구소는 방사 후 며칠 동안 해안가를 돌면서 목측을 시도했지만, 폭우와 안개 탓에 두 돌고래의 정확한 위치를 잡아내지 못했다.[5]

태산이, 복순이는 국기에 대한 경례 없이 인간의 육지를 떠났다. 두 돌고래가 보여준 '마지막 공연'은 더는 인간을 위한 것이 아니었다. 이렇게 돌고래 야생방사의 막이 내렸다. 제돌이와 함께 불법포획돼 수족관에서 공연을 벌이다 몰수 결정이 난 돌고래들 모두 다 바다로 돌아갔다.

▼

5 GPS는 그 뒤에도 제 기능을 못 했다. 제돌이 때처럼 무용지물에 가까웠다. 원인에 대해서는 좀 더 면밀한 분석이 필요하다.

17장 오래된 미래

"시상에 사람허고 동물허고
고튼 디서 고치 작업(생존)허멍 사라가는 디는,
제주 바당인 좀녀허곡 곰새기뿐일 거라 마씸!"

– 어느 제주 해녀의 말
(2013년 4월 16일 이화여대 남방큰돌고래 세미나 발표자료(김병엽, 2013b))

이로써 돌고래 야생방사의 제1막이 내렸다.

제돌이는 우리가 깨닫지 못했던 동물과 인간과의 관계를 일깨웠다. 동물을 이용한 이윤 추구, 과학 지식의 획득, 기관 대 기관의 쟁투, 스펙터클의 연출 등 이 모든 인간의 욕망이 돌고래의 몸에 투사됐다. 맨 처음 한 환경운동가의 일인시위로 촉발된 야생방사는 전국적인 이슈로 번지면서 국가의 사업으로 '재영토화' 됐으며, 아울러 야생 남방큰돌고래의 삶의 영역도 전문가, 관료에 의해 관리받기 시작했다.

그것들이 그렇다고 돌고래의 삶에 부정적인 것만은 아니었다. 100여 마리 남은 희귀한 존재라는 사실이 알려지면서 남방큰돌고래는 2012년 정부에 의해 '보호 대상 해양생물'(멸종위기종)로 지정됐다. 야생동물의 위계에서 최상위를 차지하게 된 것이다. 태산이와 복순이를 돌려보낸 날 해양수산부 장관이 한 약속도 지켜졌다. 고래 자원의 보존과 관리에 관한 고시의 전시공연용 포획 조항은 2016년 아예 삭제됐다.[1] 1997년 정부기관의 '제주 돌고래 포획' 시도로 제도화된 '돌고래 생포 체제'가 19년 만에 종말을 맞이하게 된 것이다. 제주 어민들의 의식도 높아져, 그물에 혼획된 남방큰돌고래들은 그 자리에서 방류된다. 2013년만 해도 일곱 마리가 바다로 되돌아갔다(김정호, 2013; 조희경, 2014a).

돌고래들이 인간에게 제 몸을 완전히 내준 적은 한 번도 없었다. 인간은 돌고래를 지배하고자 했으나, 통치 기술은 자꾸 돌고래의 의지 앞에서 미끄러졌다. 제돌이는 첫입에 미꾸라지처럼 도망가는 고등어를 잡아채 깨물었고, 삼팔이는 찢어진 그물코를 비집고 탈출했다. 바다로 돌아간 돌고래 다섯 마리 모두는 인간이 주는 먹이를 먹고 재주를 피우는 게 더 행복하다고 주장하는 사람들에게 보란 듯이 야생 무리에 합류해 지금도 잘 살고 있다. 야생에서 판옵티콘 기능을 하는 장치인 GPS는 작동하지 않았으며, 인간은 돌고래를 찾아 헤매느라 쩔쩔매는 신세가 되었다.

우리는 배산이, 복순이의 저항도 잊지 말아야 한다. 두 돌고래는 '쇼를 하지 않으면 밥도 없다'는 잔혹한 '먹이 지배'와 '긍정적 강화'라는 통치 기술에 몸을 전적으로 내주지 않았다. 둘은 야생에서 끌려와 '수족관의 몸' 그리고 '돌고래쇼의 몸'으로 변환된 선배 야생 돌고래들보

▼

1 '고래 자원의 보존과 관리에 관한 고시'는 "누구든지 고래류를 포획해서는 아니 된다"고 규정하고 있다. 1997년 고시 개정으로 전시공연용 포획은 해양수산부 장관 허가 하에 가능하다고 예외를 뒀는데, 2016년 6월 21일 이 조항이 아예 된 개정안이 시행됐다. 전시공연용 포획과 교육용 포획 허가 조항이 사라지고 '과학적 조사 및 연구', '치료 및 생존 강화' 등 목적의 포획만 가능하게 됐다(해양수산부, 2016).

다 더 괴롭고 힘든 길을 택했다. 서울대공원 개원 당시 돌고래 삼총사 중 하나로 '학습 지진아'로 통했던 큰돌고래 래리, 그리고 1980~1990년대 전성기를 이끌던 큰돌고래 고리와 남방큰돌고래 차돌이도 종종 공연 거부로 맞섰다. 태산이와 복순이의 행동이 '돌고래 우울증'이든 '동물의 저항'이든, 인간의 생명정치에 균열을 낸 것만은 분명하다. 그들은 자기 삶의 주인이 되고자 했다.

거대한 변화

야생방사는 성공했다. 그러나 인간의 계획대로 성공한 것이 아니라, 돌고래의 방식대로 성공한 것이었다. 박원순 서울시장은 2012년 제돌이 야생방사를 발표하면서 "동물 한 마리의 문제가 아니라 동물과 사람, 자연과 인간의 관계를 재검토하고 새롭게 설정하는 문제"(박기용, 2012)라고 말했다. 적어도 박원순 시장은 이 부분에서만큼은 성공을 거뒀다. 그가 돌파구로 삼았던 민관 협치는 보수신문 등 반대여론의 전선을 뚫고 동물복지의 지평을 넓혔다. 다섯 마리의 돌고래들은 한국 사회에 신선한 변화를 불러왔다.

첫째, 우리 사회는 동물 감금의 문제를 진지하게 생각하게 되었다. 특히 돌고래 감금과 전시공연에 대해 막연한 불편함을 느낀 시민들이 다른 사람들과 공감할 기회를 갖게 되었다. 동물을 '자원' 같은 이용 대상으로 보는 근대적 관념이 우리 마음속 깊은 곳의 목소리와 배치된다는 걸 새삼 깨닫게 된 것이다. 1980~1990년대 영국에서 시작한 돌고래 전시공연 반대운동은 2010년대 지구 반대편 한국에서 꽃을 피웠다. 시민단체의 요구와 참여, 정부의 전폭적인 지원, 과학자의 모니터링으로 다섯 마리의 돌고래가 고향 바다에 이렇게 깔끔하게 돌아간 사례는 세계적으로 없다. 사람들의 생각도 바뀌어 맨 처음 여론조사에서 40퍼센트에 불과했던 돌고래쇼 폐지 찬성 입장은 방사 이후 59퍼센트로 늘어났다(서울시, 2015; 한국갤럽, 2013).

2016년 초 울산 고래생태체험관이 일본 다이지에서 큰돌고래 두 마리를 추가 수입하려다 여론의 반대에 부딪혀 중단한 사건(안정섭, 2016)은 이런 의미에서 상징적이다.[2] 그해 롯데월드 아쿠아리움은 여론의 흐름을 읽고 흰고래(벨루가)의 번식 중단을 선언했다(남종영, 2016c). 이런 한국의 변화는 세계적인 흐름과 맥을 같이하는 것이었다. 2016년 초 세계 최대의 돌고래 전시공연 테마파크인 미국 시월드가 범고래의 번식 중단과 전시공연의 점진적 폐지를 선언했을 때, 제돌이시민위원회 사람들과 국내 동물단체는 누구보다도 반갑게 이 결과를 받아들였다(남종영, 2016a). 미국과 한국의 운동은 연대하고 있었다. 시월드 반대운동을 펼친 휴메인소사이어티의 나오미 로즈와 돌고래 보호운동가 리처드 오배리는 초기부터 제돌이 야생방사에 조언을 아끼지 않았다. 제돌이 야생방사는 〈내셔널 지오그래픽〉 기사(짐머만, 2015)에 실리는 등 대중적으로도 알려졌지만, 무엇보다도 전 세계 동물단체와 동물 감금 문제를 해결하려는 이들에게 모범 사례로 인용되었다. 시민단체의 문제제기와 압력, 흔들리지 않았던 정부의 태도 그리고 과학자들의 참여가 야

▼

2 울산 고래생태체험관은 2017년 2월 큰돌고래 두 마리의 수입 허가를 비밀리에 받고 두 마리를 수족관으로 들여왔으나, 나흘 뒤에 한 마리가 숨졌다. 동물단체의 격렬한 반대가 이어졌고, 고래생태체험관은 돌고래 정치의 새로운 전선으로 떠올랐다.

〈국내 고래류 전시 현황〉

수족관	고래 종 · 수	출신	반입 경로	목적
서울대공원	남방큰돌고래 2	한국(제주)	불법포획	전시·공연
	큰돌고래 1	일본(다이지)	수입	전시·공연
울산 고래생태 체험관	큰돌고래 4	일본(다이지)	수입	전시·공연
제주 퍼시픽랜드	남방큰돌고래 1	한국(제주)	불법포획	전시·공연
	남방큰돌고래 · 큰돌고래 혼혈 2	한국(제주)	자체 출산	전시·공연
	큰돌고래 1	일본(다이지)	수입	전시·공연
제주 마린파크	큰돌고래 4	일본(다이지)	수입	전시·체험
한화 아쿠아플라넷 제주	큰돌고래 6	일본(다이지)	수입	전시·공연
한화 아쿠아플라넷 여수	흰고래(벨루가) 3	러시아	수입	전시·공연
거제 씨월드	큰돌고래 10	일본(다이지)	수입	전시·체험
	흰고래(벨루가) 4	러시아	수입	전시·체험
롯데월드 아쿠아리움	흰고래(벨루가) 2	러시아	수입	전시·공연
	총 40마리			

※2017년 3월 현재. 환경부, 동물자유연대, 핫핑크돌핀스 자료 취합.

생방사를 성공으로 이끌었다. 그러나 제돌이 등 다섯 마리의 돌고래들의 의지가 가장 큰 성공 요인이었음을 다시 한번 분명히 해두자(복순이는 감금 기간 6년 내내 우울증을 앓으며 소극적이었지만, 바다 가두리에 나가자 180도 변해 의지의 돌고래로 야생에 적응했다).

둘째, 그럼에도 불구하고 돌고래 전시공연 산업은 한국에서 급격히 확대됐다. 2011년 여름, 내가 전수조사를 처음 했을 때만 해도 감금 돌고래는 4개 시설 27마리에 지나지 않았다. 두어 시간밖에 걸리지 않은 전화 통화로도 전수조사를 끝낼 수 있을 정도였다. 이제 돌고래수족관 전수조사는 나 홀로 하지 않아도 된다. 핫핑크돌핀스와 동물자유연대 등 동물단체는 정기적으로 국내 수족관의 돌고래 개체 수를 발표함으로써 경각심을 불러일으킨다.

제돌이는 우리 사회에 큰 메시지를 남기고 돌아갔지만, 수족관 감금 돌고래 수는 6년 동안 오히려 더 늘었다. 2017년 3월 현재 돌고래를 수용 중인 돌고래수족관은 여덟 곳으로 늘었고 돌고래도 마흔 마리로 48퍼센트 늘어났다. 세계적으로 돌고래 전시공연사업의 '신상품'으로 내세우는 북극의 고래 '흰고래'(벨루가)도 열 마리가 들어왔다(한 마리는 제2롯데월드에서 숨졌다). 러시아의 틴로 센터Tinro Center가 이 '하얀 카나리아'의 대규모 공급지로 떠올랐고, 한국은 시장에서 큰손으로 대접받고 있다. 한국에 미국 시월드가 테마파크를 설립한다는 말이 몇 년 전부터 돌고 있다. 2011년에 없던 현상들이다.

돌고래 전시공연 산업이 한국에서 계속 성장 가도를 달릴지는 미지수다. 동물단체가 감시 벽을 높게 세워놓았으며, 무엇보다 가장 강력한 적수인 시민들의 반대가 커졌기 때문이다. 이제 우리는 전시공연 산업의 전장에서 벌어지는 격렬한 전투를 돌고래 정치에서 보게 될 것이다.

돌고래의 2세들

2016년 3월 28일이었다. 그날도 장수진 연구원은 제주 해안도로를 따라 지루하게 돌고 있었다. 돌고래에 빠진 후배 연구원 김미연과 함께였다. 서귀포시 무릉리, 영락리의 푸른 바다가 펼쳐졌다. 돌고래 떼는 그즈음 이곳, 제주 서남쪽 바다에 자주 나타났다. 동북쪽 김녕, 종달리, 성산 앞바다에는 해상풍력단지가 생기면서부터 출현 횟수가 줄었다.

'1번 돌고래'가 솟아올랐다. 몇 마리의 돌고래가 함께 헤엄치고 있었다. 장수진은 '드르륵' 셔터를 갈겼다.

"제돌이였어요. 근데 등지느러미를 보니까 제돌이 옆에 삼팔이 비슷한 애가 있는 거 같더라고요. 야생방사 개체가 있을 때는 유심히 체크를 해둬요. 그래서 그날 저녁에 들어가서 낮에 찍은 사진을 펼쳐봤어요. 삼팔이가 맞았어요. 근데, 삼팔이 옆에 새끼가 있는 거였어요. 새끼가…."

삼팔이가 새끼를 낳은 걸까? 분명 지난해 11월까지 삼팔이는 혼자였다. 삼팔이가 다른 돌고래의 새끼를 잠시 돌보는 것일 수도 있었다. 그때부터 장수진은 '삼팔이와 새끼'를 유념하면서 돌고래들을 관찰했다. 돌고래 무리를 발견할 때마다 평소의 2배 이상 사진을 찍고 매일 밤 자정이 넘어서까지 하루 5000여 장의 사진을 눈이 벌게지도록 들여다보며 삼팔이를 찾았다(장수진, 2016). 삼팔이가 눈에 띌 때마다 그 옆에서 꼬마 돌고래가 함께 뛰고 있었다. 어미 돌고래가 새끼 돌고래를 등 뒤에 바짝 붙여두고 헤엄치는 전형적인 '어미-새끼 유영 자세Mother-calf position'였다.

"보통 3~5회 관찰됐을 때 어미-새끼로 치자고 내부 기준을 마련해 두었거든요. 그걸 이미 충족하긴 했지만 삼팔이니까 더 신중하게 확인해보자 했는데, 계속해서 새끼를 데리고 다니더라고요."

삼팔이가 새끼를 낳았다! 젊은 시절 그물에 걸려 외계의 세상에서 시시포스의 형벌처럼 훌라후프를 돌리던 돌고래가 고향으로 귀환해 짝을 만나고 새끼를 낳았다. 삼팔이는 배에 가까이 다가오지 않았다. 새끼를 자신의 옆에 꼭 붙이고 될 수 있으면 인간에게서 멀리 떨어져 유영했다.

야생방사 3년 뒤 삼팔이는 다시 무대로 돌아왔다. 그러나 그 무대는 인간이 통제하는 수족관이 아니라 돌고래가 통제하는 야생의 바다였다. 꼬마 돌고래를 옆에 끼고 거친 파도를 헤쳐나가는 삼팔이의 사진(남종영, 2016b; 김동은, 2016)을 신문과 방송에서 보면서 사람들은 행복해했다. 야생방사된 돌고래의 출산 소식은 돌고래 야생방사 논란에 종지부를 찍는 듯했다. 돌고래를 가두어 키우는 게 옳으냐 마느냐 같은 돌고래쇼 찬반 논쟁은 삼팔이와 새끼의 평화로운 한때를 담은 이 사진 한 장에 무기력해졌다. 엄마가 된 삼팔이가 야생 바다에서 보여준 그들의 생명력은 강압적인 돌고래 생명정치 체제에 가장 예리한 균열을 내고 있었다. 동물은 고통받는 존재라는 공리주의 철학도, 생물다양성과 종 보전의 논리도 이보다 강력하진 못했다.

◀한때 수족관에서 돌고래쇼를 하다가 고향 바다로 돌아간 돌고래들은 지금 잘 살고 있다. 2016년 4월 삼팔이와 춘삼이는 출산 소식을 보내주었다. 제돌이는 수컷 동맹에 들어가 활발한 사회 활동을 누리고 있다. 사진은 뒤이어 8월 출산 소식을 보내온 춘삼이와 새끼다. 전형적인 어미-새끼 유영 자세가 한 달 넘게 목격됐고, 갓 태어난 개체에 있는 줄무늬 자국이 관찰됐다. 2016년 9월. ⓒ 이화여대-제주대 돌고래 연구팀

그해 8월 장수진은 또 하나의 기쁜 소식을 알려왔다. 길이 1미터도 안 되는 새끼가 7월 중순부터 춘삼이를 따라 헤엄치고 있으며, 몸통에는 갓 태어난 개체에게나 있는 줄무늬 자국이 선명하다는 것이었다(허호준, 2016). 춘삼이도 새끼를 낳은 것이다!

태산이와 복순이도 물론 야생 무리에 별일 없이 합류해 잘 살아가고 있다. 수족관에서 지나치게 서로 의지하던 둘은 야생 무리 속에서 각각 독립적인 사회관계를 만들어나가기 시작했다. 찰싹 붙어 다니는 모습은 사라졌고, 같은 무리에서도 곧잘 다른 개체들과 어울려 헤엄쳤다. 장수진은 태산이와 복순이가 다른 개체와 벌이는 지느러미 맞대기fipper rubbing도 몇 번 관찰했다. 돌고래들이 가슴지느러미를 맞대고 함께 헤엄치는 행동으로, 서로 친밀감을 표현하는 돌고래들의 방식(Sakai et al., 2006; 장수진, 2016)이다.

제돌이는 '수컷 동맹male dolphin alliance'[3]에 들어간 것으로 보였다. 남방큰돌고래 수컷들은 두세 마리 무리를 지어 다니면서 암컷과 교미를 시도한다(Connor, 2007). 장수진은 제돌이가 동맹에서 보조 역할을 수행하는 것 같다고 말했다. 남방큰돌고래의 사회적 그물망이라는 복잡한 미로의 문턱을 이제 넘어선 것이다. 한 해의 대부분을 제주도에 상주하면

▼

3 남방큰돌고래 수컷은 최소 두세 마리로 '수컷 동맹'을 짜서 암컷을 데리고 다니며 교미를 한다. 수컷 동맹끼리 합종연횡과 이합집산을 하면서 2차 동맹, 3차 동맹이 결성되고, 각 동맹들은 교묘한 전략과 속임수로 암컷을 사이에 두고 전투를 한다. 리처드 코너Richard Conor, 레이첼 스모커Rachel Smolker, 마이클 크루첸Michael Krützen 등이 오스트레일리아의 샤크베이에서 1980년대부터 장기 연구를 하여 복잡한 돌고래 사회 관계의 일부를 밝혀냈다.

서 김병엽 교수의 도움을 받으며 동물행동 연구 중 가장 어려운 분야라는 남방큰돌고래의 사회동학 연구를 진행 중이다.

제돌이 야생방사의 감동적인 드라마는 '해피엔딩'으로 막을 내렸다. 제돌이, 춘삼이, 삼팔이, 태산이, 복순이 다섯 마리 모두 무리에 합류했을 뿐 아니라 삼팔이, 춘삼이는 2세 번식에도 성공했다. 수컷인 제돌이와 태산이는 이미 아비가 되었을지 모른다. 남방큰돌고래 야생방사는 120퍼센트 성공했다.

오래된 미래

"물알로, 물알로."

하도리 바다에 한 해녀가 외치는 소리가 퍼지고 있다. 저 멀리 수평선에서 뾰족하게 솟은 돌고래 떼의 등지느러미들이 다가오고 있다. '물알로, 물알로' 하는 한 해녀의 외침이 잔잔한 수면을 훑고 지나가자, 다른 해녀들이 차례로 물 위로 솟아오른다. 해녀들이 숨을 참았다 내뱉는 숨비소리, 돌고래들이 물살을 헤치고 다가오는 파도 소리가 조용한 바다에서 부딪히고 있다. 그 순간 수면 위로 날아오르던 돌고래들이 갑자기 길게 잠수를 시작해 해녀들의 발밑으로 빠져나간다. 짧은 만남. 이런 풍경은 해녀와 돌고래가 만날 때마다 반복적으로 펼쳐진다. 해녀는 바닷속에서 맨몸으로 돌고래와 만나는 유일한 존재들이다.

> "곰새기 온지 몰라가지고 그러고 있으면 벌써 우리 앞에 와 있어. 물알로, 물알로 하면 곰새기가 떼로 오다가도 갈라지면서 밑으로 지나가."(정순옥)

"어떤 때는 돌고래가 같이 놀자고 해. 입으로 테왁을 쿡쿡쿡 찔러요." (강이숙)

"무섭겠네요?"

"무서운 것뿐이지, 사람을 해치지 않아요. 일에 크게 방해는 안 되고. 뾰족한 등지느러미가 솟아오니까 무서워서 피하니까 그러지. 물알로 물알로 그러면 배 밑으로 싹 지나가요."(정순옥)

"물 밑에서 만난 적은 없나요?"

"작업하다 보니까 삐삐삐 소리가 들려요. 뭔 소린가 해서 쳐다보니까, 난 물 밑에 있는데 위에 돌고래가 새까맣게 있어. 무서워서 건들지 않으려고 떼 사이로 몰래 올라왔지."(손화선)

"삐삐삐 그래. 그것들이 자기들끼리 사람 있다고 신호 보내는 거 같더라고."(강이숙)

"외곰새기는 정말 무섭지. 외곰새기 오면 상어 달고 와."(정순옥)

"우리 어머니뻘 되는 사람은 상어 입에 머리가 들어갔다가 나왔어. 수건으로 목 감고 물에서 나와가지고 오래 살았어."(손화선)

"이빨 자국이 있었다고요?"

"응, 그렇게 해놓아버리니까 우린 상어는 무서워가지고. 돌고래는 알고 보면 무섭지 않은 건데. 그것들은 말을 알아먹어가지고, 우리가 물 밑으로 가라고 '물알로, 물알로' 하면, 우리 밑으로 쫘악 지나가잖아."(손화선)

"돌고래가 말을 알아듣는다고요?"

"그럼, 말귀를 알아먹어요. 우리가 어미랑 새끼 지나가면 뛰라고 해요. 왜 돌고래가 높이 점프하잖아요. 우리가 '들러키라, 들러키라, 네 새끼 보게, 네 새끼 보게' 그러면 점프합니다. 아, 돌고래는 말을 알아 먹는구나. 우리는 돌고래쇼 하기 전부터 알았어요."(손화선)[4]

평화를 되찾은 제주 앞바다에서 돌고래들은 더는 그물에 걸려 끌려갈 걱정은 하지 않아도 된다. 제돌이 사건 이후로 불법포획은 사라졌고, 그물에 걸린 남방큰돌고래는 인간의 도움으로 그물을 빠져나간다. 바다에서 인간과 돌고래의 관계는 돌고래쇼가 생기기 전으로 회복됐다.

같은 공간을 나눠 쓸 때 해녀들은 어떻게 했나. 해녀들은 돌고래가 오면 '물알로, 물알로'를 외치고 길을 비켜주었다. 돌고래는 가끔 해녀 옆으로 다가와 테왁과 망사리를 툭툭 건드리긴 했지만, 그러고 떠날 뿐이었다. 해녀와 돌고래는 서로 무관심했다. 같은 공간을 나눠 쓸 때 서로를 존중하는 불문율이 '무관심'이었다. 알고도 모르는 척하기. 그런 규칙 속에서 해녀와 돌고래는 오랜 시간 공존했다.

지금 동물에 대한 생명정치는 그러하지 못하다. 인간은 욕망에 가득 차 동물을 가두고 만지고 재주를 부리라 한다. 변덕스러운 인간은 동물에게 누명을 씌운다. 1980년대 제주도의 뭍에서 노루는 귀한 대접을 받았다. 관광지로 뜨는 제주도의 자연을 자랑하기 위해 노루를 방사했다. 밀렵을 단속하고 철제 올가미를 수거하고 노루를 제주의 상징동물로 키웠다. 2013년 제주도는 노루를 '유해조수'로 지정했다. 농작지에 들

▼

4 필자가 석사 논문(Nam, 2014)을 위해 2014년 6월 16일 진행한 해녀들에서 대한 심층 그룹 인터뷰에서 따왔다. 인터뷰 참가자는 제주시 구좌읍 하도리 어촌계의 강이숙(66·하도리 해녀회장), 손화선(59), 정순옥(67)이다.

어와 뿌리를 캐고 한 해 농사를 망친다는 이유에서다. 한 해 1500마리꼴로 엽총으로 솎아내기를 당한다(주미령, 2016). 제주 농민들과 노루는 같은 공간을 사용하지만 해녀와 돌고래의 지혜를 배우지 못하고 있다.

해녀와 돌고래가 서로를 대하는 방식은 우리가 과거 가져왔던, 그리고 앞으로 꿈꿔야 할 오래된 미래다. 지금도 제주 연안에서 돌고래가 헤엄을 치고 있다. 해녀는 '물알로, 물알로'를 외치며 돌고래에게 길을 내준다. 나는 돌고래가 이 말을 알아듣는다고 생각한다. 모빌처럼 흔들리는 해녀의 발밑을 돌고래는 무심한 듯 통과하고, 해녀는 물 위에서 참았던 숨을 몰아 쉰다. 충돌 직전의 전장에 평화가 찾아온다.

우리의 미래는 여기에 있다. 인간이 동물을 착취하고 이윤의 수단으로 삼는 데서가 아니라 서로 갈 길을 가도록 무심하게 놔두는 것 말이다. 그것이 인간과 동물이 함께 잘 사는 방법이다.

▲등지느러미만 내놓고 유영하는 남방큰돌고래들. 2014년 5월 16일. ©이화여대-제주대 돌고래 연구팀

제돌이, 춘삼이, 삼팔이, 태산이, 복순이. 다섯 마리의 남방큰돌고래가 고향으로 돌아갔다. 그러나 서울대공원 해양관에는 호루라기 소리, 곡선을 그리고 떨어지는 돌고래의 '첨벙' 하는 소리, '까르르' 하는 관객들의 웃음소리가 사라지지 않았다. 제돌이가 떠난 자리, 서울대공원에는 세 마리의 돌고래가 남아서 인간을 만나고 있다.

서울대공원에 남겨진 금등이와 대포 그리고 태지를 생각할 때마다 새끼손가락에 생채기가 난 듯 마음이 아팠다. 인간 세상으로 납치된 남방큰돌고래들이 고향으로 돌아갔지만, 금등이와 대포는 서울대공원의 좁은 수족관에 남아 있었다. 태지도 일본 다이지에서 팔려와 낯선 친구들과 돌고래쇼를 한다. 셋은 대중들로부터 한 번도 조명을 받지 못했다. 이 책 또한 금등이와 대포를 외면했다.

현대 인간-동물 관계는 '가해 행위의 은폐'와 '죄의식의 소거'로 요약된다. 공장식 축산농장에서 갇혀 살다가 잔혹하게 도살되어 고기로 나오는 과정을 모르기 때문에 우리는 식탁에서 죄의식을 느끼지 않고 이들을 먹는다. 그런 점에서 동물원은 스스로를 갉아먹는 위험한 공간이다. 인간을 바라보는 동물들의 낙망한 눈빛이 동물원 자신의 존재 기반을 위협하기 때문이다. 제돌이와 돌고래들은 은폐된 가해를 드러냈고 사람들의 죄의식을 자극해 역사를 바꾸었다.

이 글을 쓰는 시각, 서울시와 해양수산부는 금등이와 대포를 제주 바다에 돌려보낸다고 발표했다. 제돌이와 돌고래들의 눈빛이 선한 사람들을 움직여 시대를 바꾸고 있다. 이제 2017년 여름이면 바다에서 헤엄치는 서울대공원 최고참 돌고래들을 볼 수 있을 것이다.

20년. 남방큰돌고래 대포가 수족관에서 산 세월이다. 금등이는 이제 만 19년이 다 되어간다. 대여섯 살 때 수족관에 들어와 젊은 나날을 돌고래쇼에 빼앗겼다. 둘은 인간이 지배하는 외계 세상에 납치된 돌고래들 중 가장 오래 감금됐던 불운아였다. 고향 친구들이 끌려 들어오고, 또 다른 곳으로 보내지는 것을 말없이 지켜본 터줏대감이기도 하다. 후배들을 보며 반가우면서도 슬펐을 것이다.

나는 이 낯선 수족관에서 잇따라 벌어진 돌고래들의 만남과 헤어짐이 애처로웠다. 2009년 5월, 제돌이와 복순이는 같은 그물에 잡혀 퍼시픽랜드에 끌려왔다. 7월 말 제돌이는 서울대공원으로 팔려갔고 복순이와 헤어졌다. 제돌이가 떠난 자리에는 태산이가 끌려 들어왔다. 자신과 같은 신세가 된 고향 친구와 재회하며 복순이는 한탄했을 것이다. 너 왜 왔니, 그물에 걸리지 말았어야지. 그 뒤 복순이와 태산이는 한길을 갔다. 함께 먹이와 공연을 거부하고 버텼다. 서울대공원에서 죽어간 선배 돌고래들 못지않게 수족관 생명정치에 가장 적극적으로 저항한 이들이었다.

서울대공원에 도착한 제돌이는 야생의 고향에서 봤던 금등이와 대포를 보게 된다. 고향 선배들은 이미 '수중쇼'를 펼치는 중견 연기자가 되었다. 제돌이도 쇼를 배우며 3년을 보냈다. 그리고 2012년 3월, 외계행성에 사는 돌고래들에게는 '노예해방선언' 같은 서울시의 제돌이 야생방사 계획이 발표됐다. 이듬해 대법원의 몰수 결정으로, 퍼시픽랜드에 살던 돌고래들에게도 자유의 길이 열렸다. 춘삼이와 삼팔이는 운좋게 제돌이의 가두리로 먼저 가 기다렸지만, 복순이와 태산이는 건강상의 이유로 서울대공원으로 옮겨졌다. 복순이는 그때 다시 제돌이와 만난다. 제주 앞바다에서 함께 놀다 그물에 걸리고, 퍼시픽랜드에서 어두컴컴한 수족관의 지옥을 같이 맛보고, 그리고 헤어졌다가 4년 만에 다시 만난 제돌이. 어이, 친구, 여기 있었구나. 응, 그래, 반갑다. 복잡다단한 감정이 스쳐갔을 것이다. 곧 헤어지리라는 걸 그들은 알았을까? 제돌이는 한 달 뒤, 서울대공원 수족관을 떠난다. 자유를 상징하는 록스타처럼 사람들의 환호를 받으며 제주 바다로 돌아갔다.

복순이와 태산이는 실망했지만, 다행히 1년 뒤 자유의 길이 열린다. 이렇게 해서 모두 다섯 마리의 돌고래가 고향으로 돌아갔다. 그들은 지금 제주 앞바다에서 물살을 가르며 잘 살고 있다.

여기까지가 내가 책에서 했던 이야기다. 이런 만남들 옆에서 항상 말없이 지켜보던 금등이와 대포에 대해서는 이야기하지 못했다. 제돌이와 태산이, 복순이의 등장과 퇴장을 보면서 둘은 무슨 생각을 했을까? 순진무구했던 고향 시절을 그리워하며 눈물을 흘렸을까? 나이로 보면 금등이, 대포는 먼저 바다로 돌아간 돌고래들의 아비뻘이다. 그리고 이제 이 두 돌고래도 곧 바다로 나아간다.

남방큰돌고래의 야생방사 과정에서 인간은 전면적으로 주도권을 쥐지 못했다. 과학은 언제나 동물의 의지 앞에서 미끄러졌다. 금등이와 대포는 활어를 먹을 줄 안다. 제돌이의 활어 급여 훈련 때, 시험 삼아 던져준 활어를 둘은 가뿐히 해치웠다. 태산이와 복순이의 훈련 때도 돌아다니는 활어를 보자 그물 저편에서 주둥이를 대고 날뛰었다. 우울증에 시달렸던 복순이와 태산이가 성공적으로 야생 바다에 돌아갔으니, 금등이와 대포도 보란 듯이 나가 잘 살 수 있다. 늙어서 야생방사에 적당하지 않다고 어떤 이는 주장하지만, 금등이와 대포가 살날은 아직도 20년이 더 남았다. 금등이와 대포가 여생을 한라산이 내려다보는 제주의 푸른 바다에서 보낼 수 있기를 빈다. 거기서 찬란한 인생의 황혼을 인디언서머의 가을볕처럼 누리길 바란다.

그리고 또 하나의 돌고래, 태지가 남았다. 머나먼 일본 바다에서 팔려온 태지는 돌아갈 곳이 없다. 쉽지 않겠지만, 고향은 아니더라도 바다의 쉼터에서 여생을 보내는 해결책을 고민해야 한다. 육상에 남은 마지막 남방큰돌고래인 퍼시픽랜드의 비봉이도 우리는 잊지 말아야 한다.

이 책을 다시 쓰게 된다면, 금등이와 대포 그리고 비봉이가 제돌이, 태산이, 복순이 그리고 춘삼이, 삼팔이의 새끼들과 어울려 열심히 제주 바다에서 노니는 모습으로 첫 문장을 시작하고 싶다. 돌고래가 살 곳은 수족관이 아니다. 그들이 살 곳은 바다다. 그리고 죽어야 할 곳도 바다다. 가장 바람직한 생명정치는 그들을 놔주는 것이다.

1984~2011년

1984년 5월 1일	서울대공원 개장, 국내 최초 돌고래쇼 개시. -일본 큰돌고래 돌이, 고리. 래리 공연. -공연 풀(35×7~9×3m), 내실 풀(18×7.5×3m), 해수 1800톤.
1985년 5월 23일	63씨티 수족관 개장(일본 낫돌고래 전시).
1986년 9월 10일	퍼시픽랜드 개장. -일본 큰돌고래 한라, 미래, 탐라, 나래 공연. -공연 풀(26.6×16×4m), 내실 풀, 해수 1600톤.
1990년 7월 21일	퍼시픽랜드, 그물에 걸린 야생 남방큰돌고래(해돌) 포획해 처음으로 사육 개시.
1993년 초	서울대공원 돌고래쇼 폐지 및 물개쇼 대체 방침 발표.
1993년 4월 29일	돌고래쇼 폐지 백지화(고리, 막내 공매 입찰 실패).
1995년 10월 25일	남방큰돌고래 해돌(이후 '차돌'로 개명)과 일본 큰돌고래 단비가 퍼시픽랜드에서 서울대공원으로 이송.
1997년 9월 9일	남방큰돌고래 대포, 제주 대포리 앞바다에서 그물에 걸려 포획. 퍼시픽랜드로 끌려가 쇼돌고래 삶 시작.
1997년 말	서울대공원, 제주 야생 돌고래 포획 추진(2000년대 중반까지 거론됐으나 불발).
1998년 5월	서울대공원 돌고래쇼장 에어돔 완공, 하계 야외공연에서 실내 연중 상시공연 체제로 전환.
1998년 8월 20일	남방큰돌고래 금등이, 제주 금등리 앞바다에서 그물에 걸려 포획. 퍼시픽랜드로 끌려가 쇼돌고래 삶 시작.

1999년 3월 18일 금등이, 퍼시픽랜드에서 서울대공원으로 이송.

2002년 3월 18일 대포, 퍼시픽랜드에서 서울대공원으로 이송.

2002년 10월 7일 돌비, 퍼시픽랜드에서 서울대공원으로 이송(2001년 8월 9일 제주 대포리에서 포획).

2003년 3월 18일 쾌돌, 퍼시픽랜드에서 서울대공원으로 이송(2002년 8월 18일 제주 신산리에서 포획).

2007년 11월 4일 고래연구소 김현우 연구원, 야생 모니터링 중 남방큰돌고래 제돌이 발견, 개체 식별번호 JBD009 부여.

2009년 5월 1일 제돌이, 제주 신풍리 앞바다에서 그물에 걸려 포획. 퍼시픽랜드에서 쇼돌고래 삶 시작.

2009년 11월 24일 울산 남구, 장생포에 고래생태체험관 개장.
-일본 다이지에서 수입한 큰돌고래 4마리(고아롱, 고다롱, 장꽃분, 고이쁜)로 개시.

2010년 8월 제주 화순에 돌고래 체험 표방한 '마린파크' 개장.

2011년 7월 14일 해양경찰청, 남방큰돌고래 불법포획 수사 결과 발표. "퍼시픽랜드가 1990년부터 혼획된 돌고래 26마리를 어민에게 사들여 전시공연에 투입하고 일부는 서울대공원과 매매."

2011년 7월 16일 〈한겨레〉, 돌고래수족관 전시공연 문제점에 관한 국내 첫 보도. "탐욕의 쇼, 돌고래는 운다."

2011년 7월 20일 황현진, 퍼시픽랜드 앞에서 '돌고래 방생' 일인시위 시작.

2011년 7월 26일 환경운동연합 바다위원회 기자회견. "서울시는 멸종위기종 돌고래를 방생하라!"

2012년

2월 8일 제주지법, 첫 '돌고래 재판'.
-검찰, 퍼시픽랜드 법인 및 허옥석 대표, 고정학 이사 등 기소.

2월 22일 〈한겨레〉 취재진, 서울대공원에서 돌고래쇼 하고 있던 제돌이와 첫 만남.

3월 3일 〈한겨레〉 토요판 커버스토리 '제돌이의 운명' 게재. 남방큰돌고래 야생방사 본격 제기.

3월 7일	핫핑크돌핀스, 동물자유연대 등 서울시청 앞에서 "제돌이 야생방사 촉구" 기자회견.
3월 8일	서울시 관계관 첫 회의, 남방큰돌고래 야생방사 여부 논의.
3월 12일	박원순 서울시장, 서울대공원 기자회견. "돌고래쇼 잠정 중단 및 제돌이 야생방사."
3월 18일	제돌이 마지막 돌고래쇼.
4월 4일	제주지법, 1심에서 돌고래 5마리(춘삼, 삼팔, 복순, 태산, 해순) 몰수형 결정.
4월 13~15일	서울시, 리서치앤리서치 의뢰 만 19세 이상 시민 1000명 전화 여론조사(RDD). -돌고래 공연 폐지 찬성 40%, 반대 52%, 모름 및 무응답 8%. -SNS 여론조사(3월 7일~4월 25일) 공연중단 56.8%, 공연지속 23.2%.
4월 17일	남방큰돌고래(제돌) 성공적 야생방류를 위한 시민위원회(약칭 제돌이시민위) 첫 회의. -총 16명 위원으로 구성. 위원장 최재천, 부위원장 조희경, 김사흥 선임. 위원 하지원, 정남순, 임순례, 최예용, 황현진, 서영갑, 김제리, 박태희, 모의원, 장이권, 김병엽, 김현우, 이배근 등 위촉.
4월 19일	서울대공원, 잠정 중단했던 돌고래쇼를 생태설명회로 개편해 재개.
4월 23일	생내설명회가 "변형된 돌고래쇼"라는 비판을 받자, 서울시 다시 개편해 운영.
5월 8일	서울시 기자설명회. "제돌이 방사까지 돌고래 도입 잠정 중단, 생태설명회 '제돌이 이야기'로 전환, 제돌이는 관람객 접촉 차단."
5월 9일	동물자유연대 주최, 전시돌고래의 안전 방생을 위한 국제콘퍼런스. -돌고래 보호운동가 리처드 오배리 방한해 콘퍼런스 참석 및 제주 방사 예정지 등 견학.
5월 12일	여수 엑스포 아쿠아리움 개장(8월에 '한화 아쿠아플라넷 여수'로 재개장). 흰고래(벨루가) 2마리 전시.
5월 23일	제돌이, 주 2회 활어 급여 개시(오징어, 넙치 등 직접 사냥해 먹을 수 있도록 함).
7월 4일	정부, 국제포경위원회(IWC) 파나마회의에서 과학적 연구 위해 포

	경 재개 입장 발표.
7월 11일	비판 여론 직면한 정부, 과학포경 재개 방침 철회.
7월 13일	한화 아쿠아플라넷 제주 개장. 큰돌고래 전시.
7월 27일	몰수 대상 남방큰돌고래 '해순', 2심 재판 중 퍼시픽랜드에서 사망.
8월 5일	장하나 의원 등 국회의원 18명, 과학포경 금지 및 돌고래 전시공연 금지를 뼈대로 한 '해양생태계의 보전 및 관리에 관한 법률' 개정안 발의.
10월 16일	남방큰돌고래 '보호대상해양생물'로 지정.
11월 14일	영장류학자 제인 구달, 서울대공원 방문해 제돌이 야생방사 성공 기원.
12월 13일	제주지법, 항소심에서 돌고래 5마리 몰수형 원심 유지. -퍼시픽랜드가 상고심까지 돌고래쇼 계속할 입장 밝히자 동물자유연대, 장하나 의원 등 공연금지가처분 신청 제기.

2013년

3월 28일	대법원, 돌고래 몰수형(춘삼, 삼팔, 태산, 복순, 해순) 처분 확정 판결(해순은 죽은 사체 몰수).
3월 29일	서울대공원, 제주지검과 몰수 돌고래 인계인수 협약 체결.
4월 8일	춘삼이, 삼팔이 성산항 가두리로 이동, 야생적응 훈련 개시.
4월 9일	태산이, 복순이 건강상 문제로 야생방사 미루고 서울대공원으로 이송.
5월 11일	제돌이, 제주도 성산항 가두리로 이송(1차 현지 야생적응 훈련), 춘삼이, 삼팔이와 가두리 내에서 만남.
6월 22일	삼팔이, 성산항 가두리 탈출.
6월 26일	제돌이, 춘삼이, 김녕 앞바다 가두리로 이동(2차 현지 야생적응 훈련). -동결낙인 진행(1번 제돌이, 2번 춘삼이).
6월 27일	삼팔이, 모슬포 근처에서 야생 남방큰돌고래 무리 합류 확인.
7월 18일	제돌이, 춘삼이 최종 야생방사.
8월 3일	제돌이, 춘삼이, 제주 하도리~종달리 앞바다에서 야생 남방큰돌고래 무리 합류 확인.

2014년

1월 7일	서울시 보도자료 "바다로 돌아간 제돌이 경제적 가치 693억 원."
4월 11일	싱가포르 자본과 거제시가 공동 투자한 ㈜거제씨월드 경남 거제에서 개장(큰돌고래, 흰고래 도입, 개체 수로는 국내 최대 규모).
7월 18일	서울시, 제돌이 방류 1주년 행사.
10월 10일	해양수산부, 시민단체, 해양동물구조치료기관 등 국회에서 태산이, 복순이 야생방사 관련 회의.
10월 16일	롯데월드 아쿠아리움 개장. 벨로, 벨리, 벨라 등 흰고래 3마리 전시.
12월 9일	동물자유연대, 해양수산부 장관에 남방큰돌고래 야생방류 추진에 대한 진정서 발송.
12월 15일	동물자유연대, 핫핑크돌핀스 '태산이, 복순이를 바다로' 토크콘서트.
12월 17일	동물자유연대, 서울대공원에서 태산이, 복순이 첫 활어 급여.

2015년

3월 18일	태산, 복순이 야생방사 관련 제1차 민관방류위원회.
5월 14일	태산, 복순이 제주 함덕 정주항 가두리로 이송.
5월 20일	일본동물원수족관협회 "다이지 큰돌고래 반입 않겠다." -세계동물원수족관협회(WAZA)가 잔인하게 포획된 큰돌고래 반입을 계속할 경우, 회원 자격을 박탈하겠다는 발표에 따른 결정.
6월	미국 잡지 〈내셔널 지오그래픽〉, 제돌이 등 돌고래 야생방사 특집 기사 게재.
7월 6일	태산이, 복순이 최종 야생방사.
7월 15일	태산이, 복순이 같은 장소에서 야생 남방큰돌고래 무리 합류 목격.
9월 30일	2014년 5월 부산 기장 앞바다에서 구조됐다가 SEA LIFE 부산 아쿠아리움에서 전시된 상괭이 '오월이' 경남 거제 앞바다에 야생방사.
12월 18일	'해양동물 전문 구조치료기관의 관리와 지원 등에 관한 고시' 개정 시행. 구조된 돌고래를 12개월 이상 전시 못 하게 함. -SEA LIFE 부산 아쿠아리움이 구조 상괭이 '오월이'를 장기 전시한 데 대한 비판 여론에 따른 조처.

2016년

1월 5일	울산 고래생태체험관, 큰돌고래 장꽃분 새끼 등 2009년 개장 이후 죽은 돌고래 5마리 중 3마리의 폐사를 은폐한 사실 드러나 파장.
1월 14일	울산 고래생태체험관 "큰돌고래 2마리 추가 수입 계획 잠정 연기."
3월 2일	고래연구센터(옛 고래연구소에서 개칭), 울산 앞바다에서 2월 5일 구조된 큰돌고래 '고어진' 야생방사. -GPS 모니터링 결과, 한국과 일본 배타적경제수역 머물다가 일본 연안으로 간 것으로 확인.
3월 17일	미국 시월드, 범고래 번식 중단 및 범고래쇼 점진적 중단 선언.
4월 2일	롯데월드 아쿠아리움 흰고래 '벨로' 폐사로 다시 한번 돌고래 전시공연 논란.
4월 18일	이화여대-제주대 돌고래 연구팀 "삼팔이, 새끼 출산 확인." 롯데월드 아쿠아리움, 고래류 추가 반입 중단 선언.
6월 14일	미국 볼티모어 국립수족관, 수족관 돌고래를 해안가의 보호구역으로 옮기겠다고 발표.
6월 21일	'고래 자원의 보존과 관리에 관한 고시' 개정 발효. 전시·공연·교육용 포획 조항 삭제.
8월 16일	이화여대-제주대 돌고래 연구팀 "춘삼이, 새끼 출산 확인."
12월 8일	'해양생태계의 보전 및 관리에 관한 법률' 개정안 국회 본회의 통과. -남방큰돌고래 등 보호대상해양생물 전시공연용 포획 금지, 서식지 외 보전기관 처벌 및 취소 조항 강화(동물학대 포함).

2017년

1월 6일	시월드 범고래 '틸리쿰' 사망.
1월 9일	시월드 샌디에이고, 범고래쇼 폐지.
2월 9일	울산 고래생태체험관, 큰돌고래 2마리 일본서 반입 (1마리는 나흘 뒤인 13일 폐사).
4월 21일	서울시, 해양수산부 "서울대공원 남방큰돌고래 금등이, 대포 야생방사 결정."

1. 출판 일자가 확인되지 않은 문헌은 n.d.로 표기하였다.
2. 인터넷에 참고문헌이 있을 경우, [Online] [blog]에 웹사이트 주소와 최종 방문일자를 명기하였다.
3. 참고문헌이 외국어일 경우, 한국어로 번역된 문헌이 있을 경우에만 병기하였다.
4. 여러 작가의 글을 편집한 책일 경우, 편저자를 [Eds] [ed] 다음에 밝혔다.
5. 종이신문 기사는 날짜와 면을 표기하였고, 해당 기사의 온라인 기사 링크를 표시했다. 종이신문에 출판되지 않은 온라인 기사나 온라인 기사만 참고한 경우, 날짜와 면을 표기하지 않았다.
6. 저자가 행한 인터뷰는 대상자의 이름과 인터뷰 주제를 적어주었다. 구체적인 인터뷰 날짜는 첨부된 표에 따로 적었다.

— Armstrong, Philip. (2002) The postcolonial animal. *Society and Animals* 10(4): pp.413-420.

— Armstrong, Philip. (2011) Cetaceans and Sentiment. In: Freeman C, Leane E and Watt Y (Eds) *Considering Animals: Case Studies in Contemporary Human-Animal Relations.* Surrey, UK: Ashgate, pp.169-182.

— Balcomb, Kenneth. (1995) *Cetacean releases.* [Online] Available at: 〈http://www.rockisland.com/~orcasurv/releases.htm〉 [Accessed 25 November 2016]

— Bassos-Hull, Kim. (2015) 25 year anniversary of Misha and Echo' return to the wild. *Nick n Notches* December 2015.

— BBC. (2007) US zoo baffled by tiger's. *BBC News.* London. [Online] Available at: http://news.bbc.co.uk/2/hi/7160713.stm [Accessed 25 November 2016]

— Bear, Christopher and Eden, Sally. (2008) Making space for fish: the regional, network and fluid spaces of fisheries certification. *Social & Cultural Geography* 9(5): pp.487-504.

— Berger, John. (1980) Why look at animals?. *About Looking.* London: Bloomsbury, pp.3-28.

— Birke, Lynda, Bryld, Mette and Lykke, Nina. (2004) Animal performances: an exploration of intersections between feminist science studies and studies of human/animal relationships. *Feminist Theory* 5(2): pp.167-183.

— Brower, Kenneth. (2005) *Freeing Keiko: the Journey of a Killer whale from Free Willy to the Wild.* New York: Gotham Books.

— Buller, Henry. (2008) Safe from the wolf: biosecurity, biodiversity, and competing philosophies of nature. *Environment and Planning A* 40(7): pp.1583-1597.

— Cloke, Paul and Perkins, Harvey C. (2005) Cetacean performance and tourism in Kaikoura, New Zealand. *Environment and Planning D* 23(6): pp.903-924.

— Connor, Richard C. (2007) Dolphin social intelligence: complex alliance relationships in bottlenose dolphins and a consideration of selective environments for extreme brain size evolution in mammals. *Philosophical Transactions of the Royal Society B: Biological Sciences* 362(1480): pp.587-602.

— Deedy, Jenna. (2011) Releasing captive cetaceans back into the wild: a potential death sentence!. *The Winter Dolphin Chronicles.* [blog] 14 August. Available at: https://thewinterdolphinchronicles.wordpress.com/2011/08/14/releasing-captive-cetaceans-back-into-the-wild-a-potential-death-sentence〉 [Accessed 25 November 2016]

— Derbeken, Jaxon Van. (2008) Police: zoo survivor told of standing on railing and yelling at tiger. *San Francisco Chronicle.* San Francisco. [Online] Available at: 〈http://www.sfgate.com/news/article/Police-Zoo-survivor-told-of-standing-on-railing-3230588.php〉 [Accessed 25 November 2016]

— Dineley, John. (n.d.) Into the blue: what ever became of "Missie", "Silver" and "Rocky". *UK Dolphinaria.* [blog] n. d. Available at: 〈http://ukdolphinaria.blogspot.kr/p/into-blue-what-ever-became-of-missie.html〉 [Accessed 25 November 2016]

— Dineley, John. (2015a) Flamingoland: 1963-1993. *UK Dolphinaria.* [blog] n. d. Available at: 〈http://ukdolphinaria.blogspot.co.uk/2015/07/flamingoland-1963-1993.html〉 [Accessed 25 November 2016]

— Dineley, John. (2015b) Historical background. *UK Dolphinaria.* [blog] n. d. Available at: 〈http://ukdolphinaria.blogspot.co.uk〉 [Accessed 25 November 2016]

— Fagan, Kevin, Vega, Cecilia M., Coté, John, et al. (2007) Tiger grotto wall shorter than thought, may have contributed to escape and fatal attack. *San Francisco Chronicle.* San Francisco. [Online] Available at: 〈http://www.sfgate.com/news/article/Tiger-grotto-wall-shorter-than-thought-may-have-3232519.php〉 [Accessed 25 November 2016]

— Foucault, Michel. (1978) *The History of sexuality, volume 2.* New York: Pantheon Books. (번역본: 미셸 푸코. 2004.《성의 역사 제2권-쾌락의 활용》. 나남출판)

— Foucault, Michel. (1995) *Discipline and Punishment*. New York: Vintage Press. (번역본: 미셸 푸코. 2016.《감시와 처벌-감옥의 탄생》. 나남출판)
— Free Morgan Foundation. (2012) *Some examples of cetacean released from captivity (11 different species)*. [Online] Available at: 〈http://www.freemorgan.org/wp-content/uploads/2012/10/examples-of-rehabiliated-and-released-cetaceans.pdf〉 [Accessed 25 November 2016]
— Free Willy-Keiko Foundation. (2015) *Keiko's Amazing Odyssey*. [Online] Available at: 〈http://keiko.com/history.html〉 [Accessed 25 November 2016]
— Franklin, Adrian. (1999) *Animals and Modern Culture: A Sociology of Human-Animal Relations in Modernity*. London: Sage Punlications, pp.62-83.
— Gales, Nick and Waples, Kelly. (1993) The rehabilitation and release of bottlenose dolphins from Atlantis Marine Park, Western Australia. *Aquatic Mammals* 19(2): pp.49-59.
— Gibson, James J. (1986) *The Ecological Approach to Visual Perception*. Oxford: Psychology Press.
— Gingerich, Philip D, Wells, Neil A, Russell, Donald E, et al. (1983) Origin of whales in epicontinental remnant seas: new evidence from the early Eocene of Pakistan. *Science* 220(4595): pp.403-406.
— Heithaus, Michael R. (2001) Predator–prey and competitive interactions between sharks (order *Selachii*) and dolphins (suborder *Odontoceti*): a review. *Journal of Zoology* 253(01): pp.53-68.
— Hill, Logan. (2009) The legacy of Flipper. *New York Magazine*. New York. [Online] Available at: 〈http://nymag.com/movies/profiles/57863/〉 [Accessed 25 November 2016]
— Howard, Carol J. (2009) *Dolphin Chronicles: One Woman's Quest to Understand the Sea's Most Mysterious Creatures*. New York: Bantam.
— Horwitz, Joshua. (2014) *War of the Whales*. Simon & Schuster
— Hribal, Jason. (2007) Animals, agency, and class: writing the history of animals from below. *Human Ecology Review* 14(1): pp.101.
— Hribal, Jason. (2010) *Fear of the Animal Planet: the Hidden Hisory of Animal Resistance*. Petrolia, CA: CounterPunch and AK Press.
— Hughes, Peter. (2001) Animals, values and tourism: structural shifts in UK dolphin tourism provision. *Tourism Management* 22(4): pp.321-329.
— Ingber, Sasha. (2012) Do animals get depressed? *National Geographic*. [Online] Available at: 〈http://news.nationalgeographic.com/news/2012/10/121004-animals-depression-health-science〉 [Accessed 25 November 2016]

— Itoh, Mayumi. (2010) *Japanese Wartime Zoo Policy: The Silent Victims of World War II.* New York: Palgrave Macmillan.
— Janik, Vincent M, Sayigh, Laela S and Wells, RS. (2006) Signature whistle shape conveys identity information to bottlenose dolphins. *Proceedings of the National Academy of Sciences* 103(21): pp.8293-8297.
— Kim, Hyun Woo, Choi, Seok-Gwan, Kim, Zang Geun, et al. (2010) First record of the Indo-Pacific bottlenose dolphin, *Tursiops aduncus*, in Korean waters. *Animal Cells and Systems* 14(3): pp.213-219.
— Kirby, David. (2012) *Death at SeaWorld: Shamu and the dark side of killer whales in captivity*. New York: Macmillan.
— Kurth, Linda Moore. (2000) *Keiko's Story: A Killer Whale Goes Home*. Brookfield, Conn.: The Millbrook Press.
— Latour, Bruno. (2005) *Reassembling the social-an introduction to Actor-Network-Theory*. Oxford: Oxford University Press.
— Latour, Bruno. (2012) *We have never been modern*. Cambridge, MA: Harvard University Press. (번역본: 브뤼노 라투르. 2009.《우리는 결코 근대인이었던 적이 없다》. 갈무리)
— Lee-Johnson, Eric and Lee-Johnson, Elizabeth. (1994) *Opo: the Hokianga dolphin*. Auckland: David Ling Publishing Limited.
— Lorimer, Jamie and Driessen, Clemens. (2013) Bovine biopolitics and the promise of monsters in the rewilding of Heck cattle. *Geoforum* 48: pp.249-259.
— Mannion, Sean. (1991) *Ireland's Friendly Dolphin*. Kerry, Ireland: Brandon Books Publishers.
— Mark, Jason. (2010) The reluctant warrior. *Earth Island Journal*. [Online] Available at: 〈http://www.earthisland.org/journal/index.php/eij/article/reluctant_warrior〉 [Accessed 25 November 2016]
— McLintock, A. H. (1966) Opo. *An Encyclopaedia of New Zealand*. [Online] Available at: 〈http://www.teara.govt.nz/en/1966/opo〉 [Accessed 25 November 2016]
— Miller, Ian Jared. (2013) *The Nature of the Beasts: Empire and Exhibition at th Tokyo Imperial Zoo*. Berkeley, CA: University of Californa Press.
— Nagel, Thomas. (1974) What is it like to be a bat? *The Philosophical Review* 83(4): pp.435-450.
— Nam, Jongyoung(남종영). (2014) *"Free Jedol": The Biopolitics of Captive Dolphin Release in South Korea*. MSc thesis, Geographical science, University of Bristol.
— O'Barry, Richard and Coulbourn, Keith. (2012) *Behind the Dolphin Smile: One Man's*

Campaign to Protect the World's Dolphins. San Rafel, CA: Earth Island Institute.
— Orlean, Susan. (2002) Where's Willy? *The New Yorker*. [Online] Available at: 〈http://www.newyorker.com/magazine/2002/09/23/wheres-willy〉 [Accessed 25 November 2016]
— Pedicini, Sandra. (2015) SeaWorld ends public dolphin feedings. *Orlando Sentinel*. [Online] Available at: 〈http://www.orlandosentinel.com/business/tourism/os-seaworld-dolphin-feeding-20150223-story.html〉 [Accessed 25 November 2016]
— Perterson, Briand. (1972) An identification system for zebra (*Equus burchelli*, Gray). *African Journal of Ecology* 10(1): pp.59-63.
— Quintana-Rizzo, Ester, Mann, David A and Wells, Randall S. (2006) Estimated communication range of social sounds used by Bottlenose dolphins *(Tursiops truncatus)*. *The Journal of the Acoustical Society of America* 120(3): pp.1671-1683.
— Reiss, Diana. (2011) *The Dolphin in the Mirror: Exploring Dolphin Minds and Saving Dolphin Lives*. New York: Houghton Mifflin Harcourt.
— Reiss, Diana and Marino, Lori. (2001) Mirror self-recognition in the bottlenose dolphin: a case of cognitive convergence. *Proceedings of the National Academy of Sciences* 98(10): pp.5937-5942.
— Rose, Naomi. (2012) 이메일 인터뷰-케이코와 돌고래 야생방사.
— Sakai, Mai, Hishii, Toru, Takeda, Shohei, et al. (2006) Flipper rubbing behaviors in wild bottlenose dolphins(Tursiops aduncus). *Marine Mammal Science* 22(4): pp.966-978.
— SBS. (1998) '바람 난 돌고래 내 신랑 돌리도'. 〈순간포착 세상에 이런 일이〉.
— Simmonds, Mark Peter. (2011) The British and the whales. In: Brakes P and Simmonds MP (Eds) *Whales and Dolphin: Cognition, Culture, Conservation and Human Perceptions*. Oxford: Earthscan.
— Simmons, Mark. (2014) *Killing Keiko: the True Story of Free Willy's Return to the Wild*, Olarndo, FL: Callinectes Press.
— Simon, M, Hanson, M Brad, Murrey, L, et al. (2009) From captivity to the wild and back: an attempt to release Keiko the killer whale. *Marine Mammal Science* 25(3): pp.693-705.
— Simon, Malene and Ugarte, Fernado. (2004) *Diving and ranging behaviour of Keiko*. Humane Society of the United States and Free Willy-Keiko Foundation.
— Smolker, Rachel, Richards, Andrew, Connor, Richard, et al. (1997) Sponge carrying by dolphins (Delphinidae, Tursiops sp.): a foraging specialization involving tool use? *Ethology* 103(6): pp.454-465.
— European Cetacean Society. (2009) All solitary cetaceans known, to date, 2008. In:

Goodwin L (ed) *European Cetacean Society's 22nd Annual Conference: Protection and Management of Sociable, Solitary Cetaceans*. Hotel Zuiderduin, Egmond aan Zee, The Netherlands: European Cetacean Society.
— Spong, Paul. (2012) 이메일 인터뷰-케이코와 돌고래 야생방사.
— Townsend, Mark. (2003) Free at last? New row as Keiko dies. *The Observer*. London. [Online] Available at: 〈https://www.theguardian.com/world/2003/dec/14/animalwelfare.filmnews〉 [Accessed 25 November 2016]
— Waind, Andrea. (1993) Just the trick for staying afloat: Lotty, Betty and Sharky do their bit. *The Independent*. London. [Online] Available at: 〈http://www.independent.co.uk/life-style/just-the-trick-for-staying-afloat-lotty-betty-and-sharky-do-their-bit-for-britains-last-dolphin-show-1476841.html〉 [Accessed 25 November 2016]
— Wang, John Y. and Yang, Shin Chu. (2009) Indo-Pacific Bottlenose Dolphin. In: Perrin WF, Wursig B and Thewissen J (Eds) *Encyclopedia of marine mammals*. Burlington, MA: Elsevier, pp. 602-607.
— Wang, JY, Chou, L?S and White, BN. (1999) Mitochondrial DNA analysis of sympatric morphotypes of bottlenose dolphins (genus: *Tursiops*) in Chinese waters. *Molecular Ecology* 8(10): pp.1603-1612.
— Waples, Kelly. (1997) A Whale of a Business: The Atlanis Marine Park Project. *PBS*. [Online] Available at: 〈http://www.pbs.org/wgbh/pages/frontline/shows/whales/debate/atlantis.html〉 [Accessed 25 November 2016]
— Warkentin, Traci. (2009) Whale agency: affordances and acts of resistance in captive environments. In: McFarland SE and Hediger R (Eds) *Animals and Agency: An Interdisciplinary Exploration*. Leiden, the Netherland: Brill, pp.23-43.
— Whale and Dolphin Conservation(WDC), Born Free Foundation, Dolphinaria-Free Europe and ENDCAP. (2015) *EU Zoo Inquiry Dolphinaria*. [Online] Available at: 〈http://endcap.eu/wp-content/uploads/2015/08/Dolphinaria_Report_en_final.pdf〉 [Accessed 25 November 2016]
— Whale and Dolphin Conservation Society(WDCS), Born Free Foundation and ENDCAP. (2011) *EU Zoo Inquiry 2011-Dolphinaria*.
— Wells, Randall S, Bassos?Hull, Kim and Norris, Kenneth S. (1998) Experimental return to the wild of two bottlenose dolphins. *Marine Mammal Science* 14(1): pp.51-71.
— Wells, Randall S. (2009) Identification method. In: Perrin WF, Wursig B and Thewissen J (Eds) *Encyclopedia of marine mammals*. Oxford: Elsevier, pp.593-599.
— Wells, Rendall S. and Scott, Michael D. (2009) Common Bottlenose Dolphin. In: Perrin WF,

Wursig B and Thewissen J (Eds) *Encyclopedia of marine mammals*. Oxford: Elsevier.
— Whatmore, Sarah. (2002) *Hybrid Geographies: Natures Cultures Spaces*. London: Sage.
— Whatmore, Sarah and Thorne, Lorraine. (2000) Elephants on the move: spatial formations of wildlife exchange. *Environment and planning D: Society and space* 18(2): pp.185-203.
— Whitehead, Hal and Rendell, Luke. (2014) *The Cultural Lives of Whales and Dolphins*. Chicago: University of Chicago Press.
— Wilke, Monika, Bossley, Mike and Doak, Wade. (2005) Managing human interactions with solitary dolphins. *Aquatic Mammals* 31(4): pp.427.
— Zimmermann, Tim. (2014) Exclusive: Three former employees reveal the shocking realities of SeaWorld's dolphin feeding pools, *The Dodo*. [Online] Available at: 〈https://www.thedodo.com/exclusive-three-former-employe-714877806.html〉 [Accessed 25 November 2016]
— 경향신문. (1973) 한적 대표단 대성산동물원 관람. 7월 13일. 7면.
— 경향신문. (1979) 동식물원만 88만평-서울대공원 설계건설계획 확정. 7월 7일. 7면.
— 경향신문. (1984a) 꿈의 동산에서 펼치는 돌고래 쇼·홍학 群舞. 4월 20일. 9면.
— 경향신문. (1984b) 서울대공원 75만명의 "무질서의 축제". 5월 2일. 11면.
— 경향신문. (1986) 국제규모의 관광해양수족관 제주로얄마린파크 개장! 10월 18일. 12면.
— 고래연구소. (2010) 보도자료-제주 남방큰돌고래 보존 시급. 국립수산과학원. 10월 14일.
— 고래연구소. (2013) 보도자료-탈출한 남방큰돌고래 '삼팔이' 제주 연안에서 발견. 국립수산과학원. 6월 28일.
— 고정학. (2014) 인터뷰-퍼시픽랜드 돌고래쇼의 역사. 6월 17일, 퍼시픽랜드.
— 국기헌. (2013) 서울대공원 돌고래 제돌이 6월 제주 바다에 방류. 〈연합뉴스〉 3월 11일. [Online] Available at: 〈http://www.yonhapnews.co.kr/bulletin/2013/03/11/0200000000AKR20130311061700004.HTML〉 [Accessed 25 November 2016]
— 권태호. (1998) "차는 안바꿔도 타이어는 바꿔야 한다". 〈한겨레〉 5월 27일. 9면.
— 권혁철, 남종영. (2012) '돌고래쇼 중단' 서울대공원, 변형 공연 꼼수. 〈한겨레〉 4월 23일. 11면. [Online] Available at: 〈http://www.hani.co.kr/arti/society/environment/529423.html〉 [Accessed 25 November 2016]
— 김광경. (2014) 인터뷰-김녕요트투어의 돌고래 관광. 6월 14일. 제주 김녕요트투어.
— 김동은. (2016) 방사된 돌고래 '삼팔이'...새끼 돌고래 '포착'. SBS. 4월 22일. [Online] Available at: 〈http://news.sbs.co.kr/news/endPage.do?news_id=N1003538237〉 [Accessed 25 November 2016]
— 김병엽. (2013a) 〈사육돌고래(제돌이) 야생방류, 적응 및 기존 개체와의 사회성 회복에 대한 학술연구용역〉(발표자료). 제돌이 야생방사 학술연구용역 최종보고회.

— 김병엽. (2013b) 〈제주 바다의 터줏대감-남방큰돌고래 분포 및 보전, 복원〉. 이화여대 남방큰돌고래 세미나. 4월 16일.
— 김병엽, 장이권, 김사흥, et al.. (2013) 〈최종보고서-사육돌고래(제돌이) 야생방류, 적응 및 기존 개체와의 사회성 회복에 대한 학술연구용역〉. 서울: 서울동물원, 제주대 산학협력단
— 김성모. (2012) 사람 좋아하는 우리 제돌이, 사람들이 해코지 하면 어떡해… 그래도 다시 돌아오진 마 그러면 더 가슴 아플 것 같아. 〈조선일보〉 [Online] Available at: 〈http://news.chosun.com/site/data/html_dir/2012/03/19/2012031900052.html?Dep0=twitter&d=2012031900052〉 [Accessed 25 November 2016]
— 김성원. (1990) 돌고래-수중서커스계의 통합챔피언. 〈과학동아〉 12월호. [Online] Available at: 〈http://mdl.dongascience.com/magazine/view/S199012N035〉 [Accessed 25 November 2016]
— 김성호. (2009) 〈제주도 연안 해역 관광을 위한 큰돌고래군(*Tursiops truncatus*)의 분포와 경로에 관한 연구〉. 제주대 어업학과 박사논문.
— 김영봉. (2012) 다산칼럼-좌파 독선정치의 진실. 〈한국경제〉 [Online] Available at: 〈http://www.hankyung.com/news/app/newsview.php?aid=2012032075081〉 [Accessed 25 November 2016]
— 김영환. (2012) 멸종위기종 불법포획 '황당한 돌고래쇼'. 〈한겨레〉 7월 15일. 10면. [Online] Available at: 〈http://www.hani.co.kr/arti/society/area/487434.html〉 [Accessed 25 November 2016]
— 김장근, 최석관, 안용락, 김현우, 박겸준. (2009) 《한반도 연해 고래류》, 울산: 국립수산과학원 고래연구소.
— 김정호. (2013) 제주서 그물에 걸린 돌고래 방류 올해만 7마리. 〈제주의 소리〉 [Online] Available at: 〈http://www.jejusori.net/news/articleView.html?idxno=138110〉 [Accessed 25 November 2016]
— 김준영, 장수진. (2015) 돌고래 연구자의 감동적인 실화. 〈하늘다람쥐〉 봄호. 생명다양성재단.
— 김진명. (2009) 한국 동물원 100년. 〈조선일보〉 10월 30일. [Online] Available at: 〈http://news.chosun.com/site/data/html_dir/2009/10/30/2009103000023.html〉 [Accessed 25 November 2016]
— 김현성. (2014) 인터뷰-제돌이 야생방사의 결정 과정. 6월 11일, 서울 동대문.
— 김현우. (2004) 여기는 서귀포. 고래와 돌고래. [Online] Available at: 〈http://cafe.daum.net/orcinus/GC9/5181〉 [Accessed 25 November 2016]
— 김현우. (2011) 〈남방큰돌고래(*Tursiops aduncus*)의 분포특성과 풍도 추정〉. 부경대학교 해양생물학과 박사논문.
— 김현우. (2012) 〈제주도 남방큰돌고래의 서식 현황〉. 제2회 보호대상해양생물 지정 및 관리에

관한 심포지엄. 제주 제주국제컨벤션센터: 국토해양부.
— 김현우. (2013) 이메일-동결낙인의 안정성 및 필요성.
— 김현우. (2014) 인터뷰-제돌이 야생방사와 과학자의 역할. 6월 16일, 제주 성산읍.
— 김화균. (1995) 3인조 돌고래쇼 기대하세요. 〈경향신문〉 11월 9일. 20면.
— 김희연. (2004) "귀신고래 꼭 찾아드릴게요". 〈경향신문〉. [Online] Available at: 〈http://news.khan.co.kr/kh_news/khan_art_view.html?artid=200405091639241&code=900101〉 [Accessed 25 November 2016]
— 남종영. (2011a) 《고래의 노래》. 궁리
— 남종영. (2011b) '탐욕의 쇼' 돌고래는 운다. 〈한겨레〉 7월 16일. 9면. [Online] Available at: 〈http://www.hani.co.kr/arti/society/environment/487697.html〉 [Accessed 25 November 2016]
— 남종영. (2012a) '돌고래쇼' 위한 포획은 된다? 〈한겨레〉 2월 29일. 10면. [Online] Available at: 〈http://www.hani.co.kr/arti/society/environment/521236.html〉 [Accessed 25 November 2016]
— 남종영. (2012b) "점프하다 잘못 떨어져 죽은 돌고래도 있다". 〈한겨레〉 3월 3일. 4면. [Online] Available at: 〈http://www.hani.co.kr/arti/science/science_general/521722.html〉 [Accessed 25 November 2016]
— 남종영. (2012c) '제돌이 방사'는 박원순 시장의 오래된 생각. 〈한겨레〉 [Online] Available at: 〈http://www.hani.co.kr/arti/society/environment/525212.html〉 [Accessed 25 November 2016]
— 남종영. (2012d) 제돌이의 미래, 톰 · 미샤에게 배워라. 〈한겨레〉 3월 17일. 10면. [Online] Available at: 〈http://www.hani.co.kr/arti/SERIES/394/523904.html〉 [Accessed 25 November 2016]
— 남종영. (2012e) "행복이 뭔데? 먹이 주면 좋아하던 걸". 〈한겨레〉 3월 3일. 4면. [Online] Available at: 〈http://www.hani.co.kr/arti/society/environment/521798.html〉 [Accessed 25 November 2016]
— 남종영. (2013) 내가 유해동물? 도망만이 살길이야. 〈한겨레〉 3월 30일. 11면. [Online] Available at: 〈http://www.hani.co.kr/arti/society/environment/580473.html〉 [Accessed 25 November 2016]
— 남종영. (2014) 돌고래 한 마리 떠나면 모두 실업자 된다고? 〈한겨레〉 8월 2일. 16면. [Online] Available at: 〈http://www.hani.co.kr/arti/society/environment/649456.html〉 [Accessed 25 November 2016]
— 남종영. (2015a) 국기에 대한 경례도 않고 돌고래는 떠났다. 〈한겨레〉 7월 11일. 16면. [Online] Available at: 〈http://www.hani.co.kr/arti/SERIES/394/699777.html〉 [Accessed 25

November 2016]
— 남종영. (2015b) 만국의 프롤레타리아 동물이여 저항하라. 〈한겨레〉 9월 5일. 16면. [Online] Available at: 〈http://www.hani.co.kr/arti/society/environment/707515.html〉 [Accessed 25 November 2016]
— 남종영. (2015c) 비인간인격체의 마음은 그래도 알지 못한다. 〈한겨레〉 3월 1일. 4면. [Online] Available at: 〈http://www.hani.co.kr/arti/society/environment/680155.html〉 [Accessed 25 November 2016]
— 남종영. (2015d) 조선 민중은 호랑영감에게 잡아먹힐 토끼가 불쌍했다. 〈한겨레〉 3월 21일. 16면. [Online] Available at: 〈http://www.hani.co.kr/arti/society/environment/683285.html〉 [Accessed 25 November 2016]
— 남종영. (2015e) 태산이 복순이와의 약속. 〈한겨레〉 3월 1일. 1, 3, 4면. [Online] Available at: 〈http://www.hani.co.kr/arti/society/environment/680156.html〉 [Accessed 25 November 2016]
— 남종영. (2016a) 미안해 틸리쿰, 네가 돌고래를 해방시켰구나. 〈한겨레〉 3월 19일. 11면. [Online] Available at: 〈http://www.hani.co.kr/arti/society/environment/735742.html〉 [Accessed 25 November 2016]
— 남종영. (2016b) 풀려난 돌고래 야생번식 첫 확인. 〈한겨레〉 4월 18일. 12면. [Online] Available at: 〈http://www.hani.co.kr/arti/society/society_general/740147.html〉 [Accessed 25 November 2016]
— 남종영. (2016c) "흰돌고래 더 안들여옵니다" 롯데월드 동물복지에 한발. 〈한겨레〉 4월 19일. 12면. [Online] Available at: 〈http://www.hani.co.kr/arti/society/society_general/740255.html〉 [Accessed 25 November 2016]
— 남종영, 최우리. (2012) 제돌이의 운명. 〈한겨레〉 3월 3일. 1, 3, 4, 5면. [Online] Available at: 〈http://www.hani.co.kr/arti/society/environment/521741.html〉 [Accessed 25 November 2016]
— 남종영, 최우리. (2013) 바다의 제돌이는 우리에게 무엇인가. 〈한겨레〉 7월 20일. 1, 3, 4면. [Online] Available at: 〈http://www.hani.co.kr/arti/society/environment/596439.html〉 [Accessed 25 November 2016]
— 남호철. (2007) 확 바뀐 서울대공원 돌고래쇼. 〈국민일보〉 [Online] Available at: 〈http://news.naver.com/main/read.nhn?mode=LSD&mid=sec&sid1=102&oid=005&aid=0000272504〉 [Accessed 25 November 2016]
— 다음. (2015) 다음한국어사전-'저항'. [Online] Available at: 〈http://dic.daum.net/search.do?q=%EC%A0%80%ED%95%AD&dic=kor〉 [Accessed 25 November 2016]
— 대법원. (2013) 수산업법, 수산자원관리법 위반 2012도16383.

— 드 발, 프란스. (2005)《내 안의 유인원》. 김영사.
— 동물자유연대. (2012) 보도자료-돌고래 삼팔이(D-38) 야생무리 합류 확인. 6월 28일.
— 동물자유연대. (2015) 태산이 복순이 야생적응훈련 일지.
— 동아일보. (1985) "미워하지만 마세요" 저능아 눈총받는 돌고래 래리양. 〈동아일보〉 4월 17일. 11면.
— 동아일보. (1994) 서울대공원의 명물 돌고래쇼 존폐 기로. 〈동아일보〉 5월 8일. 25면.
— 동아일보. (2012) '제돌이'를 바다로 돌려보내 죽으면 어떡할 건가. 〈동아일보〉 3월 13일 31면. [Online] Available at: 〈http://news.donga.com/Column/3/04/20120313/44746829/1〉 [Accessed 25 November 2016]
— 레이들로, 로브. (2012)《동물원 동물은 행복할까?》. 책공장더불어.
— 마텔, 얀. (2004)《파이 이야기》. 작가정신.
— 모의원. (2014) 인터뷰-서울대공원 돌고래쇼의 역사. 6월 10일, 서울호서대.
— 박구병. (1987)《한반도 연근해 포경사》. 태화출판사.
— 박기용. (2012) 과천 돌고래 '제돌이' 2년 뒤 구럼비 앞바다로. 〈한겨레〉 3월 13일. 2면. [Online] Available at: 〈http://www.hani.co.kr/arti/society/society_general/523155.html〉 [Accessed 25 November 2016]
— 박원순. (1994) 동물권의 전개와 한국인의 동물 인식.《형평과 정의》9.
— 박창희. (2012) 인터뷰-서울대공원 남방큰돌고래 제돌이. 2월 22일, 서울대공원 해양관.
— 박창희. (2014) 인터뷰-서울대공원 돌고래의 역사. 6월 7일, 서울대공원 해양관.
— 서울대공원. (2006) 보도자료-국내 최초 돌고래와 조련사 환상의 콤비 수중쇼. 6월 21일.
—서울대공원. (2012) 보도자료-'서울대공원 돌고래' 인위적 쇼→무료 생태설명회 전환. 5월 8일.
— 서울대공원. (2013) 보도자료-아시아 최초 야생방류 제돌이 7월 18일 가족 품으로. 7월 18일.
— 서울대공원관리사업소. (1997a) 돌고래 포획 허가 요청(첨부 문서: 돌고래쇼 전천후 운영계획). 5월 22일. 서울시: 서울대공원관리사업소 사육2과.
— 서울대공원관리사업소. (1997b) 돌고래 포획 세부계획. 9월 22일.
— 서울시. (1997) 시험·연구·교습 어업의 승인대상기관의 지정 요구. 11월 25일.
— 서울시. (2012a) 보도자료-돌고래 공연 중단 및 방사 요구에 따른 서울시의 입장. 3월 13일.
— 서울시. (2012b) 서울대공원 남방큰돌고래 관련-공연 중단 및 '제돌' 방사 야생방사 기본계획(안).
— 서울시. (2012c) 제1차 '시민위원회' 개최결과 보고.
— 서울시. (2013) 제7차 돌고래(제돌이) 야생방류를 위한 시민위원회 회의록.
— 서울시. (2015)《제돌이의 꿈은 바다입니다(제돌이 백서)》. 서울시.
— 서울시의회. (1992) 제3대 서울시의회 1992년도 생활환경위원회 행정사무감사 회의록(11월 2일).

— 서울시의회. (1994) 제3대 서울시의회 제3차(제82회) 도시정비위원회 회의록(6월 2일).
— 서울시의회. (1996a) 제4대 서울시의회 제3차(제97회) 생활환경위원회 회의록(4월 24일).
— 서울시의회. (1996b) 제4대 서울시의회 제3차(제100회) 생활환경위원회 회의록(9월 6일).
— 서태정. (2014) 대한제국기 일제의 동물원 설립과 그 성격.《한국근현대사연구》68: pp.7-42.
— 선주동. (2014) 인터뷰-제돌이 야생방사 훈련. 6월 7일, 서울대공원.
— 손호선. (2004) 고래자원조사 참가자 모집. 고래와 돌고래. [Online] Available at: 〈http://cafe.daum.net/orcinus〉 [Accessed 25 November 2016]
— 손호선, 김두남, 안용락, 박겸준, 김현우. (2012)《제주바다의 터줏대감 남방큰돌고래》. 고래연구소.
— 송현회계법인. (2015) 퍼시픽랜드주식회사-재무제표에 대한 감사보고서.
— 심샛별. (2012) 바다로 돌아가야 할 더 많은 제돌이들을 위해. 〈함께 나누는 삶〉 16호. 동물자유연대. pp.10-11.
— 안정섭. (2016) 울산 고래체험관 돌고래 추가 수입 '잠정 연기'. 〈뉴시스〉 [Online] Available at: 〈http://www.newsis.com/ar_detail/view.html?ar_id=NISX20160114_0013837210&cID=10814&pID=10800〉 [Accessed 25 November 2016]
— 오창영. (1996)《한국동물원80년사-서울대공원》, 전국동물원수족관 편. 서울시.
— 윤범기. (2012) '불법포획된 돌고래 어쩌나?'…동물원 딜레마. MBN. [Online] Available at: 〈http://v.media.daum.net/v/20120307174804281?f=o〉 [Accessed 25 November 2016]
— 이경주. (2012) 돌고래쇼! 여러분의 생각은? 한겨레TV. [Online] Available at: 〈https://www.youtube.com/watch?v=qJlqEpY0eCw〉 [Accessed 25 November 2016]
— 이광록. (2005) 환경스페셜-마을로 온 돌고래. 한국방송. 6월 22일.
— 이근철. (1993) 돌고래쇼 되살린다. 〈경향신문〉 4월 30일. 21면.
— 이기수. (1994) 내일 돌고래쇼 비상, 서울대공원 고참 고리양 딴청. 〈경향신문〉 4월 30일 21면.
— 이상현. (2011) 한국계 귀신고래를 찾습니다. 〈연합뉴스〉 [Online] Available at: 〈http://www.yonhapnews.co.kr/bulletin/2011/06/29/0200000000AKR20110629189300057.HTML〉 [Accessed 25 November 2016]
— 이위재. (2012) 박원순의 '돌고래 정치'. 〈조선일보〉 3월 13일. 1면. [Online] Available at: 〈http://news.chosun.com/site/data/html_dir/2012/03/13/2012031300285.html?Dep0=twitter&d=2012031300285〉 [Accessed 25 November 2016]
— 이정현. (2012) 박원순 "돌고래 제주 구럼비 앞바다로 보내겠다". 〈연합뉴스〉 [Online] Available at: 〈http://www.yonhapnews.co.kr/society/2012/03/12/0701000000AKR20120312111700004.HTML〉 [Accessed 25 November 2016]
— 이희정. (1998) 서울대공원 "돌고래 잡으러 제주바다로". 〈한국일보〉 10월 27일.
— 임재영. (1995) 제주산 돌고래 쇼 데뷔. 〈동아일보〉 9월 11일. 29면.

— 장병수. (1984) 서울대공원 곧 문 연다. 〈동아일보〉 3월 22일. 7면.
— 장세정. (1998) 서울대공원 돌고래 차순이, 연하 신랑 맞는다. 〈중앙일보〉 [Online] Available at: 〈http://article.joins.com/news/article/article.asp?total_id=3728873&ctg=1000〉 [Accessed 25 November 2016]
— 장수진. (2016) 그들은 어떻게 지내고 있을까. 〈하늘다람쥐〉 여름호. 생명다양성재단: pp.78-85.
— 장수진, 김준영. (2016) 돌고래 연구자의 감동적인 실화. 생명다양성재단. [Online] Available at: 〈https://brunch.co.kr/@diversityinlife/2〉 [Accessed 25 November 2016]
— 전국시도지사협의회. (2009) 서울대공원 돌고래쇼장 혁신. [Online] Available at: 〈http://www.gaok.or.kr/gaok/bbs/B0000033/view.do;jsessionid=93912E668750DCF4DDA28C42FD1E7CA3.gaoknew?nttId=9220&searchCnd=&searchWrd=&gubun=&delCode=0&useAt=&replyAt=&menuNo=200045&sdate=&edate=&viewType=&type=&siteId=&option1=&option2=&option5=&pageIndex=42〉 [Accessed 25 November 2016]
— 전돈수. (1993) 〈돌고래 사육과 조련〉. 《한동산》 9. 서울대공원.
— 전돈수. (2003) 〈돌고래류 사육 현황과 연구 조사〉. 한국동물원수족관협회 제19회 정기총회 및 학술세미나. 서울 코엑스 아쿠아리움: 한국동물원수족관협회.
— 전돈수. (2004) 〈우리나라 돌고래쇼 및 수족관 현황〉. 한국어업기술학회 2004년 추계 공동 심포지엄.
— 전돈수. (2014) 인터뷰-국내 최초의 수족관돌고래 돌이, 고리, 래리. 6월 10일, 서울대공원.
— 전재호. (2011) 동물원 인기 '돌고래쇼' 알고보니 불법포획. 문화방송. 7월 15일. [Online] Available at: 〈http://imnews.imbc.com/replay/2011/nwtoday/article/2888703_18785.html〉 [Accessed 25 November 2016]
— 전지혜. (2013) 내달부터 제주 야생노루 포획 허용...문제 없나. 〈연합뉴스〉 [Online] Available at: 〈http://www.yonhapnews.co.kr/bulletin/2013/06/28/0200000000AKR20130628129500056.HTML〉 [Accessed 25 November 2016]
— 전진식, 이완, 김효실, 송호진. (2015) 국정원 '감청욕망' 영수증 나왔다. 〈한겨레21〉 [Online] Available at: 〈http://h21.hani.co.kr/arti/cover/cover_general/39894.html〉 [Accessed 25 November 2016]
— 정유진. (2012) "제돌이 친해지기 1년 만에 내게 몸 맡기고 포옹했던 전율 못 잊어". 〈경향신문〉 3월 20일. 2면. [Online] Available at: 〈http://news.khan.co.kr/kh_news/khan_art_view.html?artid=201203192224595&code=940100〉 [Accessed 25 November 2016]
— 정인지. 《고려사 열전》 권제23. 국사편찬위원회 한국사데이터베이스. [Online] Available at: 〈http://db.history.go.kr/KOREA/search/searchResult.do?sort=levelId&dir=ASC&start=-1&limit=20&page=1&itemIds=kr&indexSearch=N&codeIds=&searchKeywordType=B

I&searchKeywordMethod=EQ&searchKeyword=%EB%82%99%ED%83%80&searchKeywordConjunction=AND#searchDetail/kr/kr_110r_0010_0060_0020/324899/31/38〉 [Accessed 25 November 2016]
— 제주도지편찬위원회. (2006)《제주도지》. 제주도.
— 제주지검. (2013) 보도자료-'불법포획 돌고래' 자연의품으로 돌아가다-자연방류를 위한 특별처분. 3월 28일.
— 제주지법. (2012a) 수산업법 위반, 수산자원관리법 위반 2011고단1339.
— 제주지법. (2012b) 수산업법 위반, 수산자원관리법 위반 2012노205.
— 조약골. (2013) 돌고래들아, 미안해ㅠㅠ. 핫핑크돌핀스. [Online] Available at: 〈http://cafe.daum.net/hotpinkdolphins/QkB6/59〉 [Accessed 25 November 2016]
— 조희경. (2014a) 〈돌고래 전시 금지를 위한 시민 운동에 관한 연구〉. 경희대 공공대학원 시민사회NGO학과 석사학위 논문.
— 조희경. (2014b)《아주 상식적인 연민으로》. 예문.
— 주미령. (2016) 제주도 노루 포획 허용 후 4600마리 포획. 〈국민일보〉 [Online] Available at: 〈http://news.kmib.co.kr/article/view.asp?arcid=0010383351&code=61121111&sid1=soc〉 [Accessed 25 November 2016]
— 짐머만, 팀. (2015) 야생으로 돌아간 돌고래.《내셔널 지오그래픽》. ㈜와이비엠. pp.46-65.
— 최보윤. (2013) 최보윤 기자의 교감-서울대공원 전담 조련사 박상미씨…돌고래 제돌이와 마지막 '이별연습'. 〈조선일보〉 [Online] Available at: 〈http://chosun.com/site/data/html_dir/2013/05/10/2013051001412.html〉 [Accessed 25 November 2016]
— 최석관, 김현우, 안용락, 박겸준, 김장근. (2009) 제주 연안에 출현하는 큰돌고래(Bottlenose dolphins) 연안정착성 개체군.《한국수산학회지》42(6): pp.650-656.
— 최예용. (2013) 제돌아, 춘삼아 잘 가… 그리고 미안해… 환경보건시민센터 [Online] Available at: 〈http://eco.ohois.com/bbs/board.php?bo_table=sub02_01&wr_id=79&device=mobile〉 [Accessed 25 November 2016]
— 최우리, 남종영. (2012) 어망에 걸렸지...죽은 생선을 받았어...묘기를 배운 거야. 〈한겨레〉 3월 3일. 3면. [Online] Available at: 〈http://www.hani.co.kr/arti/society/environment/521804.html〉 [Accessed 25 November 2016]
— 카제즈, 잔. (2011)《동물에 대한 예의》. 책읽는수요일.
— 퀸, 다니엘. (2004)《고릴라 이스마엘》. 평사리.
— 퍼시픽랜드. (2013a) 퍼시피랜드 개관 이후(1986년) 돌고래 사육현황. 퍼시픽랜드 돌고래공연금지 가처분 소송(2012카합496 공연금지가처분) 재판자료.
— 퍼시픽랜드. (2013b) 신청 취지에 대한 답변. 퍼시픽랜드 돌고래공연금지 가처분 소송(2012카합496 공연금지가처분) 재판자료.

— 하태원. (1997a) 서울대공원 돌고래 가슴 아픈 태업. 〈동아일보〉 2월 21일. 35면.
— 하태원. (1997b) 서울대공원 돌고래 짝 찾았다. 〈동아일보〉 6월 12일. 42면.
— 하태원. (1998) 돌고래 차돌이 "사랑이 죄인가요". 〈동아일보〉 6월 9일. 17면.
— 한국갤럽. (2013) 여론조사 보고서-남방큰돌고래 '제돌이' 방사에 대한 의견은? [Online] Available at: 〈http://www.gallup.co.kr/gallupdb/reportDownload.asp?seqNo=457〉 [Accessed 25 November 2016]
— 한양명. (2013) 축제정치의 두 풍경: 국풍 81과 대학 대동제. 《비교민속학》 20: pp.469-498.
— 해양경찰청. (2011) 보도자료-국제적 멸종위기종 '큰돌고래' 불법포획 유통사범 검거. 7월14일.
— 해양수산부. (1997a) 전시용 돌고래 포획 요청에 따른 의견. 7월 11일.
— 해양수산부. (1997b) 고래포획 금지에 관한 고시 개정. 12월 17일.
— 해양수산부. (2015a) 보도자료-남방큰돌고래 태산이, 복순이, 곧 제돌이 만난다. 6월 15일.
— 해양수산부. (2015b) 보도자료-태산이 복순이, 제돌이가 기다리는 고향으로 돌아가요. 5월 13일.
— 해양수산부. (2016) 고래자원의 보존과 관리에 관한 고시 일부개정. [Online] Available at: 〈http://www.lawmaking.go.kr/lmSts/govLm/lbAncReg/2100000050069?lmPpNo=0〉 [Accessed 25 November 2016]
— 허호준. (2016) 수족관 속 돌고래 춘삼이도 새끼 번식 성공. 〈한겨레〉 [Online] Available at: 〈http://www.hani.co.kr/arti/PRINT/756924.html〉 [Accessed 25 November 2016]
— 황현진. (2012) 이메일-2012년 2월 8일 제주지방법원 302호 법정.

〈인터뷰 목록〉

인물	직업	날짜 및 장소	기타
황현진	핫핑크돌핀스 대표	2014년 6월 2일 서울 대학로	제돌이시민위원회 위원
조희경	동물자유연대 대표	2014년 6월 5일 동물자유연대	제돌이시민위원회 위원
장이권	이화여대 교수	2014년 6월 5일 이화여대	제돌이시민위원회 위원
장수진	이화여대-제주대 돌고래연구팀, 이화여대 박사과정	2014년 6월 5일 이화여대	제돌이 행동 연구 및 남방큰돌고래 모니터링
박창희	서울대공원 돌고래 사육사	2014년 6월 7일 서울대공원	2009년 이후 제돌이 담당 사육사
선주동	서울대공원 돌고래 사육사	2014년 6월 7일 서울대공원	제주 성산 및 김녕 가두리 실무
고정학	퍼시픽랜드 전 돌고래 사육사	2014년 6월 7일 서울대공원	1986년 이후 퍼시픽랜드 돌고래 조련 및 관리
최예용	환경운동연합 바다위원회 부위원장	2014년 6월 9일 환경보건시민센터	제돌이시민위원회 위원
전돈수	서울대공원 수금사 사육사	2014년 6월 10일 서울대공원	대한민국 첫 돌고래 조련사
모의원	호서대 교수	2014년 6월 10일 호서대	전 서울동물원장, 초기 제돌이 야생방사 작업 실무 총괄
김현성	서울시장 비서실	2014년 6월 11일 서울 동대문	제돌이 야생방사 정책 기획
김병엽	제주대 교수	2014년 6월 12일, 6월 15일 제주대	제돌이시민위원회 야생방사 실무 총괄, 이화여대-제주대 돌고래 연구팀
김광경	김녕요트투어 대표	2014년 6월 14일 제주 김녕	돌고래 관광 운영
김현선	김녕요트투어 가이드	2014년 6월 14일 제주 김녕	돌고래 관광 가이드
김현우	고래연구소 연구원	2014년 6월 16일 제주 성산읍	남방큰돌고래 전문가, 제돌위시민위 위원
신남식	서울대 수의대 교수	2014년 6월 20일 서울대	동물원 전문가
포커스 그룹 인터뷰			
손화선 강이숙 정선옥	해녀	2014년 6월 15일 제주 종달리	돌고래와 바다 공유

▶위 인터뷰는 작가의 석사 논문(*Free Jedol: the biopolitics of dolphin release in South Korea*, 2014)을 위해 진행된 목록이다. 인터뷰는 위 인물들과 다른 시간에도 수시로 진행되었고 그 밖의 인물들과도 진행되어 이 책에 쓰였다.